北京理工大学"双一流"建设精品出版工程

Big Data Analytics Theory and Technology

大数据分析理论与技术

罗森林　潘丽敏 ◎ 著

北京理工大学出版社
BEIJING INSTITUTE OF TECHNOLOGY PRESS

内 容 简 介

本书系统、全面地研究和论述大数据分析理论与技术，主要内容包括大数据分析基础认知、大数据分析核心架构、大数据分析计算模式、大数据与网络空间安全、大数据与自然语言处理、大数据与医学信息处理。

本书可满足各类高校多样化人才长期培养的需求，可供从事网络空间安全、计算机科学与技术、软件工程、人工智能、信息与通信工程等相关学科专业的教学、科研、应用人员阅读和使用，对从事大数据分析相关研究的人员具有重要的实用和参考价值。此外，本书也可供其他非专业及相关研究人员参考使用，具有重要的指导意义。

图书在版编目（ＣＩＰ）数据

大数据分析理论与技术 / 罗森林，潘丽敏著. --北京：北京理工大学出版社，2022.2（2024.4重印）
ISBN 978-7-5763-0920-1

Ⅰ. ①大…　Ⅱ. ①罗…　②潘…　Ⅲ. ①数据处理
Ⅳ. ①TP274

中国版本图书馆 CIP 数据核字（2022）第 016496 号

出版发行 / 北京理工大学出版社有限责任公司
社　　址 / 北京市海淀区中关村南大街 5 号
邮　　编 / 100081
电　　话 / （010）68914775（总编室）
　　　　　（010）82562903（教材售后服务热线）
　　　　　（010）68944723（其他图书服务热线）
网　　址 / http://www.bitpress.com.cn
经　　销 / 全国各地新华书店
印　　刷 / 廊坊市印艺阁数字科技有限公司
开　　本 / 787 毫米×1092 毫米　1/16
印　　张 / 18.25
字　　数 / 426 千字
版　　次 / 2022 年 2 月第 1 版　2024 年 4 月第 3 次印刷
定　　价 / 78.00 元

责任编辑 / 王晓莉
文案编辑 / 王晓莉
责任校对 / 周瑞红
责任印制 / 李志强

图书出现印装质量问题，请拨打售后服务热线，本社负责调换

前言

　　针对规模巨大的数据，大数据分析可以从数据资源中揭示内在规律、挖掘有用信息和帮助人们科学决策，其战略意义不仅在于数据资源的累积，更在于对其进行分析处理。大数据分析已经成数据科学的新常态，具有明显的多学科交叉特征，目前无论是高校、研究所还是企业，均要对其进行深入研究和应用。大数据分析成为计算机科学与技术、网络空间安全、信息与通信工程、软件工程、人工智能、数据科学等学科专业的必修内容，几乎所有的重点院校均有这些学科专业。

　　本书系统讨论了大数据理论与技术的体系框架及其核心知识图谱，融入著者的最新研究成果，主要内容包括大数据分析基础认知、大数据分析核心架构、大数据分析计算模式、大数据与信息安全对抗、大数据与自然语言处理、大数据与生物信息处理等。本书编写的目的是全面培养学生的大数据理论技术能力，加强其对数据科学基础理论和应用的理解，使其争取成为有竞争力的数据科学家。通过学习本书，可以增强学生的如下能力：综合运用计算机和数学知识分析处理大规模数据集的能力、从复杂数据中快速得到信息和发现关系的能力、现实世界具体问题的建模能力等。

　　体系结构方面，强调知识的系统性、层次性，突出重点既见树木又见森林，内容全面但不厚重。纵向上分为理论技术与工程实践，横向上强调网络空间安全、自然语言处理、生命信息处理等多学科应用。在抓住其精要的同时知识点尽量全面，涵盖多门单项技术的同时保持知识结构的系统性，有利于核心知识的快速理解与掌握。

　　内容范围方面，注重内容的深入性、先进性、时效性，强调交叉学科理论与实践的有机结合。适应大数据理论技术的动态发展，保证其理论技术核心知识的基础性和长时有效性；引入新理论、新技术、新方法、新案例，融入作者研究成果，保证其理论技术的先进性和前瞻性。

　　灵活使用方面，基于研究型教学思想注重读者的兴趣和学习的灵活性，支持学习的可持续发展，关注学习的间接效果，可满足各类高校多样化人才长期培养的需求。同时，融入人文素养的培养，讨论大数据分析中的非技术和工程类问题，涉及算法的可用性、隐私和社会影响等。

　　本书由罗森林、潘丽敏共同撰写，其中第4、5、6章由潘丽敏负责撰写，其余部分由罗森林负责撰写，罗森林负责全书的章节设计、内容规划和统稿。

　　本书的编写得到了北京理工大学教务部肖煊、刘畅、朱元捷等同志以及信息安全与对抗技术研究所刘晓双、郝靖伟、李新帅、闫晗、李玉、张寒青等同学多方面的帮助，在此一并表示衷心的感谢。同时，衷心感谢北京理工大学出版社王晓莉老师对本书详细、认真的修改和热情帮助，衷心感谢北京理工大学出版社多方面的支持和帮助。

由于时间和能力所限，书中难免会有不足和疏漏之处，敬请广大读者批评指正，以便再版时更加完善。

罗森林

2021 年 10 月于北京理工大学

目　录
CONTENTS

第 1 章
大数据分析基础认知

1.1　引　言

大数据又称巨量资料，指的是传统数据处理应用软件不足以处理的大或复杂的数据集。[1] 与常规数据相比，大数据中蕴含的隐式的模式或规律可以起到更为有效的指导作用，因此有必要通过相应的数据分析技术进行深入挖掘。现代管理学之父 Peter Drucker 在其著作《21 世纪的管理挑战》中指出，我们正经历着一场信息革命，这不是在技术上、机器设备上、软件上或是速度上的革命，而是一场"概念"上的革命。以往信息技术的重点在"技术"上，目的在于扩大信息传播范围，提升信息的传播能力和传播效率，而新的信息革命的重点将会在"信息"上。在"第七次信息革命"的浪潮中，大数据及大数据分析技术扮演着至关重要的角色。

本章主要内容包括：大数据分析知识基础，大数据分析历史与现状，大数据分析主要应用，大数据分析中存在的问题，大数据分析的发展趋势。

1.2　知　识　基　础

1.2.1　基本概念

大数据（Big Data），指无法在一定时间范围内用常规软件工具进行捕捉、管理和处理的数据集合，是需要新处理模式才能具有更强的决策力、洞察发现力和流程优化能力的海量、高增长率和多样化的信息资产。[2] IBM 使用"5V"来归纳大数据的特征，具体内涵如下。

① Volume：海量数据。大数据中数据的采集、存储和计算的量都十分庞大，只有起始计量单位达到 PB 的数据才可以被称为大数据，因此需要强大的计算能力和优秀的计算架构。

② Variety：种类和来源多样化。包括结构化、半结构化和非结构化数据。随着互联网和物联网的发展，又扩展到网页、社交媒体、感知数据，涵盖音频、图片、视频、模拟信号等，真正诠释了数据的多样性，也对数据的处理能力提出了更高的要求。

③ Value：获取有价值的数据。如果用石油行业来类比大数据分析，那么在互联网金融领域甚至整个互联网行业中，最重要的并不是如何炼油，而是如何获得优质原油。最重要的就是挖掘更多有价值的信息。因为大数据中数据价值密度相对较低，可以说是浪里淘沙却又弥足珍贵。随着互联网以及物联网的广泛应用，信息感知无处不在，信息海量，但价值密度较低，如何结合业务逻辑并通过强大的机器算法来挖掘数据价值，是大数据时代最需要解决

的问题。

④ Velocity：数据增长速度快，处理速度也快，时效性要求高。比如搜索引擎要求几分钟前的新闻能够被用户查询到，个性化推荐算法尽可能要求实时完成推荐。这是大数据区别于传统数据挖掘的显著特征。

⑤ Veracity：数据的准确性和可信赖度，即数据的质量。大数据中的内容是与真实世界中的发生息息相关的，要保证数据的准确性和可信赖度。研究大数据就是从庞大的网络数据中提取出能够解释和预测现实事件的过程。

大数据技术的战略意义不在于掌握庞大的数据信息，而在于对这些含有意义的数据进行专业化处理。换言之，如果把大数据比作一种产业，那么这种产业实现盈利的关键在于提高对数据的"加工能力"，通过"加工"实现数据的"增值"。典型的加工方法可分为数据分析和数据挖掘。数据分析是指根据分析目的，用适当的统计分析方法及工具，对收集来的数据进行处理与分析，提取有价值的信息，发挥数据的作用。它主要实现三大作用：现状分析、原因分析、预测分析（定量）。数据分析的目标明确，先做假设，然后通过数据分析来验证假设是否正确，从而得到相应的结论。主要采用对比分析、分组分析、交叉分析、回归分析等常用分析方法。数据分析一般都是得到一个指标统计量结果，如总和、平均值等，这些指标数据都需要与业务结合进行解读，才能发挥出数据的价值与作用。数据挖掘是指从大量的数据中，通过统计学、人工智能、机器学习等方法，挖掘出未知的且有价值的信息和知识的过程。数据挖掘主要侧重解决四类问题：分类、聚类、关联和预测（定量、定性）。数据挖掘的重点在于寻找未知的模式与规律，如我们常说的数据挖掘案例：啤酒与尿布、安全套与巧克力等，这就是事先未知的，但又是非常有价值的信息；主要采用决策树、神经网络、关联规则、聚类分析等统计学、人工智能、机器学习等方法进行挖掘；输出模型或规则，并且可相应得到模型得分或标签，模型得分如流失概率值、总和得分、相似度、预测值等，标签如高中低价值用户、流失与非流失、信用优良中差等。

从技术上看，大数据与云计算的关系就像一枚硬币的正反面一样密不可分。大数据必然无法用单台的计算机进行处理，必须采用分布式架构。它的特色在于对海量数据进行分布式数据挖掘，但其必须依托云计算的分布式处理、分布式数据库和云存储、虚拟化技术才能真正实现。[3]

对于数据的收集，互联网网页的搜索引擎需要将整个互联网所有的网页都下载下来，这项任务显然不可能凭一台设备完成，而是需要多台机器组成网络爬虫系统同时工作，每台机器下载一部分，才能在有限的时间内将海量数据下载完毕（如图 1.1 所示的 Nutch 搜索引擎）。

对于数据的传输，单一设备内存中的队列必定会由于数据量过于庞大而发生溢出，这时就需要基于硬盘的分布式队列发挥作用，如图 1.2 所示。分布式队列可以多台机器同时传输，只要队列的数量足够多，就不必担心数据的溢出。

对于数据的存储，也需要使用分布式文件系统来实现，使用多台机器的硬盘，使其构成统一的文件系统（如图 1.3 所示的 Hadoop 分布式文件系统，HDFS），以存储海量的数据。

再如数据的分析，单一设备的计算能力相当有限，面对海量数据往往显得力不从心。分布式计算的方法就可以很好地解决这一问题，其采用"分而治之"的思想，将大量的数据分成小份，每台机器处理一小份，多台机器并行处理，很快就能完成运算（如图 1.4 所示的 MapReduce）。

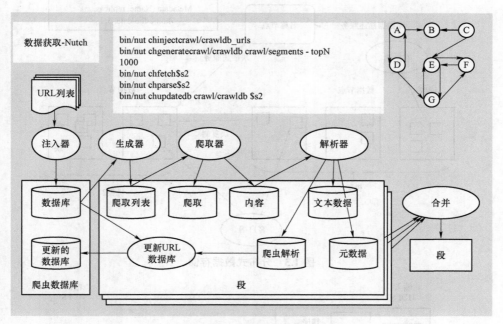

图 1.1　分布式数据获取

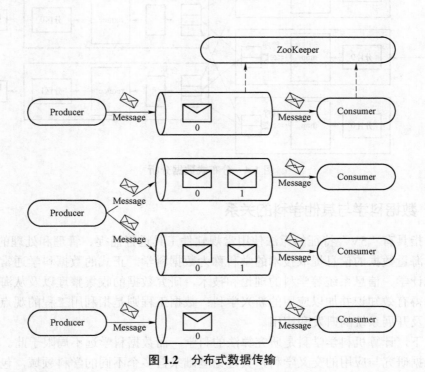

图 1.2　分布式数据传输

大数据处理的基本原理就是"众人拾柴火焰高"，通过将任务分发至大量的、分布式的节点来提升运算的性能和速度，最终完成海量的计算任务。

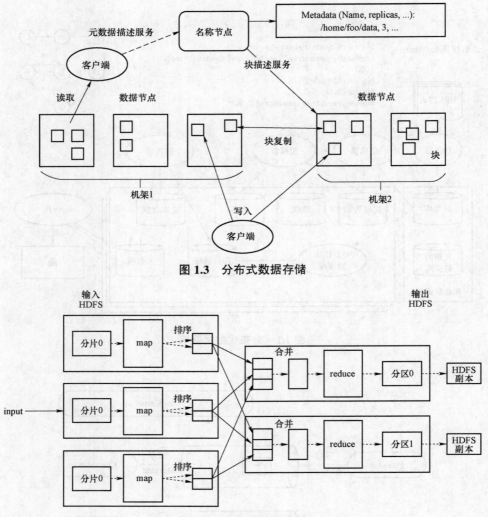

图 1.3　分布式数据存储

图 1.4　分布式数据分析

1.2.2　数据科学与其他学科的关系

大数据指具有 "5V" 特征的无法使用常规软件工具进行捕捉、管理和处理的数据集合，而研究基于海量数据的信息提取技术的学科称为数据科学。正式的数据科学通常指基于计算机科学、统计学、信息系统等学科的理论和技术，研究数据的收集整理以及从海量数据中分析处理、获得有效知识并加以应用的新兴学科；数据工程则是指利用工程的观点进行数据管理和分析以及开展系统的研发和应用。

相较之下，计算机科学学科是研究算法的科学，而数据科学远不局限于此。数据科学作为支撑大数据研究与应用的交叉学科，其理论基础来自多个不同的学科领域，包括计算机科学、统计学、人工智能、信息系统、情报科学等。数据科学的目的在于系统深入地探索大数据应用中遇到的各类科学问题、技术问题和工程实现问题，包括数据全生命周期管理、数据管理和分析技术和算法、数据系统基础设施建设以及大数据应用实施和推广。[4] 因此，多学科交叉融合是数据科学的一个特点。图 1.5 是第一张关于"数据科学"概念的韦恩图,由 Drew Conway 在 2010 年制作。图中的中心部分是数据科学,韦恩图表明它是黑客技术、数学、统计学和其他实质性的专业知识的组合。

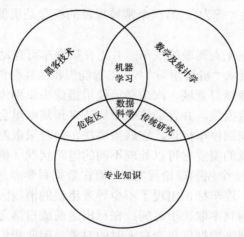

图 1.5 "数据科学"概念的韦恩图(Drew Conway 制作)

(一)数据科学与计算机科学

计算机科学是系统研究信息与计算理论基础以及它们在计算机系统中如何实现与应用的实用技术的学科。它通常被形容为对那些创造、描述以及转换信息的算法处理的系统研究。计算机科学和数据科学有重叠之处,两个领域中都使用了计算过程,且同样需要对编程语言和算法的有效理解,而基于这种理解去做什么则是这两个领域之间的主要区别。具体而言,计算机科学关注的是"如何"(How),而数据科学则关注"为什么"(Why)。计算机科学是一门基础学科,而数据科学则是一门应用学科。

计算机科学着眼于算法原理,致力于研究计算过程的具体细节,而不去过分关心功能实现的特定逻辑结果。计算机科学家可以开发应用程序,编写新的编程语言,或者设计一个生成和排序数据流的系统。但是对于计算机科学家来说,这些过程通常是建立在电压到比特的符号逻辑基础上,其结果是可预测的。

在数据科学中,算法原理被应用于更大的不确定领域,通常会给出关于商业等跨学科问题的概率性答案。现代数据科学家通常精通计算机科学,但他们可以有着数学、统计甚至商业背景。数据科学家可以设计算法,精练数据集,并通过数学模型解析大量数据,从而挖掘出可操作的知识。为实现此过程,数据科学家必须采取跨学科的方法,接受并处理不确定性。

(二)数据科学与软件工程

软件工程是软件开发领域里对工程方法的系统应用。1993 年,电气电子工程师学会(IEEE)给出了一个更加综合的定义:"将系统化的、规范的、可度量的方法用于软件的开发、运行和维护的过程,即将工程化应用于软件开发中。"数据科学通常需要对无法使用常规软件工具进行捕捉、管理和处理的数据集合进行处理,而设计并实现可以处理海量数据的系统及架构则是软件工程的目标。[5]

(三)数据科学与人工智能

人工智能是研究、开发用于模拟、延伸和扩展人的智能的理论、方法、技术及应用系统的一门新的技术科学。人工智能的主要实现方式是通过大量数据的训练来实现它们的目标，这意味着人工智能往往需要一个巨大的数据集。然而，虽然数据科学和人工智能的主要实现方法都以大数据作为基础，但是二者的目标存在一定的差异。具体而言，数据科学旨在产生"见解"，人工智能旨在产生"行为"。另一个常被提及的概念是机器学习，通常机器学习旨在产生"预测"。[6]

假设我们正在制造一辆无人驾驶的汽车，并正在研究车可自动停靠在有停车标识的位置这个特定的问题。我们需要从"机器学习""人工智能"和"数据科学"三个领域分别提取自己所需的知识技能。在机器学习领域，汽车必须使用摄像头识别停车标识。我们构建了包含数百万个街景标识图像的数据集，并且训练一个算法来预测哪里会有停车标识。在人工智能领域，一旦我们的车可以识别停车标识，它就需要决定何时采取刹车这个行为。过早或过晚刹车都是很危险的，并且我们需要它可以处理不同的道路状况（例如，识别一条光滑道路，它并不能很快减速），这是一个控制理论问题。[7] 而在数据科学领域，在街道测试中，我们发现汽车的表现并不足够好，停车标识出现了不少导致错误的消极因素。在分析街道测试数据之后，我们得到的结论是漏判率取决于时间：在日出之前或日落之后，更有可能错过停车标识。我们意识到，大部分训练数据仅包含白天时的对象，因此我们构建了包含夜间图像的更好的数据集，并返回到机器学习步骤。[8]

1.3 历史现状

1.3.1 发展历史

（一）"大数据"出现阶段（1980—2008年）

1997年，美国宇航局研究员 Michael Cox 和 David Ellswerth 首次使用"大数据"这一术语来描述 20 世纪 90 年代的挑战：模拟飞机周围的气流——是不能被处理和可视化的。[9] 数据集通常之大，超出了主存储器、本地磁盘，甚至远程磁盘的承载能力。这一问题被称为"大数据问题"。

2002 年在"9·11"袭击后，美国政府为阻止恐怖主义已经涉足大规模数据挖掘。前国家安全顾问 John Marlan Poindexter 领导国防部整合现有政府的数据集，组建一个用于筛选通信、犯罪、教育、金融、医疗和旅行等记录来识别可疑人的大数据库。一年后国会因担忧公民自由权而停止了这一项目。

2004 年，"9·11"委员会呼吁反恐机构应统一组建"一个基于网络的信息共享系统"，以便能快速处理应接不暇的数据。

2006 年，Google 首先提出云计算的概念，"大数据"在云计算出现之后才凸显其真正价值。

2007—2008 年，随着社交网络的激增，技术博客和专业人士为"大数据"概念注入新的生机。"当前世界范围内已有的一些其他工具将被大量数据和应用算法取代"。《连线》的 Chris Anderson 认为当时处于一个"理论终结时代"。一些政府机构和美国的顶尖计算机科学家声称，"应该深入参与大数据计算的开发和部署工作，因为它将直接有利于许多任务的实现"。2008 年 9 月，《自然》杂志推出了名为"大数据"的封面专栏。

（二）"大数据"热门阶段（2009—2011 年）

2009—2010 年，"大数据"成为互联网技术行业中的热门词汇。

2009 年，印度建立了用于身份识别管理的生物识别数据库；联合国全球脉冲项目已研究了对如何利用手机和社交网站的数据源来分析预测从螺旋价格到疾病爆发之类的问题；美国政府通过启动 Data.gov 网站的方式进一步开放了数据的大门，该网站超过 4.45 万个数据集被应用，以便保证一些网站和智能手机应用程序能够跟踪信息——这一行动激发了从肯尼亚到英国范围内的政府，他们相继推出了类似举措；欧洲一些领先的研究型图书馆和科技信息研究机构建立了伙伴关系，致力于改善在互联网上获取科学数据的简易性。

2010 年，Kenneth Cukier 发表大数据专题报告《数据，无所不在的数据》。

2011 年，扫描 2 亿年的页面信息，或 4 MB 磁盘存储，只需几秒即可完成；IBM 的沃森计算机系统在智力竞赛节目《危险边缘》中打败了两名人类挑战者，《纽约时报》称这一刻为"大数据计算的胜利"。同年 6 月，Mckinsey 发布了关于"大数据"的名为《大数据时代已经到来》的报告，正式定义了大数据的概念，并逐渐受到各行各业关注。12 月，工业和信息化部发布的物联网"十二五"规划，把信息处理技术作为四项关键技术创新工程之一提了出来，其中包括海量数据存储、数据挖掘、图像视频智能分析，这些是大数据的重要组成部分。

（三）"大数据"成为时代特征（2012—2016 年）

2012 年，Vikter Mayer-Schönberger（最早洞见大数据时代发展趋势的数据科学家之一）及 Kenneth Cookyer 在其著作《大数据时代》中，将大数据的影响分成了三个不同的层面，分别是思维变革、商业变革和管理变革。"大数据"这一概念乘着互联网的浪潮在各行各业中扮演着举足轻重的角色。"大数据"一词越来越多地被提及，人们用它来描述和定义信息爆炸时代产生的海量数据，并命名与之相关的技术发展与创新。数据正在迅速膨胀变大，它决定着人们的未来发展。随着时间的推移，人们将越发意识到数据的重要性。

2012 年 1 月，于瑞士达沃斯召开的世界经济论坛上发布的报告《大数据，大影响》宣称，数据已经成为一种新的经济资产类别。

2012 年，美国奥巴马政府在白宫网站发布了《大数据研究和发展倡议》，该倡议标志着大数据已经成为重要的时代特征；3 月，奥巴马政府宣布将 2 亿美元投资大数据领域，是大数据技术从商业行为上升到国家科技战略的分水岭。

2012 年，美国颁布了《大数据的研究和发展计划》；英国发布了《英国数据能力发展战略规划》；日本发布了《创建最尖端 IT 国家宣言》；韩国提出了"大数据中心战略"；世界上其他的一些国家也制定了相应的战略和规划。

2012 年 7 月，联合国发布了一份关于大数据政务的白皮书《大数据促发展，挑战与机遇》，总结了各国政府如何利用大数据更好地服务和保护人民。

2013 年是中国的"大数据元年"。虽说大数据概念存在已有时日，却因为互联网和信息行业的发展而引起人们关注，这一年大数据开始在我国逐渐展开，以势不可当的姿态进入人们的思想意识，并在社会的各个领域探索与落地实践。阿里巴巴 2013 年 1 月 1 日转型重塑平台、金融和数据三大业务，成为最早提出通过数据进行企业数据化运营的企业。

2014 年，"大数据"首次出现在当年的《政府工作报告》中。《政府工作报告》指出，要设立新兴产业创业创新平台，在大数据等方面赶超先进，引领未来产业发展。国务院通过《企业信息公示暂行条例（草案）》，要求在企业部门间建立互联共享信息平台，运用大数据等手段提升监管水平，"大数据"成为国内热议词汇。

2015年，由贵阳大数据交易所推出的《2015年中国大数据交易白皮书》和《贵阳大数据交易所702公约》在中国大数据交易高峰论坛上隆重亮相。《2015年中国大数据交易白皮书》是我国首部关于大数据交易的白皮书，系统地阐述了当前我国的大数据交易现状，对从全球到国家，从国家到产业的大数据交易进行了介绍和分析，对大数据产业的发展及大数据交易具有重要的推动与指导作用。

2016年12月18日工业与信息化部《大数据产业发展规划（2016—2020年）》正式印发。《中国大数据发展调查报告》称，2016年中国大数据市场规模为168.0亿元，增速达到45%；预计2017—2020年增速保持在30%以上。

1.3.2 研究现状

大数据领域每年都会涌现出大量新的技术，成为大数据获取、存储、处理分析或可视化的有效手段。大数据技术能够将大规模数据中隐藏的信息和知识挖掘出来，为人类社会经济活动提供依据，提高各个领域的运行效率，甚至整个社会经济的集约化程度。

（一）大数据分析架构研究现状

大数据的基本分析流程与传统数据分析流程并无太大差异，主要区别在于：由于大数据要处理大量、非结构化的数据，所以在各处理环节中都可以采用并行处理。Hadoop、MapReduce和Spark等分布式处理方式已经成为大数据处理各环节的通用处理方法。Hadoop是一个能够让用户轻松架构和使用的分布式计算平台。[10] 用户可以轻松地在Hadoop上开发和运行处理海量数据的应用程序。Hadoop是一个数据管理系统，作为数据分析的核心，汇集了结构化和非结构化的数据，这些数据分布在传统的企业数据栈的每一层。Hadoop也是一个大规模并行处理框架，拥有超级计算能力，定位于推动企业级应用的执行。Hadoop又是一个开源社区，主要为解决大数据的问题提供工具和软件。虽然Hadoop提供了很多功能，但仍然应该把它归类为多个组件组成的Hadoop生态圈，这些组件包括数据存储、数据集成、数据处理和其他进行数据分析的专门工具。Hadoop的生态系统，主要由HDFS、MapReduce、Hbase、Zookeeper、Oozie、Pig、Hive等核心组件构成，另外还包括Sqoop、Flume等框架，用来与其他企业融合。同时，Hadoop生态系统也在不断增长，新增Mahout、Ambari、Whirr、BigTop等内容，以提供更新功能。

基于业务对实时计算的需求，大数据分析架构还派生出支持在线处理的Storm、Cloudar Impala，支持迭代计算的Spark及流处理框架S4等处理架构。其中，Storm是一个分布式的、容错的实时计算系统，由BackType开发，后被Twitter捕获。Storm属于流处理平台，多用于实时计算并更新数据库。Storm也可被用于"连续计算"（Continuous Computation），对数据流做连续查询，在计算时就将结果以流的形式输出给用户。它还可被用于"分布式RPC"，以并行的方式运行昂贵的运算。Cloudera Impala是由Cloudera开发，一个开源的Massively Parallel Processing查询引擎。与Hive相同的元数据、SQL语法、ODBC驱动程序和用户接口，可以直接在HDFS或Hbase上提供快速、交互式SQL查询。Impala是在Dremel的启发下开发的，不再使用缓慢的Hive＋MapReduce批处理，而是通过与商用并行关系数据库中类似的分布式查询引擎（由Query Planner、Query Coordinator和Query Exec Engine这三部分组成），可以直接从HDFS或者Hbase中用SELECT、JOIN和统计函数查询数据，从而大大降低了延迟。

（二）大数据采集与预处理技术研究现状

数据采集是大数据生命周期的第一个环节。根据 MapReduce 产生数据的应用系统分类，大数据的采集主要有四种来源：管理信息系统、Web 信息系统、物理信息系统、科学实验系统。对于不同的数据集，可能存在不同的结构和模式，如文件、XML 树、关系表等，表现为数据的异构性。对多个异构的数据集，需要做进一步集成处理或整合处理，将来自不同数据集的数据收集、整理、清洗、转换后，生成到一个新的数据集，为后续查询和分析处理提供统一的数据视图。针对管理信息系统中的异构数据库集成技术、Web 信息系统中的实体识别技术和 DeepWeb 集成技术、传感器网络数据融合技术已经有很多研究工作，取得了较大的进展，已经推出了多种数据清洗和质量控制工具，例如，美国 SAS 公司的 Data Flux、美国 IBM 公司的 Data Stage、美国 Informatica 公司的 Informatica Power Center。

（三）大数据存储与管理技术研究现状

传统的数据存储和管理以结构化数据为主，因此关系数据库系统（RDBMS）可以一统天下，满足各类应用需求。大数据往往是以半结构化和非结构化数据为主、结构化数据为辅，而且各种大数据应用通常是对不同类型的数据内容检索、交叉比对、深度挖掘与综合分析。面对这类应用需求，传统数据库无论在技术上还是功能上都难以为继。因此，近几年出现了 OldSQL、NoSQL 与 NewSQL 并存的局面。总体上，按数据类型的不同，大数据的存储和管理采用不同的技术路线，大致可以分为三类。第一类主要面对的是大规模的结构化数据。针对这类大数据，通常采用新型数据库集群。它们通过列存储或行列混合存储以及粗粒度索引等技术，结合 MPP（Massive Parallel Processing）架构高效的分布式计算模式，实现对 PB 量级数据的存储和管理。这类集群具有高性能和高扩展性特点，在企业分析类应用领域已获得广泛应用。第二类主要面对的是半结构化和非结构化数据。应对这类应用场景，基于 Hadoop 开源体系的系统平台更为擅长。它们通过对 Hadoop 生态体系的技术扩展和封装，实现对半结构化和非结构化数据的存储和管理。第三类面对的是结构化和非结构化混合的大数据，因此采用 MPP 并行数据库集群与 Hadoop 集群的混合来实现对百 PB 量级、EB 量级数据的存储和管理。一方面，用 MPP 来管理计算高质量的结构化数据，提供强大的 SQL 和 OLTP 型服务；另一方面，用 Hadoop 实现对半结构化和非结构化数据的处理，以支持诸如内容检索、深度挖掘与综合分析等新型应用。[11] 这类混合模式将是大数据存储和管理未来发展的趋势。

（四）大数据计算模式与系统研究现状

所谓大数据计算模式，指的是根据大数据的不同数据特征和计算特征，从多样性的大数据计算问题和需求中提炼并建立的各种高层抽象或模型，例如，MapReduce 并行计算抽象、美国加州大学伯克利分校著名的 Spark 系统中的"分布内存抽象 RDD"以及 CMU 著名的图计算系统 GraphLab 中的"图并行抽象"等。计算模式的出现有力推动了大数据技术和应用的发展，使其成为大数据处理最成功、最广为接受使用的主流大数据计算模式。然而，现实世界中的大数据处理问题复杂多样，难以有一种单一的计算模式能涵盖所有不同的大数据计算需求。在研究和实际应用中发现，由于 MapReduce 主要适合于进行大数据线下批处理，在面向低延迟、具有复杂数据关系和复杂计算的大数据问题时有很大的不适应性。因此，近几年来学术界和业界在不断研究并推出多种不同的大数据计算模式。根据大数据处理多样性的需求和以上不同的特征维度，出现了多种典型和重要的大数据计算模式。与这些计算模式相适应，出现了很多对应的大数据计算系统和工具。由于单纯描述计算模式比较抽象和空洞，因此在描述不同计算模式时，将同时给出相应的典型计算系统和工具，如表 1.1 所示。这将有助于对计算模式的理解以及对技术发展现状的把握。[12]

表 1.1　典型大数据计算模式及典型系统

典型大数据计算模式	典型系统
大数据查询分析计算	Hbase，Hive，Cassandra，Impala，Shark
批处理计算	Hadoop MapReduce，Spark
流式计算	Scribe，Flume，Storm，S4，Spark Steaming
迭代计算	HaLoop，iMapReduce，Twister，Spark
图计算	Pregel，Giraph，Trinity，PowerGraph
内存计算	Dremel，Hana，Spark

（五）大数据分析与可视化研究现状

在大数据分析的应用过程中，可视化通过交互式视觉表现的方式来帮助人们探索和理解复杂的数据。可视化与可视分析能够迅速和有效地简化与提炼数据流，帮助用户交互筛选大量的数据，有助于使用者更快更好地从复杂数据中得到新的发现，成为用户了解复杂数据、开展深入分析不可或缺的手段。大规模数据的可视化主要是基于并行算法设计的技术，合理利用有限的计算资源，高效地处理和分析特定数据集的特性。[13] 通常情况下，大规模数据可视化的技术会结合多分辨率表示等方法，以获得足够的互动性能。[14] 在科学大规模数据的并行可视化工作中，主要涉及数据流线化、任务并行化、管道并行化和数据并行化四种基本技术。微软公司在其云计算平台 Azure 上开发了大规模机器学习可视化平台（Azure Machine Learning），将大数据分析任务形式以有向无环图的形式，并以数据流图的方式向用户展示，取得了比较好的效果。[15] 在国内，阿里巴巴旗下的大数据分析平台御膳房也采用了类似的方式，为业务人员提供了互动式大数据分析平台。

1.3.3　中国大数据研究与发展战略

2015 年 8 月 31 日，国务院正式印发了《促进大数据发展的行动纲要》（以下简称《行动纲要》），成为我国发展大数据产业的战略性指导文件。《行动纲要》充分体现了国家层面对大数据发展的顶层设计和统筹布局，为我国大数据应用、产业和技术的发展提供了行动指南。

2016 年，《中华人民共和国国民经济和社会发展第十三个五年规划纲要》（以下简称《十三五规划纲要》）正式公布。《十三五规划纲要》的第二十七章题目为"实施国家大数据战略"。这也是"国家大数据战略"首次被公开提出。《十三五规划纲要》对"国家大数据战略"的阐释，成为各级政府在制定大数据发展规划和配套措施时的重要指导，对我国大数据的发展具有深远意义。

2016 年年底，工业和信息化部正式发布《大数据产业发展规划（2016—2020 年）》。该规划以大数据产业发展中的关键问题为出发点和落脚点，明确了"十三五"时期大数据产业发展的指导思想、发展目标、重点任务、重点工程及保障措施等内容，成为大数据产业发展的行动纲领。农业林业、环境保护、国土资源、水利、交通运输、医疗健康、能源等主管部门纷纷出台了各自行业的大数据相关发展规划，大数据的政策布局逐渐得以完善。

在 2017 年，大数据从政策层面备受关注。在党的十九大报告"贯彻新发展理念，建设现代化经济体系"一章中，专门提到"推动互联网、大数据、人工智能和实体经济深度融合"，高屋建瓴地指出了我国大数据发展重点方向。2017 年 12 月 8 日，十九届中共中央政治局就实施国家大数据战略进行了集体学习，习近平总书记深刻分析了我国大数据发展的现状和趋势，对我国实施国家大数据战略提出了五个方面的要求：一是推动大数据技术产业创新发展；二是构建以数据为关键要素的数字经济；三是运用大数据提升国家治理现代化水平；四是运用大数据促进保障和改善民生；五是切实保障国家数据安全与完善数据产权保护制度。

中国的大数据发展在总体上仍处于起步阶段。大数据发展指数是首个面向国内 31 个省、自治区、直辖市大数据发展水平的综合评价指数，该指数由 6 个一级指标、11 个二级指标构成（见表 1.2），取值范围为 0～100。2018 年的测评结果显示，全国大数据发展指数平均仅为33.84。

表 1.2　大数据发展指数评价指标

一级指标	二级指标	指标含义
政策环境	政策关注度	大数据相关政策的媒体报道量和民众讨论量
	政策满意度	媒体和网民对大数据相关政策的评论倾向
人才状况	人才需求差	各类企业对大数据相关人才提供的岗位量
	人才供应差	有意在大数据领域求职的人才数量
投资热度	政府投资项目数	政府在大数据领域投资的项目数量
	投融资规模	大数据创业企业的融资规模
创新创业	技术创新量	大数据相关专利数量
	创业增长量	大数据领域新增企业数量
产业发展	产业园区数	大数据产业园区的数量
	企业注册规模	大数据企业的平均注册资本
	企业活跃度	大数据企业经营活跃度

1.4　主 要 应 用

1.4.1　互联网行业主要应用

（一）在网络广告推送中的应用

（1）构建用户数据库。首先，利用大数据技术中的采集技术对网络媒体、网络社区等各个社交平台中用户的行为进行采集，分析用户需求，利用一些折扣政策，如针对发帖量较高的用户可以开放一些虚拟特权，以此来吸引用户进行会员注册，扩充用户数据库资源。其次，利用大数据中的数据挖掘技术，进行会员招募、销售往来、社会调查等活动，以此来获取用户信息数据。如中国联通将 Hadoop 技术和大数据技术应用到用户上网记录分析与查询支撑系统中，通过对用户的上网行为进行分析，为用户推送相应的业务。

（2）改变播出网络广告的形式。现阶段，互联网浏览页中有很多干扰广告，严重影响了用户的上网体验。这种情况下广告商应该利用大数据改变播出网络广告的形式。首先，利用大数据中的采集技术，对用户点击行为进行采集，并对其进行分析，判断用户关注点，从而制定网络广告的尺寸、形式以及位置。其次，利用预处理技术将手动关闭窗口方式转为自动定时关闭，这样可以极大地吸引用户的注意力。

（3）及时调整广告。大数据可以通过区域、网民特征、关键词、投入时间对网络广告进行多维定位，同时利用实时优化动态技术对广告的覆盖范围、投放时间进行设置，找到观众比较集中的关注点，深度挖掘互联网中的潜在消费者，从而及时更新和调整广告。

（二）在网络安全中的应用

（1）在风险评估体系中的应用。风险评估是互联网防御体系的关键部分，大数据在其中应用时，利用其中的风险评估技术和层次分析量化技术对互联网安全的复杂性进行有效的分析和评估，使各个系统之间不再有强烈的依赖性。同时还可利用 D-S 证据理论和灰色理论对网络安全评估体系进行优化，从而更好地满足网络安全需求。

（2）在安全审计体系中的应用。数据分析是安全审计体系中最核心的内容，大数据技术在其中应用时，为其提供遗传算法和 BP 网络神经算法等。在此过程中，大数据能够构建一个遗传神经网络，在这个网络中进行审计预算，可以极大地提升网络安全防御体系识别数据的精确度。

（3）在主动防御系统中的应用。相关人员可以结合检测技术、防护技术以及预警技术，利用大数据构建一个仿真动态反病毒系统，使系统可以对网络程字进行自动监视，同时对网络程序的各种动作进行逻辑关系分析。这样基于大数据自主分析功能，可以快速识别出病毒，并自动阻断病毒的入侵，并且自动修复网络漏洞，为网络安全提供保障。

（三）在门户网站中的应用

（1）数据挖掘。大数据中最重要的技术便是数据挖掘技术，利用该技术从互联网的数据库中提取用户浏览信息的关注点。首先，利用遗传算法对用户数据进行计算。计算的目标可以是一个，也可以是几个，从中提取比较有价值的信息。其次，将数据可视化，将更多的变量展现在用户表面，最大限度地为用户提供多元化图形。

（2）用户行为分析。对用户行为进行分析主要是利用大数据中的聚类分析技术，根据用户的特征将各种簇和类分析出来，利用聚类对各种特征数据进行分类。随后利用小波聚类算法对高频信号和用户特征空间进行计算，以数据对象向量为输入值，将聚类对象输出，从而满足用户的各种需求。

1.4.2 医疗行业主要应用

除了较早前就开始利用大数据的互联网公司，医疗行业是让大数据分析最先发扬光大的传统行业之一。医疗行业拥有大量的病例、病理报告、治愈方案、药物报告等，如果这些数据可以被整理和应用将会极大地帮助医生和病人。我们面对的数目及种类众多的病菌、病毒，以及肿瘤细胞，其都处于不断的进化过程中。在发现诊断疾病时，疾病的确诊和治疗方案的确定是最困难的。在未来，借助于大数据平台我们可以收集不同病例和治疗方案，以及病人的基本特征，可以建立针对疾病特点的数据库。如果未来基因技术发展成熟，可以根据病人的基因序列特点进行分类，建立医疗行业的病人分类数据库。在医生诊断病人时可以参考病人的疾病特征、化验报告和检测报告，参考疾病数据库来快速帮助病人确诊，明确定位疾病。在制定治疗方案时，医生可以依据病人的基因特点，调取基因、年龄、人种、身体情况相同的有效治疗方案，制定出适合病人的治疗方案，帮助更多的人及时进行治疗。同时这些数据也有利于医药行业开发出更加有效的药物和医疗器械。

数据挖掘在医学大数据研究中已取得了较多成果，主要应用如下。

（一）疾病早期预警

医疗领域往往需要更精确的实时预警工具，而基于数据挖掘的疾病早期预警模型的建立，有助于提高疾病的早期诊断、预警和监护，同时，也有利于医疗机构采取预防和控制措施，减少疾病恶化及并发症的发生。疾病早期预警，首先要收集与疾病相关的指标数据或危险因素，然后建立模型，从而发现隐含在数据之中的发病机制和病情之间的联系。Forkan 等采集日常监测的心率、舒张压、收缩压、平均血压、呼吸率、血氧饱和度等生命体征数据，以 J48 决策树、随机森林树及序列最小优化算法等建立疾病预警模型，用于远程家庭监测，识别未曾诊断过的疾病发生，并将监测结果发送到医疗急救机构，实现生命体征大数据、病人及医疗机构的完整衔接，以降低突发疾病及死亡的发生率。Easton 等利用贝叶斯分类算法建立了中风后遗症死亡预测模型，认为中风后遗症死亡概率与中风发生后的时间长短成函数关系，有助于中风后遗症患者的后续监护。Tayefi 等基于决策树算法建立了冠心病预测模型，该模型发现 hs-CRP 作为新的冠心病预测标志物，比传统的标志物（如 FBG）更具特异性。

（二）慢性病研究

糖尿病、高血压、心血管疾病等慢性病正在影响着人们的健康，识别慢性病危险因素并建立预警模型有助于降低慢性疾病并发症的发生。Alagugowr 等建立的心脏病预警系统，从心脏病大数据库中提取特征指标，通过 K-means 聚类算法识别出心脏病危险因素，又以 Apriori 算法挖掘高频危险因素与心脏病危险等级之间的关联规则。Ilayaraja 等则以高频项集寻找心脏病危险因素并识别病人风险程度，该方法能够回避无意义项集的产生，从而解决了以往研究中项集数量多、所需存储空间大等问题。CH Jen 等对慢性疾病并发症风险识别的研究分三个步骤：首先，选择健康人群体检数据和慢性病患者相关疾病数据，以带有序列前项选择的线性判别分析来寻找相关疾病的特征变量；其次，以 KNN 对特征变量进行分类处理；最后，将 KNN 算法的分类结果应用于慢性疾病预警模型的建立。Aljumah 等先后以回归分析和 SVM 用于预测和判断糖尿病不同治疗方式与不同年龄组之间的最佳匹配，为患者选择最佳治疗方式提供依据。Perveen 等对糖尿病的预测研究，采用患者人口学数据和临床指标数据，并分别用 Adaboost 集成算法、Bagging 算法及决策树三种算法来建立预测模型，认为 Adaboost 集成算法的精确性更高。

（三）辅助医学诊断

医学数据不仅体量大，而且错综复杂、相互关联。对大量医学数据的分析，挖掘出有价值的诊断规则，将对疾病诊断提供参考。Yang 等基于决策树算法和 Apriori 算法，对肺癌病理报告与临床信息之间的关联性进行了研究，为肺癌病理分期诊断提供依据，从而可回避诊断中需要手术方法获取病理组织。Becerra-Garcia 等应用 SVM、KNN 和 CART 三种算法对眼球电图进行信号预处理、脉冲检测和脉冲分类，为研究临床眼球电图检查中非自发扫视眼球运动的识别提供依据。彭玉兰等对某医院 5 年的乳腺超声数据进行了关联规则挖掘，建立乳腺病理诊断与超声诊断之间的关联规则，并开发了乳腺超声数据库数据检索系统，便于医生快速获得超声诊断和病理诊断的各种诊断信息和病例信息。

1.4.3　金融行业主要应用

大数据在金融行业应用范围较广，典型的案例有花旗银行利用 IBM 沃森电脑为财富管理客户推荐产品；美国银行利用客户点击数据集为客户提供特色服务，如有竞争的信用额度；招商银行利用客户刷卡、存取款、电子银行转账、微信评论等行为数据进行分析，每周给客户发送针对性广告信息，里面有顾客可能感兴趣的产品和优惠信息。另外，大数据能够通过海量数据的核查和评定，增加风险的可控行和管理力度，及时发现并解决可能出现的风险点，对于风险发生的规律性有精准的把握，将推动金融机构对更深入和透彻的数据的分析需求。支持业务的精细化管理。虽然银行有很多支付流水数据，但是各部门不交叉，数据无法整合，大数据金融的模式促使银行开始对沉积的数据进行有效利用。大数据将推动金融机构创新品牌和服务，做到精细化服务，对客户进行个性定制，利用数据开发新的预测和分析模型，实现对客户消费模式的分析以提高客户的转化率。大数据必将给金融企业带来更多更新的基于数据的业务和内部管理优化机会。

1.4.4　交通行业主要应用

交通的大数据应用主要在两个方面：一方面，可以利用大数据传感器数据来了解车辆通行密度，合理进行道路规划（包括单行线路规划）；另一方面，可以利用大数据来实现即时信号灯调度，提高已有线路运行能力。科学地安排信号灯是一个复杂的系统工程，必须利用大数据计算平台才能计算出一个较为合理的方案。科学的信号灯安排将会提高 30%左右已有道路的通行能力。在美国，政府依据某一路段的交通事故信息来增设信号灯，降低了 50%以上的交通事故率。机场的航班起降依靠大数据将会提高航班管理的效率；航空公司利用大数据可以提高上座率，降低运行成本；铁路利用大数据可以有效安排客运和货运列车，提高效率、降低成本。

1.4.5　教育行业主要应用

在课堂上，数据不仅可以帮助改善教育教学，在重大教育决策制定和教育改革方面，大数据更有用武之地。美国利用数据来诊断处在辍学危险期的学生、探索教育开支与学生学习成绩提升的关系、探索学生缺课与成绩的关系。比如美国某州公立中小学的数据分析显示，在语文成绩上，教师高考分数和学生成绩呈现显著的正相关。也就是说，教师的高考成绩与他们现在所教语文课上的学生学习成绩有很明显的关系，教师的高考成绩越好，学生的语文成绩也越好。这个关系让我们进一步探讨其背后真正的原因。其实，教师高考成绩高低，某种程度上是教师的某个特点在起作用，而正是这个特点对教好学生起着至关重要的作用，教师的高考分数可以作为挑选教师的一个指标。如果有了充分的数据，便可以发掘教师特征和学生成绩之间的关系，从而为挑选教师提供更好的参考。

大数据还可以帮助家长和教师甄别出孩子的学习差距和有效的学习方法。比如，美国的麦格劳-希尔教育出版集团就开发出了一种预测评估工具，帮助学生评估他们已有的知识和达标测验所需程度的差距，进而指出学生有待提高的地方。评估工具可以让教师跟踪学生学习情况，从而找到学生的学习特点和方法。有些学生适合按部就班，有些则更适合图式信息和整合信息的非线性学习。这些都可以通过大数据搜集和分析很快识别出来，从而为教育教学提供坚实的依据。

在国内尤其是北京、上海、广州等城市，大数据在教育领域就已有了非常多的应用，譬如像慕课、在线课程、翻转课堂等，其中就应用了大量的大数据工具。

1.5　存 在 问 题

1.5.1　数据存储

大数据的数据存储量随时间不断增加，已从 TB（TeraByte）级别上升至 PB（PetaByte）级别，甚至 EB（ExaByte）级别。在 2016 年，Google 公司每秒处理 63 000 次以上的搜索请求；FaceBook 每分钟处理近百万条帖文、4 亿个电子邮件被发送；百度每天处理上百亿次请求；微信用户超过 10 亿，在线人际关系链超过 1 000 亿条，每日新增数据量接近 500 TB。传统的结构化数据存储方式已无法支持如此大规模的数据量的存储，同时也给相关的技术架构带来新的挑战。

首先，传统的数据库无法处理 PB 级别的数据，快速增长的数据量超越了传统数据库的管理能力，需要增加服务器并构建分布式的数据仓库以扩展容量。其次，传统的数据库技术并没有考虑数据类别的多样性，尤其是对结构化数据、半结构化数据和非结构化数据的兼容。最后，海量数据的处理需要优秀的网络架构支持，需要强大的数据中心作为支撑，如何保证数据稳定也成为一大难题。

此外，数据存储的成本也成为大数据发展的限制因素之一。2012 年，天津市安防系统预计建设拥有 4.6 EB 存储能力的系统，成本超过 500 亿元，相当于当年整个西藏的 GDP 总值。因此，快速增长的数据规模以及随之带来的过高成本已经成为制约大数据发展的重要因素。我国绝大部分城市采用缩短数据保存时限、降低数据存储质量的方式降低存储成本，采用数据动态处理技术缓解数据存储问题。但采用上述方法并未从根本上解决数据存储问题，因此该问题仍然是大数据技术发展的瓶颈。而云数据库的出现，为存储问题提供了可能的解决方案。

云数据库是基于云计算技术发展的一种共享基础架构的方法，是部署和虚拟化在云计算环境中的数据库。云数据库具有高可扩展性、高可用性、采用多租形式和支持资源有效分发的特点。从数据模型的角度来说，云数据库并非是一种全新的数据库技术，而只是以服务的方式在云环境中提供数据库功能。云数据库所采用的数据模型可以是各类数据模型，如关系数据库所使用的关系模型（微软的 SQLAzure 云数据库采用了关系模型）。

1.5.2　信息安全

大数据安全威胁渗透在数据生产、采集、处理和共享等大数据产业链的各个环节，风险成因复杂交织；既有外部攻击，也有内部泄露；既有技术漏洞，也有管理缺陷；既有新技术新模式触发的新风险，也有传统安全问题的持续触发。本部分从大数据自身面临的安全问题出发，从大数据平台安全、数据安全和个人信息安全三个方面进行分析，阐述大数据分析面临的安全问题。

（一）大数据平台方面

首先，大数据平台在 Hadoop 开源模式下缺乏安全规划，自身安全机制存在局限性。

Hadoop 设计之初是为了管理大量公共的 web 数据，建立在集群总是处于可信环境中的假设，因此 Hadoop 最初并未设计安全机制，也没有安全模型和整体的安全规划。随着 Hadoop 的广泛应用，越权提交作业、修改 JobTracker 状态、篡改数据等恶意行为的出现，Hadoop 开源社区开始考虑安全需求，并相继加入了 Kerberos 认证、文件 ACL 访问控制、网络层加密等安全机制。尽管这些功能可以解决部分安全问题，但仍然存在局限性。在身份管理和访问控制方面，依赖于 Linux 的身份和权限管理机制，身份管理仅支持用户和用户组，不支持角色；仅有可读、可写、可执行三个权限，不能满足基于角色的身份管理和细粒度访问控制等新的安全需求。安全审计方面，Hadoop 生态系统中只有分布在各组件中的日志记录，无原生安全审计功能，需要使用外部附加工具进行日志分析。另外，开源发展模式也为 Hadoop 系统带来了潜在的安全隐患。企业在进行工具研发的过程中，多注重功能的实现和性能的提高，对代码的质量和数据安全关注较少。因此，开源组件缺乏严格的测试管理和安全认证，对组件漏洞和恶意后门的防范能力不足。

其次，大数据平台服务用户众多、场景多样，传统安全机制的性能难以满足需求。

大数据场景下，数据从多个渠道大量汇聚，数据类型、用户角色和应用需求更加多样化，访问控制面临诸多新的问题。一是多源数据的大量汇聚增加了访问控制策略制定及授权管理的难度，过度授权和授权不足现象严重。二是数据多样性、用户角色和需求的细化增加了客体的描述困难，传统访问控制方案中往往采用数据属性（如身份证号）来描述访问控制策略中的客体，非结构化和半结构化数据无法采取同样的方式进行精细化描述，导致无法准确为用户指定其可以访问的数据范围，难以满足最小授权原则。大数据复杂的数据存储和流动场景使得数据加密的实现变得异常困难，海量数据的密钥管理也是亟待解决的难题。

再次，大数据平台的大规模分布式存储和计算模式导致安全配置难度成倍增长。

开源 Hadoop 生态系统的认证、权限管理、加密、审计等功能均通过对相关组件的配置来完成，无配置检查和效果评价机制。同时，大规模的分布式存储和计算架构也增加了安全配置工作的难度，对安全运维人员的技术要求较高，一旦出错，会影响整个系统的正常运行。据 Shodan 互联网设备搜索引擎的分析显示，大数据平台服务器配置不当，已经导致全球 5 120 TB 数据泄露或存在数据泄露风险，泄露案例最多的国家分别是美国和中国。针对 Hadoop 平台的勒索攻击事件，在整个攻击过程中并没有涉及常规漏洞，而是利用平台的不安全配置，轻而易举地对数据进行操作。

最后，针对大数据平台网络攻击手段呈现新特点，传统安全监测技术暴露不足。

大数据存储、计算、分析等技术的发展，催生出很多新型高级的网络攻击手段，使得传统的检测、防御技术暴露出严重不足，无法有效抵御外界的入侵攻击。传统的检测是基于单个时间点进行的基于威胁特征的实时匹配检测，而针对大数据的高级可持续性攻击（APT）采用长期隐蔽的攻击实施方式，并不具有能够被实时检测的明显特征，发现难度较大。此外，大数据的价值低密度性，使得安全分析工具难以聚焦在价值点上，黑客可以将攻击隐藏在大数据中，传统安全策略检测存在较大困难。因此，针对大数据平台的高级持续性攻击（APT）

时有发生，大数据平台遭受的大规模分布式拒绝服务（DDoS）攻击屡见不鲜。Verizon 公司《2018 年数据泄露调查报告》显示，48%的数据泄露与黑客攻击有关。可见，传统的安全监测技术已无法为当前的大数据平台提供稳定可靠的安全防护。

（二）数据安全方面

大数据的体量大、种类多等特点，使得大数据环境下的数据安全出现了有别于传统数据安全的新威胁。

在数据采集环节，大数据体量大、种类多、来源复杂的特点为数据的真实性和完整性校验带来困难。尚无严格的数据真实性和可信度鉴别和监测手段，无法识别并剔除掉虚假甚至恶意的数据信息。黑客可以利用网络攻击向数据采集端注入恶意数据，破坏数据真实性，将数据分析的结果引向预设的方向，进而实现操纵分析结果的攻击目的。

另外，数字经济时代的来临，使得越来越多的企业或组织需要协同参与产业链的联合，以数据流动与合作为基础进行生产活动。企业或组织在使用数据资源参与合作的应用场景中，数据的流动使其突破了组织和系统的界限，产生跨系统的访问或多方数据汇聚进行联合运算。保证个人信息、商业机密或独有数据资源在合作过程中的机密性，是企业或组织参与数据流动与数据合作的前提，也是数据安全有序互联互通必须解决的问题。

大数据应用体系庞杂，频繁的数据共享和交换促使数据流动路径变得错综复杂，数据从产生到销毁不再是单向、单路径的简单流动模式，也不再仅限于组织内部流转，而是将从一个数据控制者流向另一个控制者。在此过程中，实现异构网络环境下跨越数据控制者或安全域的全路径数据追踪溯源变得更加困难，特别是数据溯源中数据标记的可信性、数据标记与数据内容之间捆绑的安全性等问题更加突出。2018 年 3 月的"剑桥分析"事件中，Facebook 对第三方 APP 使用数据缺乏监管和有效的追责机制，最终导致 8 700 万名用户资料被滥用，还带来了股价暴跌、信誉度下降等严重后果。

（三）个人隐私安全方面

首先，大数据采集、处理、分析数据的方式和能力对传统个人隐私保护框架和技术能力带来了严峻的挑战。在大数据环境下，企业对多来源多类型数据集进行关联分析和深度挖掘，可以复原匿名化数据，从而获得个人身份信息和有价值的敏感信息。因此，为个人信息圈定一个"固定范围"的传统思路在大数据时代不再适用。在传统的隐私保护技术中，数据收集者针对单个数据集孤立地选择隐私参数来保护隐私信息。而在大数据环境下，由于个体以及其他的相互关联的个体和团体的数据分布广泛，数据集间的关联性也大大增加，从而增加了数据集融合之后的隐私泄露风险。

此外，传统的隐私保护技术难以适应大数据的非关系型数据库。在大数据技术环境下，数据呈现动态变化、半结构化和非结构化数据居多的特性，对于占数据总量 80%以上的非结构化数据，通常采用非关系型数据库（NoSQL）存储技术完成对大数据的抓取、管理和处理。而非关系型数据库没有严格的访问控制机制及完善隐私管理工具，现有的隐私保护技术（如数据加密、数据脱敏等），多用于关系型数据库并产生作用，不能有效应对非关系型数据库的演进，容易发生隐私泄露风险。

1.5.3　数据共享

大数据产业发展必须实现数据信息的自由流动和共享，而当前许多企业面临数据碎片化的挑战，企业之间也难以进行数据共享，逐渐在企业内部和企业间形成数据孤岛，因此数据共享问题已成为大数据产业的发展壁垒。造成这一问题的原因主要有两个方面。

一方面，数据采集和管理混乱，导致数据更新的及时性和规范性无法保证。同一类数据在不同部门和行业间存在冲突和矛盾，导致数据缺乏实际应用价值。很多中型以及大型企业，每时每刻都在产生大量的数据，但很多企业在大数据的预处理阶段管理混乱，导致数据处理不规范。大数据预处理阶段需要抽取数据并把其转化为易处理的数据类型，再进行清洗和去噪，以提取有效的数据等操作。由于数据处理的不规范性，企业的数据质量低，可用性差，难以提取有价值的信息，甚至导致源于数据的知识和决策错误。国际著名科技咨询机构 Gartner 在 2007 年的调查显示，全球财富 1 000 强企业中超过 25%的企业存在数据缺失和不准确的问题。2013 年，在美国，每年约 98 000 名患者死于数据错误引发的医疗事故；数据陈旧导致的生产事故和决策失误，每年给美国工业企业造成损失约 6 110 亿美元。

另一方面，数据作为一种新型商品，由于隐私性和敏感性的存在，必然会涉及部分敏感信息，这导致数据交易成为一大难题。由于政府、企业和行业信息化系统建设往往缺少统一规划，系统之间缺乏统一的标准，形成了众多"信息孤岛"，而且受行政垄断和商业利益所限，数据开放程度较低，这给数据利用造成极大障碍。另外一个制约我国数据资源开放和共享的重要因素是政策法规不完善，大数据挖掘缺乏相应的立法，无法既保证共享又防止滥用。因此，建立一个良性发展的数据共享生态系统，是我国大数据发展需要跨越的一个难关。同时，开放与隐私的平衡也是大数据开放过程中面临的最大难题。如何在推动数据全面开放、应用和共享的同时有效地保护公民、企业的隐私，逐步加强隐私立法，将是大数据时代的一个重大挑战。但随着同态加密、差分隐私、量子账本等技术的性能提升和门槛降低，区块链、安全多方计算等工具与数据流通场景进一步紧密结合，数据共享和数据流通的壁垒有望被打破。

1.6　发　展　趋　势

1.6.1　大数据技术发展趋势

在大数据技术不断突破的同时，其各个环节的发展呈现出了新的发展趋势和挑战。本部分将从边缘计算、量子计算、暗数据迁移、可视化技术和多学科融合五个方面简述大数据技术的发展趋势。

（一）边缘计算加速数据分析

边缘计算最早起源于 2003 年，由云服务提供商 AKAMAI 和 IBM 联合提出并研发。随着物联网的迅速发展，传统的中心服务器处理模式已无法满足庞大的数据量和网络负载，边缘计算逐渐走进人们的视野。[16] 边缘计算是指网络的边缘节点对数据进行处理和分析，即采用去中心化的思想，在网络边缘节点对数据进行处理和分析，从而减小中心服务器负载。边缘节点是指数据源和云中心之间任意具有计算和分析能力的节点。比如，手机就是人与云中心的边缘节点，家庭内部的网关是智能家具和云中心之间的边缘节点。在理想环境中，边缘计算指的就是在数据产生源附近分析、处理数据，没有数据的流转，进而减少网络流量和响应时间。这种计算模型无须将数据传送云中心进行计算，减小了网络负载，加速了数据分析，同时保证了用户数据的私密性。

2016 年，11 月 30 日，华为技术有限公司、中国科学院沈阳自动化研究所等六家公司和科研机构成立了边缘计算联盟，旨在搭建边缘计算产业合作平台，推动物联网发展，提升行业自动化水平。自此，边缘计算正式走进人们的视野，成为大数据技术的重要发展方向。

（二）量子计算提高计算能力

面对数据量的大幅增加，边缘计算是通过架构的改进实现去中心化，以提高大数据处理性能。而量子计算则是通过提升计算能力实现性能改进，从根本上解决了数据爆炸的问题。

量子计算是量子力学与计算机科学结合的产物。由于量子系统的独特性，量子计算具有经典计算不具有的量子并行计算能力，能够对某些重要的经典算法进行加速。近年来，大数据和量子计算开始融合，已经在数据整合、数据搜索等领域有了显著成果。

（三）暗数据迁移扩充数据集

暗数据是指尚未转化为数字格式的信息，这是一个尚未开发的巨大储层。我们可以将"暗数据"视为大数据的子集，它可以包括存储在 CRM 数据仓库的结构化数据、日志文件，甚至来自社交媒体的非结构化数据等所有数据。事实上，目前的市场中有超过 80% 的数据未被利用和开发，我们可以将这些数据都视为暗数据。这些暗数据中存在巨大的挖掘潜力，如果能充分利用，将会大幅推动大数据和人工智能的飞速发展。

（四）可视化技术推动大数据平民化

近年来，大数据概念深入人心，大数据的发展成果通常以可视化的方式展现。可视化技术是指把复杂的数据以简洁易懂的可交互图形的方式展现出来，以帮助用户更好地理解和分析数据，发现数据内在规律和隐藏知识。可视化技术已经极大地拉近了大数据和普通民众的距离。在未来的发展中，随着可视化技术不断突破，可视化方法不断创新，可视化工具不断更迭，大数据分析的成果将更加直观地展现给科研工作者和普通民众，使人们更好地了解大数据，应用大数据，进而充分发挥大数据的价值。

（五）多学科融合推动数据科学发展

大数据技术是多学科、多技术、多领域的融合产物，涉及统计学、计算机科学、管理科学等多个学科，大数据应用更是与多领域产生交叉，如安全领域、医疗领域等。这种多领域的交叉和多学科的融合，使数据科学不断兴起，人们也开始意识到数据的重要性，纷纷投身于数据科学的研究中，如数据分析、数据挖掘等。数据科学的兴起，使人们专注于从大量原始和结构化数据中找到切实可行的方案，发掘数据中的隐含信息，进而更好地利用大数据。

1.6.2　大数据应用发展趋势

（一）大数据与网络安全

随着数据量的增大、云计算和虚拟化等技术的应用，主机边界、网络边界也变得动态和模糊。同时隐蔽性和持续性的攻击逐渐增多。传统的网络安全与情报分析技术受限于数据源单一、处理能力有限，已不能及时应对网络中的威胁。这既是挑战，也是机遇。目前，通过将大数据与网络安全相结合，已形成了大数据安全分析这一新型安全应对方法。一方面，批量数据处理技术、流式数据处理技术、交互式数据查询技术等大数据处理技术解决了高性能网络流量的实时还原与分析、海量历史日志数据分析与快速检索、海量文本数据的实时处理与检索等网络安全与情报分析中的数据处理问题；另一方面，大数据技术应用到安全可视分析、安全事件关联、用户行为分析中，形成大数据交互式可视分析、多源事件关联分析、用户实体行为分析、网络行为分析等一系列大数据安全分析研究分支，以应对当前的网络安全挑战。

自 2001 年起，大数据安全分析技术已在 APT 攻击检测、网络异常检测、网络安全态势感知、网络威胁情报分析等方面已经得到应用。但是，随着技术的发展，当前网络防护技术仍存在诸多问题：高级网络威胁与攻击的有效检测方法缺乏；未知复杂网络攻击与威胁预测能力不足；缺乏度量网络安全态势评估结果的评价体系；关键资产与网络整体的态势评估指标体系不完善等。[17] 未来的发展中，大数据将与网络安全紧密结合，针对当前网络环境的不足加以改进，维护更加和谐、安全的网络环境。

（二）大数据与物联网

物联网于 20 世纪 90 年代提出，并在近 10 年内迅速发展。事实上，物联网的核心仍然是互联网，是在互联网的基础上延伸和扩展的网络。不同的是，用户端延伸到了物品与物品之间。事实上，物联网的发展与大数据有着密不可分的关系。物联网对应了互联网的感觉和运动神经系统，而大数据和云计算则是神经中枢。两者相结合已成为未来发展的必然趋势。

目前，物联网与大数据相结合已有部分成果，如智慧家居、智慧公路等，已经实现了家居、公路交通的智能化管理。在未来几年中，研究人员将进一步推动大数据与物联网的结合，实现智慧城市，惠及每一个人。

（三）大数据与人工智能

人工智能随着大数据的发展，将智能应用发展得淋漓尽致，在各行各业都得到广泛的应用，包括无人驾驶、图像识别、语音识别等各大领域。事实上，人工智能是大数据计算结果的应用，而大数据计算能力和计算结果则是人工智能的依托。以无人驾驶为例：无人驾驶需要采集每个路口和路况的信息，通过对信息的分析决定下一步的行为。而信息的分析和决策的底层架构都是基于大数据的逻辑算法，即系统须先存储海量数据信息，比如路况信息、路面信息等，然后按照人的需求分析，编码成逻辑程序，最后提交给系统执行。因此，人工智能在未来的发展与大数据是密不可分的。

（四）大数据与深度学习

深度学习是利用深度神经网络来解决特征表达的一种学习过程。深度神经网络可以完全利用输入的数据自行模拟和构建相应的模型结构，十分灵活，并且拥有一定的自优化能力。这一显著的优点带来的便是显著增加的运算量。而利用大数据分析的相关工具进行处理，可以有效解决运算量和运算能力的问题。因此，大数据的相关技术很大程度上推动了深度学习的发展。同时，面对海量的数据，首要问题就是如何对其进行有效的分析和处理并挖掘出数据的价值。深度学习方法在处理大数据的过程中扮演了关键性的角色。它能从数据中自适应地提取其内部表示，尽可能地减少人工的参与，并且用于提取特征的深度模型可以应用到多种场景下，具有更强的泛化性能。

目前，在大规模有标签数据集的支撑下，基于有监督特征的深度学习取得了很好的效果。但更多的数据集都是未标记的。因此，未来的研究过程中，基于无监督特征的深度学习将成为研究的重点。

（五）大数据与医疗

大数据技术的迅速发展使得健康医疗信息化得到广泛应用，在医疗服务、健康保健和卫生管理过程中产生海量数据集，形成健康医疗大数据。健康医疗大数据的发展与应用对提升医药卫生服务水平、促进健康产业发展等发挥着重要作用，许多国家对此已经形成共识，一些发达国家已将其作为国家重大战略并付诸实践。在未来的发展中，医疗大数据将为临床治疗、药物研发、卫生监测、公共健康、政策制定和执行带来创造性的变化，全面提升健康医疗领域的治理能力和水平。

医疗大数据将为临床诊疗管理与决策提供支持。通过效果的比较和研究，精准分析包括患者体征、费用和疗效等数据在内的大型数据集，可帮助医生确定最有效和最具有成本效益的治疗方法。同时，临床决策支持系统可有效拓宽临床医生的知识领域，减少人为疏忽，帮助医生提高工作效率和诊疗质量。通过集成分析诊疗操作与绩效数据集，可以创建可视化流程图和绩效图，识别医疗过程中的异常，为业务流程优化提供依据。

医疗大数据将为药物研发提供支持。通过分析临床试验注册数据与电子健康档案，可以优化临床试验设计，招募适宜的临床试验参与者。同时，分析临床试验数据和电子病历，也可以辅助药物效用分析，降低药物相互作用的影响。及时收集药物不良反应报告数据可以加强药物不良反应监测与预防。疾病患病率与发展趋势的分析可以模拟市场需求与费用，预测新药研发的临床结果，帮助确定新药研发投资策略和资源配置。

医疗大数据将为公共卫生监测提供支持。大数据相关技术的应用可扩大卫生监测的范围，从部分案例抽样的方式扩大到全样本数据，从而提高对疾病传播形势判断的及时性和准确性。通过对人口统计学信息、各种来源的疾病与危险因素数据进行整合和分析，可提高对公共卫生事件的辨别、处理和反应速度，并能够实现全过程跟踪和处理，有效调度各种资源，对危机事件做出快速反应和有效决策。

医疗大数据将为公众健康管理提供帮助。可穿戴医疗设备可以收集个人健康数据，辅助健康管理，提高人们健康水平，为医患沟通提供有效途径。同时，医生可根据患者发送的健康数据，及时采取干预措施或提出诊疗建议。集成分析个体的体征、诊疗、行为等数据，可以预测个体的疾病易感性、药物敏感性等，进而实现对个体疾病的早发现、早治疗、个性化用药和个性化护理等。

医疗大数据将为医药卫生政策制定和执行监管提供科学依据。整合与挖掘不同层级、不同业务领域的健康医疗数据以及网络舆情信息，有助于综合分析医疗服务供需双方的特点、服务提供与利用情况及其影响因素、人群和个体健康状况及其影响因素，并预测未来需求与供方发展趋势，发现疾病危险因素，为医疗资源配置、医疗保障制度设计、人群和个体健康促进、人口宏观决策等提供科学依据。同时，通过集成各级人口健康部门与医疗服务机构数据，可以识别并对比分析关键绩效指标，从而快速了解各地政策执行情况，及时发现问题，防范风险。

1.7　小　　结

大数据（Big Data）的内涵是指无法在一定时间范围内用常规软件工具进行捕捉、管理和处理的数据集合，是需要新处理模式才能具有更强的决策力、洞察发现力和流程优化能力的海量、高增长率和多样化的信息资产。大数据的特征可以使用"5V"概括。

研究基于海量数据的信息提取技术的学科称为数据科学，数据科学作为支撑大数据研究与应用的交叉学科，其理论基础来自多个不同的学科领域，包括计算机科学、统计学、人工智能、信息系统、情报科学等。数据科学推动了计算机科学、软件工程、通信工程及人工智能等领域的发展进步。

大数据技术始于 20 世纪 80 年代，大数据的处理架构、数据采集、数据存储、计算模式、可视化分析等相关技术已可投入生产实践，且仍具备相当大的发展空间。我国国务院印发的《促进大数据发展行动纲要》为我国大数据应用、产业和技术的发展提供了行动指南。

大数据技术的出现为诸多领域带来了深刻的变革，其应用包括互联网领域的定向营销、医疗领域的精准医疗等。事实上，各行各业都存在大量的、未被利用的行业相关数据，数据科学的出现挖掘出了这些数据的价值，进而促进了各个行业的发展。

大数据目前的发展仍面临诸多问题，包括存储问题、安全问题和数据共享问题。数据存储方面，现有的结构化数据库无法存储海量数据且扩展性较差。安全方面，大数据安全威胁渗透在数据生产/采集、处理和共享等大数据产业链的各个环节，平台安全、数据安全和个人隐私安全都存在隐患。数据共享方面，由于数据处理不规范和相关法律法规不健全，企业内部和企业间逐渐形成数据孤岛，无法充分挖掘和利用大数据。

技术方面，边缘计算加速数据分析，量子计算提高计算能力，暗数据迁移扩充数据集，可视化技术推动大数据平民化，多学科融合推动数据科学的发展。应用方面，大数据在网络安全、物联网、人工智能、深度学习和医疗等方向都有着良好的发展前景。

1.8 习　　题

（1）什么是大数据？简述大数据的基本特征。

（2）简述数据科学与其他学科的关系。

（3）数据处理的发展可以分为哪些阶段？每个阶段数据的特点是什么？

（4）简述大数据分析研究现状。

（5）简述大数据分析的主要应用。

（6）大数据分析中存在的主要问题有哪些？

（7）什么是边缘计算？

（8）什么是暗数据？

（9）从技术和应用两个角度简述大数据分析的发展趋势。

第 2 章
大数据分析核心架构

2.1 引　言

针对传统数据分析系统存在无法存储海量数据，难以对大量、异构的数据进行计算和分析的问题，提出大数据分析架构。大数据分析架构是对大数据分析系统的整体结构与组件的抽象描述与建模，主要通过分布式存储、分布式计算、检索和存储结合等技术解决海量数据存储分析问题。大数据分析架构的实例称为大数据分析框架，是大数据开发任务中的必要工具。本章主要内容包括：大数据分析核心架构、并行计算、分布式计算等核心概念；批处理分析框架 Apache Hadoop，重点说明分布式计算原理；Hadoop 底层分布式文件系统，重点说明分布式存储原理；混合框架 Spark，重点说明 Spark 内存运算原理；分布式数据库 Hbase，重点说明分布式数据库特有的逻辑模型和物理模型；数据仓库 Hive，重点说明基于分布式计算模型 MapReduce 的 SQL 编译原理等。Hadoop 框架是一种用于大数据分析的批处理框架；MapReduce 是 Hadoop 框架的默认处理引擎；HDFS 为 Hadoop 框架提供分布式文件存储服务；Hbase 底层依赖于 HDFS 实现存储，对上层表现为列式存储的分布式数据库；Hive 是基于MapReduce 实现分布式 SQL 查询功能的数据仓库；Spark 则是一种用于大数据分析的混合处理框架，同时支持批处理和流处理。

2.2 数据分析架构认知基础

2.2.1 软件架构

软件架构又称为软件体系结构，是有关软件整体结构与组件的抽象描述与建模，具体可划分为逻辑架构、物理架构和系统架构。逻辑架构描述软件的功能组成；物理架构描述软件的各个功能组件如何在现实网络中的硬件上进行部署；系统架构描述性能、可靠性、可扩展性等非功能特征。[18] 软件架构为软件系统提供了一个结构、行为和属性的高级抽象，由构成系统的组件的描述、组件的相互作用、指导组件集成的模式以及这些模式的约束组成。软件架构指定了系统的组织结构和拓扑结构，同时显示了系统需求和构成系统的组件之间的对应关系，提供了设计决策的基本原理，是构建计算机软件实践的基础。

软件架构可被视为组件的集合，组件的概念在 UML 2.0 中的定义如下：组件是一个模块单元，它具有并且可以提供良好定义的接口，在其环境中是可替换的，组件之间通过接口进行交互。在面向对象的编程思想中，通常将这种特征概括为"可复用的"。软件架构的组件具体可划分为处理组件、数据组件和连接组件，处理组件负责对数据进行加工；数据组件负责存储被加工的信息；连接组件负责对体系结构的不同部分进行组合连接，其通常被抽象为一种通信机制，在组件之间传递消息，使组件相互协调和协作。

软件架构具有不同的模式（Pattern）。软件架构模式是描述某一特定应用领域中系统组织方式的惯用模式，其反映了领域中众多系统所共有的结构和语义特征，并指导如何将各个模块和子系统有效地组织成一个完整的系统。更具体地说，软件架构模式是对各组件类型和运行控制/数据传送模式的描述，可以把架构模式看作对架构的一组制约条件，即对各组件类型及其交互模式的限制条件，而这些制约条件就确定了一组或一系列能满足它们的架构。软件架构模式的要素包括：

① 一组在系统运行时执行一定功能的组件类型。

② 能够表明在系统运行时组件的相互关系的拓扑结构。

③ 一组语义约束条件的集合。

④ 一组连接件的集合，这些连接件为组件之间的通信提供中介。

常见的软件架构模式包括分层架构、事件驱动架构、微核架构、微服务架构等。分层架构（见图 2.1）是最常见的软件架构模式，也是事实上的标准架构，其将软件分成若干个水平层，每一层为上一层提供服务，并作为下一层的客户。在分层架构中，每一层都有清晰的角色和分工，不需要了解其他层的细节，层与层间通过接口通信。最常见的分层架构包含四层，分别为负责用户界面的表现层、负责业务逻辑的业务层、负责提供数据的持久层和负责保存数据的数据库。分层架构具有结构简单、支持不同分层的独立开发与测试等优点，适合大多数软件公司的组织架构。但是当环境发生变化、需要代码调整或增加功能时，分层架构通常比较费时。现有的主流大数据分析框架，如 Hadoop 等多数基于分层架构模式进行设计。

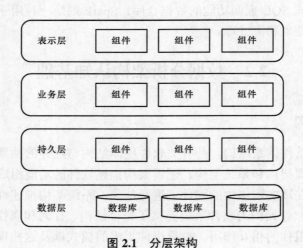

图 2.1　分层架构

事件驱动架构（见图 2.2）指通过事件（状态发生变化时，软件发出的通知）进行通信的软件架构，该架构主要包括四个部分：事件队列、分发器、事件通道和事件处理器。事件队列是接收事件的入口；分发器负责将不同的事件分发到不同的业务逻辑单元；事件通道是分发器与处理器之间的联系渠道；事件处理器负责实现业务逻辑，处理完成后会发出事件，触发下一步操作。事件驱动架构是一种分布式的异步架构，事件处理器之间高度解耦，因此具有扩展性强、适用性广、容易部署等优点，但也存在开发测试成本高、难以支持原子操作等局限性。

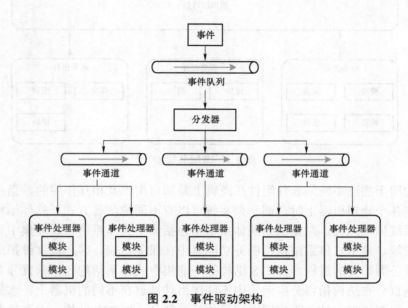

图 2.2　事件驱动架构

　　微核架构（见图 2.3）又称为插件架构，指的是软件的内核相对较小，主要功能和业务逻辑都通过插件实现。内核通常只包含系统运行的最小功能，插件则是互相独立的，插件之间的通信，应该减少到最低，避免出现互相依赖的问题。微核架构的优点包括功能延伸性良好、可定制性较高、支持渐进式开发、易于部署等，缺点则包括内核难以实现分布式、开发成本高等。

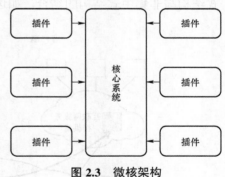

图 2.3　微核架构

　　微服务架构（见图 2.4）是服务导向架构（Service-oriented Architecture，SOA）的升级。在微服务架构中，每一个服务就是一个独立的部署单元，这些单元都是分布式的，互相解耦，通过远程通信协议（如 REST、SOAP 等）联系。微服务架构主要包括三种实现模式，分别为 RESTful API 模式、RESTful 应用模式和集中消息模型。RESTful API 模式指服务通过 API 提供，云服务就属于此类模式；RESTful 应用模式指服务通过传统的网络协议或者应用协议提供，背后通常是一个多功能的应用程序，常见于企业内部；集中消息模式指采用消息代理，可以实现消息队列、负载均衡、统一日志和异常处理。微服务架构的优点包括扩展性强、容易部署、便于开发测试等，缺点则是强调互相独立和低耦合而促使服务划分得很细，进而导致系统的组织变得凌乱而笨重。另外，分布式的本质也使得这种架构难以支持原子操作。

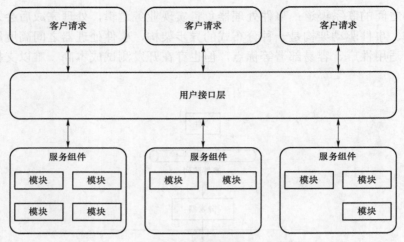

图 2.4 微服务架构

软件架构用于描述不同的软件组件在逻辑上是如何组织及相互作用的,当系统的各个软件组件部署到各个物理机器上时,同一个系统可以有不同的部署方式。软件架构部署后的最终实例称为系统体系结构。常见的系统体系结构包括集中式体系结构、非集中式体系结构、混合体系结构等。集中式体系结构指服务功能集中在服务器端,客户端仅维护向服务器发送请求、等待服务器答复的进程,如 C/S 结构等。非集中式体系结构包括垂直分布结构和水平分布结构,垂直分布结构指将分层架构中不同层组件部署在不同的机器上,水平分布结构指客户端或服务器在物理上被分割成逻辑相等的几个部分,如 P2P 结构。混合体系结构是集中式结构与非集中式结构的结合,如边界服务器系统(见图 2.5)、协作式分布式系统等。

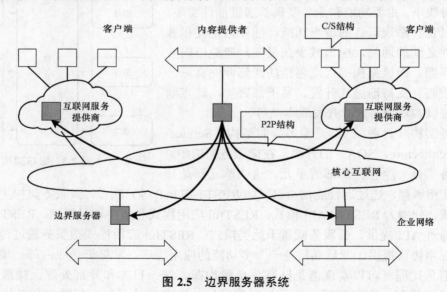

图 2.5 边界服务器系统

2.2.2 数据库及管理系统

数据库技术产生于 20 世纪 60 年代末,是计算机科学的重要分支。数据库技术是信息系统的核心和基础，它的出现极大地促进了计算机应用向各行各业的渗透。数据库的建设规模、数据库的信息量大小和使用频度已经成为衡量一个国家信息化程度的重要标志。

数据库相关的基本概念包括数据（Data）、数据库（Database）、数据库管理系统（DBMS）、数据库系统（DBS）。数据指描述事务的符号记录，是数据库中存储的基本对象。数据的种类可以是文本、图形、图像、音频、视频等多种类型，数据与其语义是不可分的。数据这一概念常常伴随信息被提及，二者存在区别与联系。具体而言，数据是指某一目标定性、定量描述的原始资料，而信息则指数据、消息中所包含的知识。就本质而言，数据是客观对象的表示，而信息则是数据内涵的意义，只有数据对实体行为产生影响时才成为信息。数据是记录下来的某种可以识别的符号，具有多种多样的形式，也可以加以转换，但其包含的信息不会改变。信息可以离开信息系统而独立存在，也可以离开信息系统的各个组成和阶段而独立存在；而数据的格式往往与计算机系统有关，并随载荷它的物理设备的形式而改变。

数据库指长期存储在设备内、有组织的、可共享的大量数据的集合。数据库中的数据不是孤立的，数据与数据之间存在关联。也就是说，数据库不仅要能够表示数据本身，还要能够表示数据与数据之间的联系。数据库具有较少的数据冗余，这通常由数据库管理系统实现。数据库管理系统对数据库中的数据进行统一管理与合理组织，负责与数据相关的一切操作。数据库具有数据独立性，即数据的组织与存储方法与应用程序互不依赖、彼此独立的特性。

数据库技术需要保证数据库中的数据是安全可靠的。从主动安全的角度来看，应有效防止数据库中的数据被非法使用或非法修改，从被动安全的角度来看，当数据遭到破坏时应立刻将数据完全恢复。数据库必须具备支持并发访问的能力，在多个用户同时使用数据库时，能够保证不产生冲突和矛盾，维护数据的一致性和正确性。

数据库管理系统是一种位于用户和操作系统之间的，能够高效地获取和维护数据存储的系统软件。数据库管理系统主要功能包括：数据定义功能，提供数据定义语言；数据查询功能，提供索引查找、Hash 查找、顺序查找等多种存取方法；数据操纵功能，提供数据操纵语言，实现数据插入、删除和修改操作；数据库的事务管理和运行管理功能，统一管理、统一控制，保证数据的安全性、完整性、多用户对数据的并发使用、故障后系统恢复；数据库的建立和维护功能，包括数据库初始数据输入、转换功能，数据库的转存和恢复，数据库的重组织功能和性能监视、分析功能；其他功能，包括数据库管理系统与网络中其他软件系统的通信功能、一个数据库管理系统与其他数据库管理系统或文件系统的数据转换功能、异构数据之间的互访和互操作等。主流的数据库管理系统包括 Qracle、MySQL 等。

数据库系统包含数据库、相关软件、相关硬件和人员四类要素（见图 2.6）。其中，相关软件包括操作系统、数据库管理系统和应用程序等；相关硬件包括构成计算机系统的各种物理设备和外部存储设备；人员包括系统分析人员、数据库设计人员、应用程序开发人员和用户。

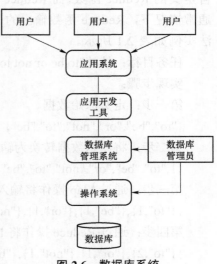

图 2.6　数据库系统

2.2.3　并行计算

并行计算（Parallel Computing）指同时使用多种计算资源解决计算问题的过程，是提高计算机系统计算速度和处理能力的一种有效手段，也是大数据分析等数据体量庞大的运算任务的常用解决方案。并行计算可分为时间并行计算和空间并行计算两类。并行计算科学更侧重于空间并行计算的研究。其基本思想是使用多个处理器协同求解同一问题，即将待求解的问题分解成独立的若干部分，每个部分交由一个独立的处理机处理，最终通过归约所有处理结果得到该问题的解。并行计算系统既可以是专门设计的、含有多个处理器的超级计算机，也可以是以某种方式互连的若干台的独立计算机构成的集群。通过并行计算集群完成数据的处理，再将处理的结果返回给用户。

并行计算中多个处理器的协同工作涉及许多问题，例如子任务的分配方式、完成任务后的反馈、集群中某个处理器发生异常时的处理措施等。研究人员对此加以分析并建立了解决此类问题的抽象模型，任何符合此范式的编程实现都可以通过计算的方式有效地解决大数据计算问题。并行计算模型的典型代表是 MapReduce——其为 Google 公司研究提出的一种面向大规模数据处理的并行计算模型和方法，设计初衷主要是为了解决搜索引擎中大规模网页数据的并行化处理问题。MapReduce 的灵感来源于函数式编程模型中的两个核心操作：映射操作（Map）和归约操作（Reduce）。映射操作将一组数据以一对一的方式映射为另一组数据，映射规则由传入的函数指定；归约操作对映射的结果进行归约，归约的规则也同样由传入的函数指定。因此，映射和归约提供了运算的框架，而传入的函数则提供了运算的规则。MapReduce 编程模型中的映射操作和归约操作与之类似，其编程原理为：利用一个输入键值对集合产生一个输出的键值对集合。MapReduce 模型通过 Map 函数和 Reduce 函数表示运算规则。用户自定义的 Map 函数接收一个输入键值对，并输出一个映射后的键值对集合作为中间结果，MapReduce 框架把所有 Key 相同的 Value 集合在一起传递给用户自定义的 Reduce 函数，而 Reduce 函数则合并这些 Value，从而形成一个较小的 Value 集合。通常情况下，Reduce 函数输出的 Value 集合大小为 0 或 1。MapReduce 操作实例如下，算法实例如表 2.1 所示。

任务目标：统计"to be or not to be"中各单词出现的次数。

实现步骤：

第一步：定义原始数据。

{"to","be","or","not","to","be"}

第二步：将原始数据转换为输入键值对集合<行数，内容>。

{1,"to","be","or","not","to","be"}

第三步：通过 Map 操作将输入键值对集合转换为中间结果。

{{"to",1},{"be",1},{"or",1},{"not",1},{"to",1},{"be",1}}

第四步：通过 Reduce 操作将 Map 输出的中间结果归约为最终结果。

{{"to",2},{"or",1},{"not",1},{"be",2}}

表 2.1　MapReduce 算法实例

Algorithm：MapReduce-WordCount
1：**function** MAP（key，value）
2：//key：Line Number
3：//value：Line Content
4：**for** i←0 to value.length−1
5：**do**
6：EmitIntermediate（w←value［i］，1）
7：**repeat**
8：**end function**
9：**function** REDUCE（key，values）
10：//key：a Word
11：//values：a List of Counts
12：result←0
13：**for** i←0 to values.length−1
14：**do**
15：result←result＋ParseInt（v←values［i］）
16：**repeat**
17：Emit（AsString（result））
18：**end function**

实例中映射操作的含义为：对于 value 中的每一个单词 w，调用 EmitIntermediate 函数将其转换为中间结果{w，1}。事实上，遍历数组的顺序往往是无关紧要的，因为遍历操作并不会对 Map 输出的中间结果产生任何影响。这一特点决定了可以将 Map 操作拆分为多个子任务交由多台处理机进行并行计算，从而提升计算效率。

接下来考虑并行计算的实现。MapReduce 编程模型将处理机分为主控节点（Master）、映射器（Mapper）和归约器（Reducer）三类，这三类处理机分别负责系统的调度、执行映射操作和执行归约操作。对于具有 N 个元素的数据集，MapReduce 并行计算的简单表述如下：主控节点将所有元素分成 m 份，记每份为 Ei，某一个 Mapper Mj 获取 Ei 后调用 map 函数得到中间结果 Ij，再将 Ij 交给相关联的 Reducer Rk 归约为输出 Ok（提交的过程称为 shuffle）。对所有的输出 Ok 进行综合即可得到最终输出 O。由此可见，MapReduce 编程模式秉持着"分而治之"的设计理念。图 2.7 所示为 MapReduce 编程模式的工作流程。用户程序（User Program）经由主控节点分配给多个映射器进行并发处理，其输出的中间结果经相关的归约器整理后形成输出文件。

2.2.4　分布式计算

分布式计算指利用网络把成千上万台计算机连接起来，组成一台虚拟的超级计算机，完成单台计算机无法完成的超大规模的问题求解（见图 2.8）。分布式计算的最早形态出现在 20 世纪 80 年代末的 Intel 公司，Intel 公司利用其空间站的空闲时间为芯片设计计算数据集，利用局域网调整研究。分布式计算的研究在 20 世纪 90 年代后达到了高潮，在互联网上分布式计算已经非常流行。分布式计算研究主要集中在分布式操作系统研究和分布式计算环境研究两个方面，多年来出现了大量的分布式计算技术，如中间件技术、网格技术、移动 Agent 技术、P2P 技术以及推出的 Web Service 技术等，每一种技术都得到了一定程度的认同，在特定的范围内得到了广泛的应用。分布式计算的优点有：

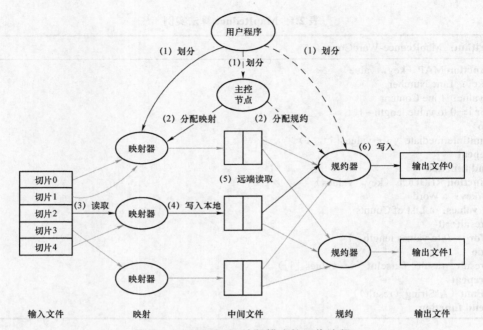

图 2.7　MapReduce 编程模式的工作流程

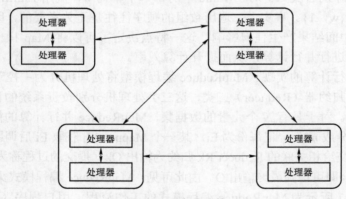

图 2.8　分布式计算

① 资源共享：可共享系统中的硬件、软件和数据等信息资源。

② 系统透明：向用户展示的是统一的整体系统。

③ 高性价比：分布式系统具有较高的性能价格比。

④ 应用分布性：多数应用本身就是分布式的，直接适用于分布式计算。

⑤ 高可靠性：现代分布式系统具有高度容错机制。

⑥ 可扩展性：可通过添加处理器提升系统的性能。

⑦ 高灵活性：能够兼容不同硬件厂商的产品，兼容低配置机器获得高性能计算。

分布式计算的工作原理是利用互联网上的计算机的中央处理器的闲置处理能力来解决大型计算问题。现实场景中有大量的计算机处于闲置状态，即使在开机状态下中央处理器的潜力也远远不能被完全利用。互联网的出现使得连接调用所有这些拥有闲置计算资源的计算机系统成为现实。在实际场景中，一个非常复杂的问题往往很适合于划分为大量的更小的计算片段的问题。服务端负责将计算问题分成许多小的计算部分，然后把这些部分分配给许多联网参与计算的计算机进行并行处理，最后将这些计算结果综合起来得到最终的计算结果。因此，分布式计算是并行计算的一种高效实现方式。

　　分布式计算系统的设计是一项复杂的工作，其重要目标之一是保证系统具备透明性。透明性反映的是事物的这样一种特征：事物本来存在某种属性，但是这种属性从某种角度上来看是不可见的，这种特征成为透明性。分布式计算系统的透明性表现在各个方面，主要包括：名字透明，对象的命名在全局是唯一的，无论在何处访问该对象，使用的名字都是一样的。这样，在系统中移动一个程序不会影响它的正确性。访问透明，用户不需要对本地资源和远程资源加以区分，访问本地资源和访问远程资源的方法是一样的。位置透明，资源的名字中不包含该资源的位置信息。这样，当资源在系统中移动时，在资源名字保持不变的情况下，原有的程序都可正常运行。迁移透明，用户不需要知道一个资源或他的作业是否迁移到另外一个位置。复制透明，允许文件或其他对象的多个副本同时在系统中存在，但这种情况对用户而言是透明的，对某个对象的修改应同时作用在对象的所有副本上。并发或并行透明，多个进程可能并发或并行访问同一个资源，或一个进程同时使用多个资源，在此情况下应保证不会产生互相干扰和破坏。失效透明，系统中的某一部分失效时，整个系统不会失效。

　　分布式计算系统在设计过程中面临的问题还包括差错控制问题、资源管理问题、同步问题、保护问题、对象表示和编码的转换问题等。差错控制要求系统内各层次都要检测差错，并使系统从差错状态恢复到正确状态。分布式计算系统可能在许多环节出现差错，如名字重用导致的差错、报文延迟导致的差错、通信介质损坏导致的差错等。事实上，很难只通过一种差错控制机制来解决所有层的问题；资源管理要求系统每一层都要对用于对象表示的主存、缓冲器空间、信道访问、通信带宽、CPU 机时、对硬件/固件的访问、地址空间等资源进行相应的管理。资源的分配和调度通常在本地完成，因为需要本地自治管理，此外还需要全局调度和分配。要同时达到报文低延迟和高吞吐量的目标则要求长期保留某些状态信息和资源与功能在各层上进行预分配；同步问题通常是指合作的各个进程共享资源或共享事件的机制。在集中式系统中由于使用共享的主存，所有进程所看到的系统状态是一致的，因此同步问题较为简单。然而，由于在分布式计算系统中用于更新和报告状态的报文具有不可预知的延迟，合作的各个进程看到的系统状态不可能一样，即使没有差错和节点故障时也是如此。因此当发生差错时，问题会十分复杂。分布式计算系统的保护问题同样比单机系统复杂，其主要原因是系统在物理上是分散的，成分是异构的，控制是多重的。在单个处理机中，所有进程都相互信任，它们使用定义好的可靠的接口，如 IPC 机制相互访问。在分布计算系统中，假定在每个节点上运行的核心操作系统和服务器是可信的，那么可在所有的层上进行加密，以保护信息和整个系统。通常使用访问控制表控制访问权限。另一种方法是使用权能（Capability）技术，得到权能就有权进行访问。在单机系统中，这些权能可由内核管理，但在分布计算系统中这些权能就不再能保持在一个可靠的地方。当然，服务器可将权能加密或使用口令保护它们不被伪造；对象表示、编码和转换问题指系统中每一层都要定义一些对象，如在高层定义文件、过程和目录，在 IPC 层定义包等，说明它们的表示方法及编码方法。当对象从一个主机迁移到另一个主机时，如果在两个机器上的表示和编码不一样，则还需要进行转换。转换方法一般是把局部表示和编码都转成某一种标准形式或反过来。在需要自动转换时，通常都传送类型信息以指出转换所需要的格式。用于通信的对象可以是数据或控制信息。

2.2.5 云计算

与日俱增的企业应用规模及复杂程度对计算能力、并发数量等性能的需求不断提高。为了支撑这些不断增长的需求，传统的解决方案是购置全新的各类硬件设备和软件设备，并组建一个完整的运维团队来支持这些设备及软件的正常工作。在这种模式下，支持应用变得非常大，而且其费用将随着应用的数量及规模的增加而不断提升，对于中小规模的企业，甚至是个人创业者来说，创造软件产品的运维成本几乎是无法承受的。以此为背景，云计算技术应运而生。美国国家标准与技术研究院（National Institute of Standards and Technology，NIST）将云计算定义为一种按使用量付费的模式，这种模式提供可用的、便捷的、按需的网络访问，进入可配置的计算资源共享池（资源包括网络，服务器，存储，应用软件，服务），这些资源能够被快速提供，只需投入很少的管理工作，或与服务供应商进行很少的交互。[19] 云计算好比是从古老的单台发电机模式转向了电厂集中供电的模式，它意味着计算能力也可以作为一种商品进行流通，优秀的云软件服务商，向世界每个角落提供软件服务，就像煤气、水电一样取用方便，费用低廉。云计算的特点有：

① 超大规模："云"具有相当的规模，Google 云计算已经拥有 100 多万台服务器，Amazon、IBM、微软、Yahoo 等的"云"均拥有几十万台服务器。企业私有云一般拥有数百上千台服务器。"云"能赋予用户前所未有的计算能力。

② 虚拟化：云计算支持用户在任意位置、使用各种终端获取应用服务。所请求的资源来自"云"，而不是固定的有形实体。应用在"云"中某处运行，但实际上用户无须了解，也不用担心应用运行的具体位置。只需要一台笔记本或者一个手机，就可以通过网络服务来实现我们需要的一切，甚至包括超级计算这样的任务。

③ 高可靠性："云"使用了数据多副本容错、计算节点同构可互换等措施来保障服务的高可靠性，使用云计算比使用本地计算机可靠。

④ 通用性：云计算不针对特定的应用，在"云"的支撑下可以构造出千变万化的应用，同一个"云"可以同时支撑不同的应用运行。

⑤ 高可扩展性："云"的规模可以动态伸缩，满足应用和用户规模增长的需要。

⑥ 按需服务："云"是一个庞大的资源池，遵循按需购买模式。

⑦ 极其低廉："云"的计算架构和特殊容错措施使其可以采用极其廉价的节点来运作，"云"的自动化集中式管理使大量企业无须负担日益高昂的数据中心管理成本，"云"的通用性使资源的利用率较之传统系统大幅提升，因此用户可以充分享受"云"的低成本优势，经常只要花费几百美元、几天时间就能完成以前需要数万美元、数月时间才能完成的任务。

云计算的部署方式主要包括公有云部署、私有云部署和混合云部署（见图 2.9）。公有云是部署云计算最常见的方式。公有云资源（如服务器和存储空间）由第三方云服务提供商拥有和运营，这些资源通过互联网提供。[20] Microsoft Azure 是公有云的一个示例。在公有云中，所有硬件、软件和其他支持性基础结构均为云提供商所拥有和管理。在公有云中，用户与其他组织或云"租户"共享相同的硬件、存储和网络设备。用户可以使用 Web 浏览器访问服务和管理账户。公有云部署通常用于提供基于 Web 的电子邮件、网上办公应用、存储以及测试和开发环境。公有云的优势有成本更低、无须维护、拥有近乎无限的缩放性、高可靠性等；私有云由专供一个企业或组织使用的云计算资源构成。私有云可在物理上位于组织的现场数据中心，也可由第三方服务提供商托管。但是，在私有云中，服务和基础结构始终在私有网络上进行维护，硬件和软件专供组织使用。[21] 这样，私有云可使组织更加方便地自定义资源，从而满足特定的 IT 需求。私有云的使用对象通常为政府机构、金融机构以及其他具备业务关键性运营且希望对环境拥有更大控制权的中型到大型组织。私有云的优势有灵活性更高、安全性更高、仍然具备公有云的缩放性和效率等。混合云通常被认为是"两全其美"，它将本地基础架构或私有云与公有云相结合，组织可利用这两者的优势。在混合云中，数据和应用程序可在私有云和公有云之间移动，从而可提供更大灵活性和更多部署选项。例如，对于基于Web 的电子邮件等大批量和低安全性需求可使用公有云，对于财务报表等敏感性和业务关键型运作可使用私有云（或其他本地基础架构）。在混合云中，还可选择"云爆发"。应用程序或资源在私有云中运行出现需求峰值（例如网络购物或报税等季节性事件）时可选择"云爆发"，此时组织可"冲破"至公有云以使用其他计算资源。混合云的优势有具备灵活性、可控性、高成本效益等。事实上，三种云计算部署方案皆具有成本效益、性能、可靠性和缩放性等相似优势，但具体选择哪种部署方法取决于企业的实际需求。

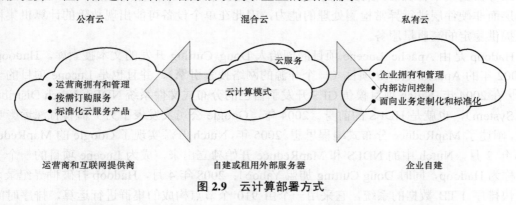

图 2.9　云计算部署方式

　　云计算为用户提供的服务类型包括基础设施即服务（Infrastructure-as-a-Service，IaaS）、平台即服务（Platform-as-a-Service，PaaS）和软件即服务（Software-as-a-Service，SaaS），如图 2.10 所示。其中，IaaS 将完整的计算机基础设施服务（即硬件相关的服务）提供给用户。

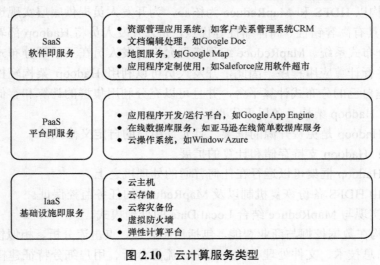

图 2.10　云计算服务类型

在传统模式下，企业搭建网站或 FTP 需要单独购买服务器、交换机等硬件设备，而在云计算服务中，企业可以通过 IaaS 服务租用服务供应商的服务器等设施，降低了系统部署的成本；PaaS 将软件研发平台（又称中间件，如虚拟服务器、操作系统、数据库系统等）作为服务提供给用户，用户可以基于中间件开发定制化的软件应用；SaaS 直接将完整的软件服务提供给用户，在 SaaS 模式下，用户无须下载，可以直接访问和使用基于 Web 的服务功能。

2.3　分析架构 Hadoop

2.3.1　Hadoop 基础知识

Apache Hadoop 是一种可靠的、可扩展的分布式计算开发开源框架，其允许开发人员使用简单的编程模型在计算机集群中对大型数据集进行分布式处理。[22] 所支持的集群规模可从单个服务器到数千台机器，集群中的每台机器都提供本地计算和存储功能。Hadoop 库具有在应用层而非硬件层进行异常检测处理的能力，因此在单个设备可能出现故障的计算机集群中仍能提供稳定的高质量服务。

Hadoop 是由 Apache Lucene 项目的创始人 Doug Cutting 开发的文本搜索库。Hadoop 源自 2002 年的 Apache Nutch 项目（一个开源的网络搜索引擎），并且也是 Lucene 项目的一部分。[23] 在 2004 年，Nutch 项目模仿 GFS 开发了自己的分布式文件系统 NDFS（Nutch Distributed File System），也就是 HDFS 的前身。2004 年，Google 公司又发表了另一篇具有深远影响的论文，阐述了 MapReduce 分布式编程思想。2005 年，Nutch 开源实现了 Google 的 MapReduce；2006 年 2 月，Nutch 中的 NDFS 和 MapReduce 开始独立出来，成为 Lucene 项目的一个子项目，称为 Hadoop，同时 Doug Cutting 加盟 Yahoo!；2008 年 4 月，Hadoop 打破世界纪录，成为最快排序 1 TB 数据的系统，它采用一个由 910 个节点构成的集群进行运算，排序时间只用了 209 s；2009 年 5 月，Hadoop 更是把 1 TB 数据排序时间缩短到 62 s。Hadoop 从此名声大振，迅速发展成为大数据时代最具影响力的开源分布式开发平台，并成为事实上的大数据处理标准。

Hadoop 架构以 HDFS 和 MapReduce 为核心，为开发人员提供底层实现透明的分布式基础架构。HDFS 具有高容错性、高伸缩性等优点，允许开发人员将 Hadoop 部署在低廉的硬件上，从而形成分布式系统。MapReduce 编程模型允许开发人员在不了解分布式系统底层细节的情况下开发并行计算应用程序。因此，开发人员可以利用 Hadoop 架构轻松地组织计算机资源，从而搭建自己的分布式计算平台，并且可以充分利用集群的计算和存储能力，完成海量数据的存储。Hadoop 架构具备以下优点：

① 开源：Hadoop 是免费开源的框架，且允许用户的自定义修改。

② 可扩展：Hadoop 支持存储和计算的扩展。

③ 廉价：Hadoop 框架可以运行在任何普通的处理机之上。

④ 可靠：由 HDFS 备份恢复机制以及 MapReduce 的任务监控保证。

⑤ 高效：实现与 MapReduce 结合 Local Data 的处理模式。

Hadoop 架构在数据挖掘与商业智能，包括日志处理、点击流分析、相似性分析、精准广告投放、生物信息技术、文件处理、web 索引、流量分析、用户细分特征建模、用户行为分析和趋势分析等方面均有应用。

MapReduce 主要生产发布的 Hadoop 2.0 框架是基于 JDK 1.7 版本进行开发的，而 JDK 1.7 的停止更新直接迫使 Hadoop 社区重新开发并发布了基于 JDK 1.8 的 Hadoop 框架最新版本，即 Hadoop 3.0。相较于 Hadoop 2，Apache Hadoop 3 整合许多重要的增强功能，提供了稳定性和高质量的 API，可以用于实际的产品开发。Hadoop 3.0 的部分新特性如下。[24]

① 最低 Java 版本要求升至 Java 8。

② HDFS 支持纠删码：纠删码是一种比副本存储更节省存储空间的数据持久化存储方法。比如 Reed-Solomon（10，4）标准编码技术只需要 1.4 倍的存储空间开销，而标准的 HDFS 副本技术则需要 3 倍的存储空间开销。由于纠删码额外开销主要在于重建和远程读写，因此它通常用来存储不经常使用的数据，即冷数据。另外，在使用这个新特性时，用户还需要考虑网络和 CPU 开销。

③ 重写 Shell 脚本：Hadoop 的 Shell 脚本被重写，修复 BUG 并增加部分新特性。

④ Shaded client jars：Hadoop−11804 添加新 Hadoop-client-api 和 Hadoop-client-runtime artifcat，将 Hadoop 的依赖隔离在一个单一 JAR 包中，可以避免 Hadoop 依赖渗透到应用程序的环境变量中。

⑤ MapReduce 任务级本地优化：MapReduce 添加了映射输出收集器的本地化实现的支持。对于密集型的洗牌操作可以带来 30%的性能提升。

⑥ 支持超过两个以上的 NameNode：允许用户运行多个备用 NameNode。例如，通过配置三个 NameNode 和五个 JournalNode，群集能够容忍两个节点的故障，而不是一个故障。但是活动的 NameNode 始终只有一个，余下的都是 Standby。Standby NameNode 会不断与 JournalNode 同步，保证自己获取最新的事务日志，并将其同步到自己维护的镜像中，这样便可以实现热备份。当故障发生时，Standby NameNode 立即切换至活动状态，并对外提供服务。同时，JournalNode 只允许一个活动状态的 NameNode 写入。

⑦ YARN 资源类型：YARN 资源模型已经被一般化，可以支持用户自定义的可计算资源类型，而不仅仅是 CPU 和内存。[25] 比如，集群管理员可以定义如 GPU 数量、软件序列号等资源。然后，YARN 任务能够在这些可用资源上进行调度。

2.3.2　Hadoop 系统架构

Hadoop 框架的基础组件包括：

① Hadoop Common：支持其他 Hadoop 组件的公用组件。

② Hadoop Distributed File System：分布式文件系统。

③ Hadoop MapReduce：基于 Hadoop YARN 框架的大数据集并行运算系统。

④ Hadoop YARN：用户任务调度和集群资源管理的框架。

Hadoop 框架的基础组件和其他相关工具共同构成了 Hadoop 的生态系统，生态系统提供了诸多强大而易用的功能，使开发人员可以更迅速地通过 Hadoop 实现分布式工程的开发和部署，常用工具如下。

① Hive（基于 MapReduce 的数据仓库）：Hive 由 Facebook 开源，最初用于解决海量结构化的日志数据统计问题，是一种 ETL（Extraction-Transformation-Loading）工具，同时也是一种构建在 Hadoop 之上的数据仓库。Hive 分别采用 MapReduce 和 HDFS 实现数据的计算与

存储。Hive 定义了一种类似 SQL 的查询语言 HiveQL，HiveQL 除了不支持更新、索引和实体外，几乎支持 SQL 的其他一切特征，通常用于离线数据处理。可将 HiveQL 语言视为 MapReduce 语言的翻译器，把 MapReduce 程序简化为 HiveQL 语言。但有些复杂的 MapReduce 程序是无法用 HiveQL 来描述的。Hive 提供 shell、JDBC、Thrift、Web 等接口。

② Pig（数据仓库）：Pig 由 Yahoo 开源，设计动机是提供一种基于 MapReduce 的 ad-hoc 数据分析工具，通常用于进行离线分析。Pig 定义了一种类似 SQL 的数据流语言 Pig Latin，Pig Latin 可以完成排序、过滤、求和、关联等操作，并支持自定义函数。Pig 自动把 Pig Latin 映射为 MapReduce 作业，上传到集群运行，从而减少用户编写 Java 程序的工作量。Pig 的运行方式有三种：Grunt shell、脚本方式和嵌入式。

③ Mahout（数据挖掘库）：Mahout 是基于 Hadoop 的机器学习和数据挖掘的分布式计算框架。它实现了三大算法：推荐、聚类、分类。

④ Hbase（分布式数据库）：Hbase 源自 Google 发表于 2006 年 11 月的 Bigtable 论文。也就是说，Hbase 是 Google Bigtable 的克隆版。Hbase 支持 shell、Web、API 等多种访问方式，是 NoSQL 的典型代表产品。Hbase 具有高可靠性、高性能、面向列、可扩展等特点。

⑤ Zookeeper（分布式协作服务）：Zookeeper 源自 Google 发表于 2006 年 11 月的 Chubby 论文。也就是说，Zookeeper 是 Chubby 的克隆版。Zookeeper 主要用于解决分布式环境下的数据管理问题，例如统一命名、状态同步、集群管理等。

⑥ Sqoop（数据同步工具）：Sqoop 是连接 Hadoop 与传统数据库之间的桥梁，它支持多种数据库，包括 MySQL、DB2 等。

图 2.11 展示了 Hadoop 2.0 生态系统的基本样貌。

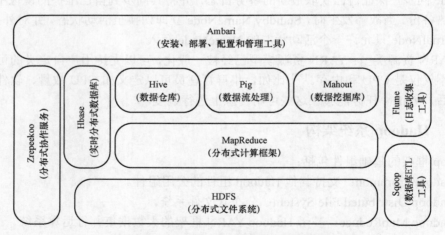

图 2.11　Hadoop 2.0 生态系统的基本样貌

Hadoop 框架的发展经历了 Hadoop 1.0 和 Hadoop 2.0 两个时代。1.0 时代的 Hadoop 框架只有 Hadoop Distributed File System 和 Hadoop MapReduce 两个核心组件，其架构简单清晰，在最初推出的几年获得了业界的广泛支持。然而随着分布式系统集群规模的扩大和工作负荷的增长，Hadoop 1.0 框架也逐渐暴露出诸如存在单点故障、任务集中、源代码难以维护等缺点。Hadoop 团队意识到仅凭修复无法彻底解决这些问题，因此从 0.23.0 版本之后开始应用重

构后的 Hadoop MapReduce 框架，即 YARN 框架。至此，Hadoop 框架正式进入 2.0 时代。图
2.12 表示 Hadoop 1.0 到 Hadoop 2.0 的演进过程。

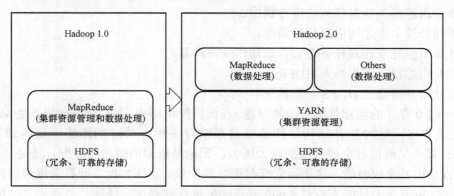

图 2.12　Hadoop 架构演进

YARN 是 Hadoop 框架中的资源管理和调度系统，其主要负责管理集群中的资源（作用
类似于操作系统），以及将资源分配给上层的应用程序。[25] YARN 是 Hadoop 1.0 向 Hadoop 2.0
演进过程中增加的重要组件。为了阐明 YARN 在 Hadoop 架构中的作用及意义，首先对 Hadoop
1.0 MapReduce（MR1）框架原理和缺点加以分析。

Hadoop MapReduce 框架是以 2.2.3 节中所介绍的 MapReduce 编程模型为依据的离线处理
计算框架。图 2.13 展示了 1.0 时代 MapReduce 框架的工作流程。

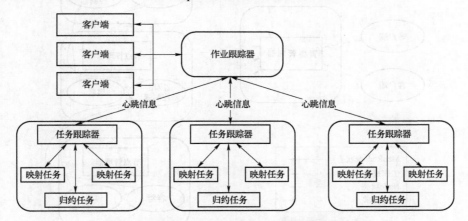

图 2.13　Hadoop1.0 MapReduce 框架的工作流程

MR1 的工作流程包括 13 个步骤：

① 客户端（JobClient）向作业跟踪器（JobTracker）提交一个作业（Job）。

② 作业跟踪器携带需求通过 HDFS 获取需要分析的数据。

③ 作业跟踪器取回数据。

④ 作业跟踪器将作业和相应的数据块分配给任务跟踪器（TaskTracker）节点进行计算。

⑤ 每个计算节点加载需要计算的作业和数据块。

⑥ 作业跟踪器负责监控任务跟踪器的状态。如果任务节点发生故障，则向新的计算节
点分发任务。任务完成后通过监控结果决定调度。

⑦ 将计算输出的中间数据存入 HDFS。

⑧ 监控发现具有计算量富余的节点。

⑨ 作业跟踪器重新对任务块进行调度。

⑩ 不同计算节点之间进行任务调度。

⑪ 计算节点完成计算任务之后，通知作业跟踪器。

⑫ 作业跟踪器将结果写入 HDFS。

⑬ 作业跟踪器通过 HDFS 获取结果。

Hadoop 1.0 存在的问题是单点故障问题。在此调度机制中，JobTracker 节点是 MapReduce 的集中处理节点，这种拓扑结构往往意味着系统存在单点故障的隐患。更为糟糕的是，JobTracker 节点又承担着主控节点的巨大压力。无论是资源的调度与分配，还是任务的监控与重启，皆是由其全权负责，这使得它变得更容易失效。正因如此，业界普遍总结出 Hadoop 1.0 的 MapReduce 最多只能支持对 4 000 节点主机进行管理这一经验。总而言之，JobTracker 同时兼备资源管理和作业控制的运作模式就是制约系统性能的瓶颈所在。

重构的关键之处在于必须将 JobTracker 的两个主要功能，即资源管理和作业控制分离成单独的组件。YARN 的设计正是以此为依据。图 2.14 所示为 Hadoop YARN 架构。

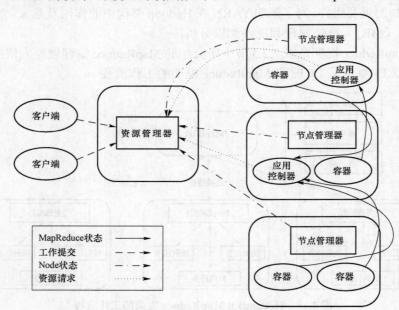

图 2.14　Hadoop YARN 架构

YARN 框架通过资源管理器（ResourceManager，RM）和应用控制器（ApplicationMaster，AM）进程分别完成资源管理和作业控制的工作。资源管理器主要负责整个集群的资源管理和调度，应用控制器则负责某个应用程序的相关事务，即一个作业生命周期内的所有工作，并在任务运行失败时重新为任务申请资源，进而重新启动相应的任务。值得注意的是，每一个作业（而不是每一种）都有一个相应的应用控制器，应用控制器可以运行在除资源管理器节点以外的其他机器上，但是在 Hadoop 1.0 中，任务追踪器的位置是固定的。除此之外，YARN 框架还具有其他类型的节点。节点管理器（NodeManager，NM）是每个节点上的资源和任务管理器，一方面，它会定时地向资源管理器汇报本部分点上的资源使用情况和各个容器（Container）的运行状态，另一方面，它会接受并处理来自应用控制器的容器的启动、停止等各种请求。容器则是 YARN 中的资源抽象，它封装了某个节点上的多维度资源，如内存、CPU、磁盘、网络等，当应用控制器向资源管理器申请资源时，资源管理器为应用控制器返回的资源便是用容器表示的。YARN 会为每个任务分配一个容器，且该任务只能使用该容器中描述的资源。当用户向 YARN 中提交一个应用程序后，YARN 将分两个阶段运行该应用程序：第一个阶段是启动应用控制器，第二个阶段是由应用控制器创建应用程序，为它申请资源，并监控它的整个运行过程，直到运行完成。

图 2.15 说明了基于 YARN 的 MapReduce 框架工作流程。

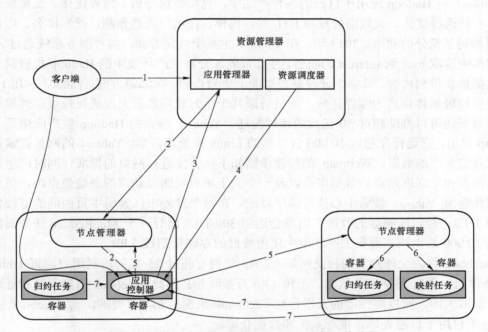

图 2.15　基于 YARN 的 MapReduce 框架工作流程

基于 YARN 的 MapReduce 框架工作流程包括 7 个步骤：

① 用户向 YARN 中提交应用程序，其中包括应用控制器程序、启动应用控制器的命令、用户程序等。

② 资源管理器为该应用程序分配第一个容器，并与对应的节点管理器通信，要求它在这个容器中启动应用程序的应用控制器。

③ 应用控制器首先向资源管理器注册，这样用户可以直接通过资源管理器查看应用程序的运行状态。然后它将为各个任务申请资源，并监控其运行状态，直到运行结束。

④ 应用控制器采用轮询的方式通过 RPC 协议向资源管理器申请和领取资源。

⑤ 一旦应用控制器申请到资源后，便与对应的节点管理器通信，要求它启动任务。

⑥ 节点管理器为任务设置好运行环境（包括环境变量、JAR 包、二进制程序等）后，将任务启动命令写到一个脚本中，并通过运行该脚本启动任务。

⑦ 各个任务通过某个 RPC 协议向应用控制器报告自己的状态和进度，以便让应用控制器随时掌握各个任务的运行状态，从而可以在任务失败时重新启动任务。

相较于 1.0 时代 MapReduce 的工作模式，YARN 极大减少了作业追踪器（也就是该框架中的资源管理器）的资源消耗，从而突破了旧框架的瓶颈。此外，Hadoop 1.0 架构只支持 MapReduce 编程模型，而 YARN 则允许使用 MPI（Message Passing Interface）等标准通信模式，同时执行各种不同的编程模型，包括图形处理、迭代式处理、机器学习和一般集群计算。这也是具备 YARN 的 Hadoop 2.0 超越前者的又一体现。

2.3.3　Hadoop 典型案例

Yahoo! 将 Hadoop 应用于自己的各种产品中，包括数据分析、内容优化、反垃圾邮件系统、广告的选择优化、大数据处理和 ETL 等；同样，在用户兴趣预测、搜索排名、广告定位等方面得到了充分的利用。2013 年，在 Yahoo! 主页个性化方面，实时服务系统通过 Apache 从数据库中读取 user 到 interest 的映射，并且每隔 5 分钟生产环境中的 Hadoop 集群就会基于最新数据重新排列内容，每隔 7 分钟则在页面上更新内容。在邮箱方面，Yahoo! 利用 Hadoop 集群根据垃圾邮件模式为邮件计分，并且每隔几个小时就在集群上改进反垃圾邮件模型，集群系统每天还可以推动超过 50 亿次的邮件投递。Yahoo! 最大的 Hadoop 生产应用是 Search Webmap 应用，它运行在超过 10 000 台机器的 Linux 系统集群里，Yahoo! 的网页搜索查询使用的就是它生产的数据。Webmap 的构建步骤如下：首先进行网页的抓取，同时产生包含所有已知网页和互联网站点的数据库，以及一个关于所有页面及站点的海量数据组，然后将这些数据传输给 Yahoo! 搜索中心执行排序算法。在整个过程中，索引中页面间的链接数量将会达到 1 TB，经过压缩后的数据产出量会达到 300 TB，运行一个 MapReduce 任务就需要使用超过 10 000 的内核，而在生产环境中使用数据的存储量超过 5 PB。

Facebook 作为全球知名的社交网站，2019 年拥有超过 25 亿的活跃用户，每 1min 发布 51 万条评论、更新 23.9 万条状态、上传 13.6 万张照片。因此 Facebook 需要存储和处理的数据量是非常大的，所以高性能的云平台对 Facebook 来说是非常重要的，而 Facebook 主要将 Hadoop 平台用于日志处理、推荐系统和数据仓库。

Facebook 将数据存储在利用 Hadoop/Hive 搭建的数据仓库上，这个数据仓库拥有 4 800 个内核，具有 5.5 PB 的存储量，每个节点可存储 12 TB 大小的数据，同时，它还具有两层网络拓扑，[26] 如图 2.16 所示。Facebook 中的 MapReduce 集群是动态变化的，它基于负载情况和集群节点之间的配置信息可动态移动。

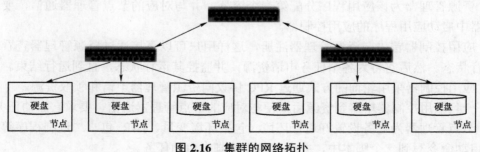

图 2.16　集群的网络拓扑

eBay 存储着上亿种商品的信息，而且每天有数百万种的新商品增加，因此需要用云系统来存储和处理 PB 级别的数据，而 Hadoop 则是个很好的选择。Hadoop 是建立在商业硬件上的容错、可扩展、分布式的云计算框架，eBay 利用 Hadoop 建立了一个大规模的集群系统 Athena。它被划分为五层（见图 2.17），自底向上分别为：

① Hadoop 核心层，包括 Hadoop 运行时环境、一些通用设施和 HDFS，其中文件系统为读写大块数据而做了一些优化，如将块的大小由 128 M 改为 256 M。

② MapReduce 层，为开发和执行任务提供 API 和控件。

③ 数据获取层，数据获取层的主要框架是 Hbase、Pig 和 Hive。

④ 工具和加载库层，UC4 是 eBay 从多个数据源自动加载数据的企业级调度程序，加载库包括统计库（R）、机器学习库（Mahout）、数学相关库（Hama）和 eBay 独立开发的用于解析网络日志的库（Mobius）。

图 2.17　Athena 层次

⑤ 监视和警告层，Ganglia 是分布式集群的监视系统，Nagios 则用来警告一些关键事件，如服务器不可达、硬盘已满等。

百度作为全球最大的中文搜索引擎公司，提供基于搜索引擎的各种产品，包括以网络搜索为主的功能性搜索，以贴吧为主的社区搜索，针对区域、行业的垂直搜索、MP3 音乐搜索，以及百科等，几乎覆盖了中文网络世界中的所有搜索需求。百度对海量数据处理的要求是比较高的，要在线下对数据进行分析，还要在规定时间内处理完并反馈到平台上。百度在互联网领域的平台需求如图 2.18 所示，需要通过性能较好的云平台进行处理，而 Hadoop 就是很好的选择。在百度，Hadoop 主要用于以下几个方面：

① 日志的存储和统计。

② 网页数据的分析和挖掘。

③ 商业分析，如用户行为和广告关注度等。

④ 在线数据的反馈，及时得到在线广告的点击情况。

⑤ 用户网页的聚类，分析用户的推荐度及用户之间的关联度。

MapReduce 主要是一种思想，不能解决所有领域内与计算有关的问题，百度的研究人员认为符合现有需求、适应当前国内网络环境的模型应该如图 2.19 所示，HDFS 实现共享存储，一些计算使用 MapReduce 解决，一些计算使用 MPI 解决，而还有一些计算需要通过两者来

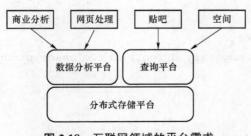

图 2.18　互联网领域的平台需求

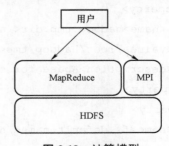

图 2.19　计算模型

共同处理。因为 MapReduce 适合处理海量且适合划分的数据，所以在处理这类数据时就可以用 MapReduce 做一些过滤，得到基本的向量矩阵，然后通过 MPI 进一步处理后返回结果。

2.3.4　Hadoop 编程接口

Hadoop 框架单机环境搭建可按以下步骤进行：

① 前期准备：Linux 服务器一台，下载 JDK 和 Hadoop 安装包。

② 服务器配置：输入 vim/etc/sysconfig/network 命令更改主机名称，并 reboot 使之生效。输入 vim/etc/hosts 命令添加主机 IP 和主机名称的映射。配置需关闭防火墙，CentOS 7 版本以下输入 service iptables stop 命令，否则输入 systemctl stop firewalld.service 命令。输入 date 命令查看服务器时间是否一致，如果不一致则输入 date-s'MMDDhhmmYYYY.ss'修改。

③ JDK 环境配置：将 JDK、Hadoop 压缩包放在 home 目录下，并新建 java、hadoop 文件夹。输入 tar-xvf jdk-8uXXX-linux-x64.tar.gz 命令和 tar-xvf hadoop-2.8.X.tar.gz 命令解压 JDK 和 hadoop（不同版本文件名不同），分别移动文件到 java 和 hadoop 文件下，并将文件夹重命名为 jdk1.8 和 hadoop2.8。输入 java-version 命令查看是否安装了 JDK。如果版本不合适则将其卸载。输入 vim/etc/profile 命令编辑 etc/profile 文件。配置如下：

```
export JAVA_HOME = /home/java/jdk1.8
export JRE_HOME = /home/java/jdk1.8/jre
export CLASSPATH = .: $JAVA_HOME/lib/dt.jar: $JAVA_HOME/lib/tools.jar
export CLASSPATH = .: $JRE_HOME/lib: $CLASSPATH
export PATH = .: ${JAVA_HOME}/bin: $PATH
```

JAVA_HOME 路径为 JDK 路径。输入 source/etc/profile 使配置生效。

④ Hadoop 环境搭建：同样编辑 etc/profile 文件。配置如下：

```
export HADOOP_HOME = /home/hadoop/hadoop2.8
export HADOOP_COMMON_LIB_NATIVE_DIR = $HADOOP_HOME/lib/native
export HADOOP_OPTS = " - Djava.library.path = $HADOOP_HOME/lib"
export PATH = .: ${JAVA_HOME}/bin: ${HADOOP_HOME}/bin: $PATH
```

HADOOP_HOME 路径为 Hadoop 路径。输入 source/etc/profile 命令使配置生效。

在 root 目录下新建文件夹：hadoop、hadoop/tmp、hadoop/var、hadoop/dfs、hadoop/dfs/name 和 hadoop/dfs/data。切换到 hadoop 目录下，输入命令 vim core-site.xml，并在<configuration> 中添加：

```
<configuration>
   <property>
       <name>hadoop.tmp.dir</name>
       <value>/root/hadoop/tmp</value>
       <description>Abase for other temporary directories.</description>
   </property>
   <property>
       <name>fs.default.name</name>
       <value>hdfs://host_name:9000</value>
```

```
    </property>
</configuration>
```

输入命令 vim hadoop-env.sh，将${JAVA_HOME} 修改为自己的 JDK 路径。

输入命令 vim hdfs-site.xml，并在<configuration>中添加：

```
<configuration>
    <property>
    <name>dfs.name.dir</name>
    <value>/root/hadoop/dfs/name</value>
    <description>Path on the local filesystem.</description>
    </property>
    <property>
    <name>dfs.data.dir</name>
        <value>/root/hadoop/dfs/data</value>
        <description>Comma separated list of paths.</description>
    </property>
    <property>
        <name>dfs.replication</name>
        <value>2</value>
    </property>
    <property>
        <name>dfs.permissions</name>
        <value>false</value>
        <description>need not permissions</description>
    </property>
</configuration>
```

输入命令 vim mapred-site.xml，并在<configuration>中添加：

```
<property>
    <name>mapred.job.tracker</name>
    <value>host_name:9001</value>
</property>
<property>
    <name>mapred.local.dir</name>
    <value>/root/hadoop/var</value>
</property>
<property>
    <name>mapreduce.framework.name</name>
    <value>yarn</value>
</property>
```

Hadoop 单机环境搭建完毕。

⑤ Hadoop 启动：初次启动 Hadoop 时需要对其进行初始化配置。切换到目录/home/hadoop/hadoop2.8/bin 下输入 ./hadoop namenode-format 即可完成初始化。切换到 /home/hadoop/hadoop2.8/sbin 目录输入 start-dfs.sh 启动 HDFS，输入 start-yarn.sh 启动 YARN 就完成了 Hadoop 框架的启动工作。

本部分通过编程实例 WordCount 介绍如何通过 Java API 进行 Hadoop 编程。

2.2.3 节已给出 WordCount 的伪代码实现。简言之，此任务的目标为统计输入数据中各个单词出现的次数。基于 Hadoop 框架进行开发是十分简单的，开发人员只需专注于实现 Map 和 Reduce 的逻辑，而将其他的事务交给框架自身处理。

首先简要介绍相关的 Java API：

① MapReduceBase 类：实现了 Mapper 和 Reducer 接口的基类。MapReduceBase 类对接口的实现内容为空，主要用于扩展 MapReduce 功能。

② Mapper 接口：表示 MapReduce 编程模型中 Mapper 节点的接口。该接口中定义的抽象方法 void map（k1 key,v1 value，OutputCollector<k2,v2>output,Reporter reporter）就是上文提及的 Map 逻辑。该方法将输入键值对<k1,v1>映射为中间键值对<k2,v2>。输出键值对类型与输入键值对类型之间并无约束关系，输入键值对可以映射到 0 个或多个输出对。参数 OutputCollector 接口用于收集 Mapper 和 Reducer 输出的<k,v>对，其 collect（k,v）方法用于增加一个（k,v）对到 output。

③ Reducer 接口：表示 MapReduce 编程模型中 Reducer 节点的接口。该接口中定义的抽象方法 void reduce（k2 key,v2 value,OutputCollector<k2,v2>output,Reporter reporter）就是上文提及的 Reduce 逻辑。该方法将输入键值对<k2,v2>归并为输出 output。输出键值对类型与输入键值对类型相同，输入键值对一般映射为零个或一个输出键值对。值得注意的是，value 通常以迭代器的形式传入。

④ Jobconf 类：表示 MapReduce 框架中 Job 概念的类。Job 相关工作由框架实现，开发人员只需按格式调用相关 API 以启动 Job 即可。

根据上述说明可将基于 Java API 的 Hadoop 编程流程归纳为：通过复写 interface Map 和 interface Reduce 实现 MapReduce 逻辑，并创建任务执行此逻辑。

参考源码：

```
public class WordCount
{
/**
* Map 类
*/
    public static class Map extends MapReduceBase implements
        Mapper<LongWritable, Text, Text, IntWritable>{
    //LongWritable 等是 Hadoop 封装的可串行化（serilizable）数据类型
        //串行化便于数据在分布式环境中交换
        //类通过 Writable 接口获得比较性，所有作为键的类型均应实现此接口
    private final static IntWritable one = new IntWritable(1);
     private Text word = new Text()
```

```
/**
* Map 逻辑
*/
    @Override
    public void map(LongWritable key, Text value,
        OutputCollector<Text, IntWritable> output, Reporter reporter)
        throws IOException{
    String line = value.toString();
    StringTokenizer tokenizer = new StringTokenizer(line);
      while (tokenizer.hasMoreTokens()){
        word.set(tokenizer.nextToken());
          output.collect(word, one);}}}
/**
* Reduce 类
*/
   public static class Reduce extends MapReduceBase implements
        Reducer<Text, IntWritable, Text, IntWritable>{
   /**
   *Reduce 逻辑
   *@param key 键：具有比较性
   *@param values 值：以迭代器形式传入
   */
    @Override
    public void reduce(Text key, Iterator<IntWritable> values,
        OutputCollector<Text, IntWritable> output, Reporter reporter)
        throws IOException{
    int sum = 0;
        while (values.hasNext()){
            sum + = values.next().get();}
          output.collect(key, new IntWritable(sum));}}
    public static void main(String[] args) throws Exception{
    //配置Job
    JobConf conf = new JobConf(WordCount.class);
    conf.setJobName("wordcount");
    conf.setOutputKeyClass(Text.class);
    conf.setOutputValueClass(IntWritable.class);
    conf.setMapperClass(Map.class);
    //conf.setCombinerClass(Reduce.class);
        conf.setReducerClass(Reduce.class);
```

```
        conf.setInputFormat(TextInputFormat.class);
        conf.setOutputFormat(TextOutputFormat.class);
    FileInputFormat.setInputPaths(conf, new Path(args[0]));
        FileOutputFormat.setOutputPath(conf, new Path(args[1]));
        JobClient.runJob(conf); }
```

2.4　分布式文件系统 HDFS

2.4.1　HDFS 基础知识

Hadoop Distributed File System（HDFS）是 Hadoop 框架采用的易于扩展的分布式文件系统。[27] MapReduce 通过将任务分发至多个服务器实现海量数据的处理，在此过程中，HDFS 负责为每个计算节点提供数据的访问能力。HDFS 系统可以运行在大量普通廉价机器上，具备很强的容错机制，并为大量用户提供高吞吐量的文件存取服务。HDFS 的设计预期如下：

① 系统由许多廉价的普通组件组成，组件失效是一种常态。

② 系统的工作负载包括两种读操作，即大规模的流式读取和小规模的随机读取。

③ 系统的工作负载包括许多大规模的、顺序的、数据追加方式的写操作。

④ 高性能的稳定网络带宽远比低延迟重要。

⑤ 目标程序绝大部分要求能够高速率地、大批量地处理数据。

因此，HDFS 具有以下特点：

① 高容错性：数据自动保存多个副本，副本丢失后可自动恢复。

② 适合批处理：移动计算而非数据，数据位置暴露给计算框架。

③ 适合大数据处理：GB、TB，甚至 PB 级数据，百万规模以上的文件数量。

④ 流式文件访问：一次性写入，多次读取，并可保证数据的一致性。

⑤ 可构建在廉价机器上：通过多副本提高系统可靠性，并提供容错与恢复机制。

HDFS 与 MapReduce 编程模式相结合可以为应用程序提供高吞吐量的数据访问和数据处理服务。在处理大数据的过程中，当 Hadoop 集群中的服务器出现错误时，整个计算过程并不会终止。同时 HFDS 可保障在整个集群中发生故障错误时的数据冗余，当计算完成时将结果写入 HFDS 的一个节点之中。HDFS 对存储的数据格式并无苛刻的要求，数据可以是非结构化或其他类别，[28] 相反关系数据库在存储数据之前需要将数据结构化并定义架构。

HDFS 系统的最大缺陷是扩展性较差，其主要表现有：

① 命名空间的扩展问题：在当前的 HDFS 架构中，名称节点负责对命名空间进行管理，即支持对 HDFS 中的目录、文件和块做出类似文件系统的创建、修改、删除等基本操作。因为名称节点保存在内存中，所以其所能容纳的对象（文件、块）的个数会受到限制，整个分布式文件系统的吞吐量也受限于名称节点的吞吐量，不利于命名空间的扩展。

② 块的扩展问题：块的增多增加了汇报规模，也增加了数据节点的管理负担。扩展性问题驱动着 HDFS 的底层存储架构向着分布式存储层演进。针对这一缺陷，社区提出了对象存储的概念，并在对象存储的实现过程中引入了新的键值对式的元数据存储模式，旨在未来应用此模式替换现有的 HDFS 元数据管理方式。这种元数据存储模式被命名为 Hadoop 分布

式存储层（Hadoop Distributed Storage Layer，HDSL）。

HDFS 系统的未来发展将着重解决上述问题。另外，为了将现有模式迁移至新的模式，社区还提供了两种可能的方法。其一是直接在 Hadoop 分布式存储层上构建新的名称节点，其二是提供一种称为 Hadoop 兼容文件系统（Hadoop Compatible File System，HCFS）的键-值命名空间文件系统。该系统提供兼容的文件系统 API，但其 HDFS 结构仍是重新构建的。

HDFS 分布式文件系统包含块、名称节点和数据节点三个重要的基础概念。

① 块（Block）：在文件系统中，块是磁盘读写的操作单位。任何一个文件系统都是通过处理由整数个块构成的数据块来管理磁盘的，基本的磁盘读写操作都是将块一次性从磁盘读入内存，或由内存写入磁盘。块的详细信息由系统进行维护，对用户而言是透明的。HDFS 分布式文件系统也遵循上述文件操作原则，也就是说，块是 HDFS 文件内容的划分单位。在默认情况下，HDFS 块的大小为 64 MB，系统不会允许小于 64 MB 的文件单独占据整个块的空间。HDFS 之所以尽可能增加块的大小是为了减少寻址的开销，这会极大地提升磁盘传输的效率和速率。在分布式文件系统中，将文件分块会带来诸多好处，例如允许文件大于网络中任一磁盘的容量、适合于提供容错和复制操作、能够简化存储子系统设计，等等。

② 名称节点（NameNode）：名称节点为 HDFS 系统的主控节点，用于存储块的元数据信息（块的索引信息），该节点在整个 HDFS 集群中是唯一的。名称节点维护着整个文件系统树以及这个树内所有的文件和索引目录。它以命名空间镜像和编辑日志两种形式将文件永久保存在本地磁盘上。同时，名称节点也记录着每个文件的构成块所在的数据节点位置。该位置并非永久保存，这是因为这些信息会在启动时由数据节点创建。

③ 数据节点（DataNode）：数据节点是 HDFS 系统的从节点，用于存储块的内容数据。其存储并提供定位块的服务，并且定时向名称节点发送它们存储的块的列表。在一个 HDFS 集群中可以同时存在众多数据节点。

2.4.2 HDFS 系统架构

HDFS 的发展也同样经历了两个时代，图 2.20 所示为 HDFS 1.0 的系统架构。HDFS 1.0 只设置唯一一个名称节点，这种做法虽然极大简化了系统的设计，但也带来了一定的局限性。

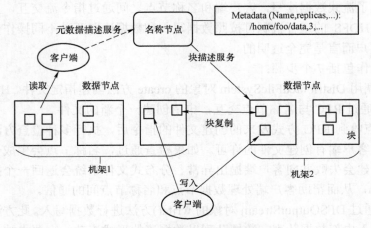

图 2.20 jHDFS 1.0 系统架构

① 命名空间限制：名称节点是保存在内存中的，因此，名称节点能够容纳的对象（文件、块）的个数会受到内存空间大小的限制。

② 性能瓶颈：整个分布式文件系统的吞吐量受限于单个名称节点的吞吐量。

③ 隔离问题：集群中只有一个命名空间，因此无法对不同的应用程序进行隔离。

④ 单点故障：作为主节点的名称节点存在单点故障的风险，运行名称节点进程的处理机损坏将导致整个文件系统数据的丢失。

HDFS 通过复制组成文件为持久化文件和运行二级名称节点等方法解决上述问题。图 2.21 所示为改进后的 HDFS 2.0 系统架构。该架构分为客户端层、名称节点层和数据节点层三个层次。客户端层主要负责为用户提供 HDFS 系统的访问接口。其工作流程是，首先从名称节点上获取文件数据块的位置，然后从相应数据节点上读取文件数据。名称节点层由名称节点主服务器（NameNode Active）和二级名称节点（NameNode Standby）构成。名称节点主服务器负责执行文件系统的命名空间操作，二级名称节点则辅助主节点处理镜像文件和事务日志，将镜像文件和日志合并为新的镜像文件后回传主节点。数据节点层由众多数据节点构成，每个数据节点都负责处理客户的读写请求。

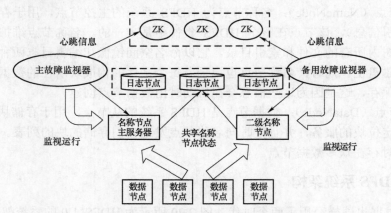

图 2.21　改进后的 HDFS 2.0 系统架构

HDFS 实现了流式数据读写，客户端和名称节点之间通过指令流交互，数据节点之间通过数据流交互。HDFS 的运行机制可按照数据写入和数据读取两种不同操作分别讨论，该机制对 HDFS 的用户而言是完全透明的。

数据写入操作包括 7 个步骤：

① 客户端调用 DistributedFileSystem 对象的 create 方法创建指定文件。HDFS Distributed-FileSystem 对象通过 RPC 与名称节点交互，申请创建一个新的文件。

② 名称节点收到 RPC 方式发来的创建文件的指令后，执行多种检查方法以确保这个文件不会存在，且客户端有创建文件的许可。如果检查通过，名称节点会生成一个新文件的记录，否则文件创建会失败并向客户端抛出异常。分布式文件系统会返回一个数据输出流对象 DFSOuputStream，从而帮助客户端处理数据节点和名称节点间的通信。

③ 客户端通过 DFSOutputStream 对象的 write() 方法进行数据写入。此方法将数据划分成不同数据包并写入内部数据队列。数据队列以数据流的形式流动，它要求被某合理的数据节点列表记录的节点给副本分配新的块。这些数据节点将形成一个管线。

④ 数据流将包分流给管线中的第一个数据节点，这个节点将存储并转发此包至管线中的第二个数据节点，后续节点的行为以此类推。

⑤ DFSOutputStream 对象维护一个名为确认队列的内部的包队列来等待数据节点收到确认。一个包必须被管线中所有节点确认才能被移出此队列。

⑥ 客户端完成数据写入后，应调用 DFSOutpulStream 对象的 close 方法。该函数会在向名称节点发送完成请求前，将余下的所有包放入数据节点管理并等待确认。

⑦ 名称节点已经知道文件是由哪些块组成的，并通过 Data Streamer 询问块与各数据节点进行确认，所以它只需在返回成功前等待确认结果。

数据读取操作可分为 6 个步骤：

① 客户端调用 FileSystem 对象的 open 方法来委托打开指定文件。FileSystem 对象是 HDFS 系统文件操作的统一代理，FileSystem 将委托 DistributedFileSystem 对象通过 RPC 机制与名称节点交互，获取目标文件块的位置信息。

② 名称节点收到 RPC 方式发来的打开文件的指令流后，会返回存放着指定文件每一个块的副本的数据节点地址。DistibutedFileSystem 对象收名称节点的信息后会向客户端返回一个 FSDataInputStream 的对象，以便客户端读取数据。

③ 客户端调用 FSDatalnputStream.DFSInputStream 对象的 read 方法从返回信息中读取到块所在数据节点的地址，与数据节点建立通信连接。

④ 数据节点将块数据返回给客户端，块数据读取完毕后，DFSInputStream 对象将关闭与该数据节点的连接，然后与下一个块的数据节点创建连接，读取剩余数据。

⑤ 重复上一步骤直至所有的数据块均读取完毕。

⑥ 关闭数据输入流，完成一次客户端读取操作。

2.4.3　HDFS 主要特征

HDFS 作为一个分布式文件系统，为了保证系统的容错性和可用性，其采用多副本方式对数据进行冗余存储。通常一个数据块的多个副本会被分布到不同的数据节点上。以图 2.22 为例，数据块 1 被分别存放到数据节点 A 和数据节点 C 中，数据块 2 被分别存放到数据节点 A 和数据节点 B 中。数据块多副本存储具有加快数据传输速度、容易检查数据错误和保证数据可靠性等优点。

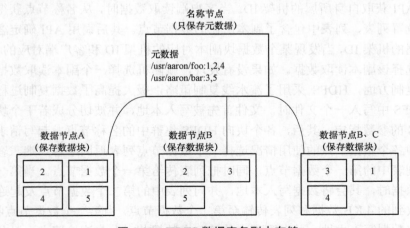

图 2.22　HDFS 数据库多副本存储

除此之外，HDFS 还设计了一系列机制用于检测数据错误和进行自动恢复。HDFS 将硬件出错视为一种常态，主要包括以下几种情形：

① 名称节点出错：名称节点保存了所有的元数据信息，其中最为关键的数据结构为 Fslmage 和 Editlog，若其发生损坏则将导致整个 HDFS 实例的失效。因此，HDFS 设置了备份机制，将这些核心文件同步复制到备份服务器 SecondaryNameNode 中。当名称节点出错时，就可以根据备份服务器中的 Fslmage 和 Editlog 数据进行恢复。

② 数据节点出错：每个数据节点会定期向名称节点发送"心跳"信息，以报告自身的状态。当数据节点发生故障，或网络发生断网时，名称节点就无法收到来自一些数据节点的"心跳"信息。此时，这些数据节点就会被标记为"宕机"，节点上的数据将被标记为不可读，名称节点不会再给它们发送任何 I/O 请求。在此状态下，有可能会出现一种情形，即由于一些数据节点的不可用而导致一些数据块的副本数量小于冗余因子（副本数量的下限）。名称节点会定期检查这种情况，一旦发现某个数据块的副本数量小于冗余因子，就会启动数据冗余复制，生成新的副本。

③ 数据出错：网络传输和磁盘错误等因素都有可能造成数据错误。客户端在读取到数据后，会采用 md 5 和 sha1 对数据块进行校验，以确定读取到正确的数据。在文件被创建时，客户端会对每一个文件块进行信息摘录，并把这些信息写入同一个路径的隐藏文件里。在文件被读取时，客户端会首先读取该文件的信息摘录，然后利用信息摘录对每个读取的数据块进行校验。如果校验出错，则客户端将会请求从另外一个数据节点读取该文件块，并向名称节点报告这个文件块有错误，名称节点会定期检查并更新出错的文件块。

HDFS 的数据存取策略会影响到整个分布式文件系统的读写性能，是整个系统的核心。在数据存储方面，为提高数据可靠性与系统可用性，并充分利用网络带宽，HDFS 采用了以机架（Rack）为基础的数据存放策略。在默认情况下，HDFS 将不同的数据节点存储在不同的物理机架上，该策略的优点如下：

① 具有较高的数据可靠性。一个机架发生故障不会影响其他机架上的数据副本。

② 具有较高的读取速度。读取数据时可从多个机架并行读取，提升了读取速度。

③ 可以更容易地实现系统内部的负载均衡和错误处理。

在数据读取方面，HDFS 提供了一个 API 可以确定一个数据节点所属机架的 ID，客户端也可以调用 API 获取自身所属的机架 ID。当客户端读取数据时，从名称节点获得数据块不同副本的存放位置列表，列表中包含了副本所在的数据节点。其后调用 API 确定客户端和这些数据节点所属的机架 ID，当发现某个数据块副本对应的机架 ID 和客户端对应的机架 ID 相同时，就优先选择该副本读取数据。如果没有发现，就随机选择一个副本读取数据。

在数据复制方面，HDFS 采用了流水线复制策略，极大提高了数据复制过程的效率。当客户端向 HDFS 中写入一个文件时，文件首先被写入本地，并被切分成若干个块，每个块的大小由 HDFS 的参数指定。其后，各个块向 HDFS 集群中的名称节点发起写请求，名称节点会根据系统中各个数据节点的使用情况选择一个数据节点列表返回给客户端，客户端就将数据首先写入列表中的第一个数据节点，同时把列表传给第一个数据节点。当第一个数据节点收到 4 KB 数据时，其会将数据写入本地，并向列表中的第二个数据节点发起连接请求，将自身已经接收到的 4 KB 数据和列表传输至第二个数据节点。当第二个数据节点收到 4 KB 数据时，其会将数据写入本地，并向列表中的第三个数据节点发起连接请求，以此类推。列表中的多个数据节点形成了一条数据复制流水线，当文件写入完成时，数据复制也同时完成。

2.4.4　HDFS 编程接口

HDFS 访问接口是 HDFS 系统对用户暴露的编程规则。开发人员可以在不了解系统内部细节的前提下通过接口获取分布式文件系统服务。Java API 是 HDFS 最常用的应用编程接口之一，参考例程如下：

（一）获取文件系统

```java
//FileSystem 类表示文件系统。
public static FileSystem getFileSystem() {
    //读取配置文件
    Configuration conf = new Configuration();
    // 文件系统
    FileSystem fs = null;
    //系统 URI
    String hdfsUri = HDFSUri;
    if(StringUtils.isBlank(hdfsUri)){
        //在 Hadoop 集群下运行，应获取默认系统
        try {
            fs = FileSystem.get(conf);
        } catch (IOException e) {
            logger.error("", e);
        }
    }else{
        //在本地测试应获取返回指定的文件系统
        try {
            URI uri = new URI(hdfsUri.trim());
            fs = FileSystem.get(uri,conf);
        } catch (URISyntaxException | IOException e) {
            logger.error("", e);
        }
    }
    return fs;
}
```

（二）创建文件目录

```java
public static void mkdir(String path) {
    try {
        //获取文件系统
        FileSystem fs = getFileSystem();
        String hdfsUri = HDFSUri;
```

```
            if(StringUtils.isNotBlank(hdfsUri)){
                path = hdfsUri + path;
            }
            //创建文件目录
            fs.mkdirs(new Path(path));
            //释放系统资源
            fs.close();
        } catch (IllegalArgumentException | IOException e) {}
    }
```

（三）删除文件或目录

```
public static void rmdir(String path) {
    try {
        FileSystem fs = getFileSystem();
        String hdfsUri = HDFSUri;
        if(StringUtils.isNotBlank(hdfsUri)){
            path = hdfsUri + path;
        }
        //删除文件或者文件目录
        fs.delete(new Path(path),true);
        fs.close();
    } catch (IllegalArgumentException | IOException e) {
        logger.error("", e);
    }
}
```

（四）根据过滤器获取指定文件

```
public static String[] ListFile(String path,PathFilter pathFilter) {
    String[] files = new String[0];
    try {
        FileSystem fs = getFileSystem();
        String hdfsUri = HDFSUri;
        if(StringUtils.isNotBlank(hdfsUri)){
            path = hdfsUri + path;
        }
        FileStatus[] status;
        if(pathFilter != null){
            //根据filter列出目录内容
            status = fs.listStatus(new Path(path),pathFilter);
        }else{
            //直接列出目录内容
```

```
        status = fs.listStatus(new Path(path));
    }
    // 获取目录下的所有文件路径
    Path[] listedPaths = FileUtil.stat2Paths(status);
    // 将 listedPaths 转换 String[]
    if (listedPaths != null && listedPaths.length > 0){
        files = new String[listedPaths.length];
        for (int i = 0; i < files.length; i + +){
            files[i] = listedPaths[i].toString();
        }
    }
    fs.close();
} catch (IllegalArgumentException | IOException e) {
    logger.error("", e);
}
return files;//返回所得文件
}
```

（五）文件上传 HDFS

```
public static void copyFileToHDFS(boolean delSrc, boolean overwrite,
    String srcFile,String destPath) {
    //源文件路径
    Path srcPath = new Path(srcFile);
    //目的路径
    String hdfsUri = HDFSUri;
    if(StringUtils.isNotBlank(hdfsUri)){
        destPath = hdfsUri + destPath;
    }
    Path dstPath = new Path(destPath);
    //文件上传
    try {
    FileSystem fs = getFileSystem();
        fs.copyFromLocalFile(srcPath, dstPath);
        fs.copyFromLocalFile(delSrc,overwrite,srcPath, dstPath);
        //释放资源
        fs.close();
    } catch (IOException e) {
        logger.error("", e);
    }
}
```

（六）从 HDFS 下载文件

```
public static void getFile(String srcFile,String destPath) {
    //源文件路径
    String hdfsUri = HDFSUri;
    if(StringUtils.isNotBlank(hdfsUri)){
        srcFile = hdfsUri + srcFile;
    }
    Path srcPath = new Path(srcFile);
    //目的路径
    Path dstPath = new Path(destPath);
    try {
        FileSystem fs = getFileSystem();
        //从 HDFS 下载
        fs.copyToLocalFile(srcPath, dstPath);
        //释放资源
        fs.close();
    } catch (IOException e) {
        logger.error("", e);
    }
}
```

（七）文件重命名

```
public boolean rename(String srcPath, String dstPath){
    boolean flag = false;
    try {
        FileSystem fs = getFileSystem();
        String hdfsUri = HDFSUri;
        if(StringUtils.isNotBlank(hdfsUri)){
            srcPath = hdfsUri + srcPath;
            dstPath = hdfsUri + dstPath;
        }
        flag = fs.rename(new Path(srcPath), new Path(dstPath));
    } catch (IOException e) {
        logger.error("{} rename to {} error.", srcPath, dstPath);
    }
    return flag;
}
```

HDFS 同时也提供了多种非 Java 访问接口以支持其他非 Java 应用的访问，例如 Thrift、C、FUSE、WebDav、HTTP、FTP 等。

2.5　分析架构 Spark

2.5.1　Spark 基础知识

Apache Spark 是由 UC Berkeley AMP Lab（加州大学伯克利分校 AMP 实验室）所开发的类 Hadoop MapReduce 并行计算框架。Spark 拥有 Hadoop MapReduce 所具有的优点，并在某些方面超越了前者——Spark 架构将 Job 输出的中间结果存入内存（而非 HDFS 系统）中，这使得 Spark 可以更好地适用于数据挖掘与机器学习等需要迭代的 MapReduce 的算法。[29] 另外，Spark 引进了弹性分布式数据集 RDD（Resilient Distributed Dataset）的抽象，RDD 是分布在一组节点中的只读对象集合，这些集合是弹性的，如果数据集一部分丢失，则可以根据"血统"对它们进行重建，这为 Spark 带来较高的容错能力。Spark 是在 Scala 语言中实现的，它将 Scala 用作其应用程序框架。Scala 是一门现代的多范式编程语言，运行于 Java 平台，并兼容现有的 Java 程序。Scala 具有强大的并发性，支持函数式编程，可以更好地支持分布式系统。与 Hadoop 不同，Spark 和 Scala 能够紧密集成，其中的 Scala 可以像操作本地集合对象一样轻松地操作分布式数据集。尽管创建 Spark 是为了支持分布式数据集上的迭代作业，但是实际上它是对 Hadoop 的补充，可以在 Hadoop 文件系统中并行运行。通过名为 Mesos 的第三方集群框架就可以支持此行为。相比于 Hadoop MapReduce，Spark 优势如下：

① Spark 的计算模式也属于 MapReduce，但不局限于 Map 和 Reduce 操作，还提供了多种数据集操作类型，编程模型比 Hadoop MapReduce 更灵活。

② Spark 提供了内存计算，可将中间结果存放于内存，对于迭代运算效率更高。

③ Spark 基于 DAG 的任务调度执行机制，要优于 MapReduce 的迭代执行机制。

总而言之，Apache Spark 是专为大规模数据处理而设计的快速通用的计算引擎，已经形成了一个高速发展应用广泛的生态系统。

Apache Spark 的发明者 Matei Zaharia 于 2017 年在美国旧金山举行的 Spark Summit 2017 会议上介绍了 Apache Spark 的重点开发方向：深度学习以及对流性能的改进。2016 年是深度学习之年，深度学习与大数据是一个很热门的趋势，所以在 Spark 中支持深度学习并且提供一个友好的 API 可谓势在必行。另外，Spark Streaming 虽然在吞吐量方面占据了很多优势，但是随着流技术的发展，越来越多的应用不仅关注实时流的吞吐量，时延也是一个很重要的考量指标。未来的 Spark 将在保持用户接口不变的条件下将流的时延降低至 1 ms 级别。

另外，Spark 的发展会结合硬件的发展趋势。首先，内存会变得越来越便宜，256 GB 内存以上的机器会变得越来越常见，而对于硬盘，SSD 硬盘也将慢慢成为服务器的标配。由于 Spark 是基于内存的大数据处理平台，因而在处理过程中，会因为数据存储在硬盘中，而导致性能瓶颈。随着机器内存容量的逐步增加，类似 HDFS 这种存储在磁盘中的分布式文件系统将慢慢被共享内存的分布式存储系统替代，诸如同样来自伯克利大学的 AMPLab 实验室的 Tachyon 就提供了远超 HDFS 的性能表现。因此，未来的 Spark 会在内部的存储接口上发生较大的变化，能够更好地支持 SSD 以及诸如 Tachyon 之类的共享内存系统。

整体而言，开始应用 Spark 的企业主要集中在互联网领域。制约传统企业采用 Spark 的因素主要包括三个方面。首先，取决于平台的成熟度。传统企业在技术选型上相对稳健，当然也可以说是保守。如果一门技术尤其是牵涉到主要平台的选择，会变得格外慎重。如果没有经过多方面的验证，并从业界获得成功经验，不会轻易选定。其次是对 SQL 的支持。传统企业的数据处理主要集中在关系型数据库，而且有大量的遗留系统存在。在这些遗留系统中，多数数据处理都是通过 SQL 甚至存储过程来完成。如果一个大数据平台不能很好地支持关系型数据库的 SQL，就会导致迁移数据分析业务逻辑的成本太大。最后则是团队与技术的学习曲线。如果没有熟悉该平台以及该平台相关技术的团队成员，企业就会担心开发进度、成本以及可能的风险。因此，Spark 的未来发展将努力解决上述问题。

2.5.2　Spark 系统架构

在实际应用中，大数据处理主要包括以下三个类型（见表 2.2）：

① 复杂的批量数据处理：时间跨度在数十分钟到数小时。

② 基于历史数据的交互式查询：时间跨度在数十秒到数分钟。

③ 基于实时数据流的数据处理：时间跨度在数百毫秒到数秒。

表 2.2　Spark 生态系统组件应用场景

应用场景	时间跨度	其他框架	Spark 生态系统组件
复杂的批量数据处理	小时级	MapReduce、Hive	Spark
基于历史数据的交互式查询	分钟级、毫秒级	Impala、Dremel、Drill	Spark SQL
基于实时数据流的数据处理	毫秒级、秒级	Storm、S4	Spark Streaming
基于历史数据的数据挖掘	—	Mahout	MLlib
图结构数据的处理	—	Pregel、Hama	GraphX

当同时存在以上三种场景时，就需要同时部署三种不同的软件，例如 MapReduce、Impala 和 Storm。这种做法难免会带来一些问题：不同场景之间输入输出数据无法做到无缝共享，通常需要进行数据格式的转换；不同的软件需要不同的开发和维护团队，带来了较高的使用成本；难以对同一个集群中的各个系统进行统一的资源协调和分配等。Spark 的设计遵循"一个软件栈满足不同应用场景"的理念，逐渐形成了一套完整的生态系统。既能够提供内存计算框架，也可以支持 SQL 即席查询、实时流计算、机器学习和图计算等。另外，Spark 可以部署在 YARN 上。因此，Spark 的生态系统同时支持批处理、交互式查询和流数据处理。

Spark 生态系统已经成为伯克利数据分析软件栈（Berkeley Data Analytics Stack，BDAS）的重要组成部分，包含 Spark Core、Spark SQL、Spark Streaming、MLLib、GraphX 等组件（见图 2.23）。

① Spark Core：整个生态系统的核心组件，包含着 Spark 的基本功能。尤其是定义 RDD 的 API、操作以及这两者上的动作。其他 Spark 的库都是构建在 RDD 和 Spark Core 之上的。

② BlinkDB：在海量数据上运行交互式 SQL 查询的大规模并行查询引擎，它允许用户通过权衡数据精度优化查询响应时间，数据的精度被控制在允许差错范围内。

③ Spark SQL：提供基于 HiveQL 与 Spark 进行交互的 API。每个数据库表被当作一个 RDD，Spark SQL 查询被转换为 Spark 操作。

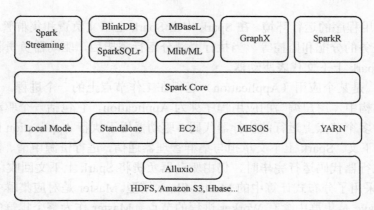

图 2.23 Spark 生态系统

④ Spark Streaming：对实时数据流进行处理和控制。Spark Streaming 允许程序能够像普通 RDD 一样处理实时数据。因此，Spark 是一种混合数据类型处理框架。

⑤ MLlib：一个常用机器学习算法库，算法被实现为对 RDD 的 Spark 操作。这个库包含可扩展的学习算法，比如分类、回归等需要对大量数据集进行迭代的操作。

⑥ GraphX：控制图、并行图操作和计算的一组算法和工具的集合。GraphX 扩展了 RDD API，包含控制图、创建子图、访问路径上所有顶点的操作。

Spark 框架与 Hadoop 框架的最大区别在于前者工作全部在内存中进行，只在一开始将数据读入内存，以及将最终结果持久存储时需要与存储层交互。因此，Spark 框架自身并没有提供单独的分布式文件系统。这也是 Spark 系统的框架与 Hadoop 框架的不同之处。图 2.24 展示了 Spark 框架的基本系统架构。

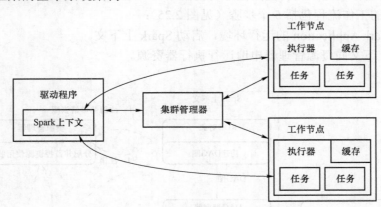

图 2.24 Spark 框架的基本系统架构

① 集群管理器（Cluster Manager）：Spark 有 standalone、spark one mesos 和 spark on YARN 三种部署模式。在 standalone 模式中，集群管理器为主节点，在 YARN 模式中，集群管理器为资源管理器。

② 工作节点（Worker Node）：从节点，负责控制计算节点，启动执行器（Executor）或者驱动器（Driver）。

③ 驱动器：运行应用的主函数，并创建 Spark 上下文。其中，创建 Spark 上下文的目的

是准备 Spark 应用程序的运行环境。在 Spark 中由 Spark 上下文负责和集群管理器通信，进行资源的申请、任务的分配和监控等。当执行器部分运行完毕后，驱动器负责将 Spark 上下文关闭。通常用 Spark 上下文代表驱动器。

④ 执行器：是某个应用（Application）运行在工作节点上的一个进程。

在 Spark 架构中，用户编写的应用程序称为 Application，它包括一个驱动器功能的代码和分布在集群中多个节点上运行的执行器代码。驱动器用于执行 Application 的主函数，并负责创建 Spark 上下文。Spark 上下文承担与集群管理器通信，进行资源申请、任务的分配和监控等工作。当执行器代码运行完毕时，仍由驱动器负责将 Spark 上下文回收。

Spark 架构采用了分布式计算中的 Master-Slave 模型。Master 是对应集群中的含有 Master 进程的节点，Slave 是集群中含有 Worker 进程的节点。Master 作为整个集群的控制器，负责整个集群的正常运行；Worker 相当于计算节点，接收主节点命令与进行状态汇报；执行器负责任务的执行；Client 作为用户的客户端负责提交应用，Driver 负责控制一个应用的执行。Spark 集群部署后，需要在主节点和从节点分别启动 Master 进程和 Worker 进程，对整个集群进行控制。在一个 Spark 应用的执行过程中，Driver 和 Worker 是两个重要角色。Driver 程序是应用逻辑执行的起点，负责作业的调度，即 Task 任务的分发，而多个 Worker 用来管理计算节点和创建执行器并行处理任务。在执行阶段，Driver 会将 Task 和其所依赖的 file 和 jar 序列化后传递给对应的 Worker 机器，同时执行器对相应数据分区的任务进行处理。

Spark 架构的任务划分与 Hadoop MapReduce 类似。一个 Application 由一或多个作业构成，每个作业被拆分为多组任务集（TaskSet）。任务集是作业的基本调度单位，由一组关联的、相互之间没有 Shuffle 依赖关系的任务组成。任务是 Application 运行的基本单位，是被送往执行器上的工作单元，其调度由任务调度器（TaskScheduler）负责。

Spark 框架的工作流程包括 5 个步骤（见图 2.25）：

① 构建 Spark Application 的运行环境，启动 Spark 上下文。

② Spark 上下文向资源管理器申请运行执行器资源。

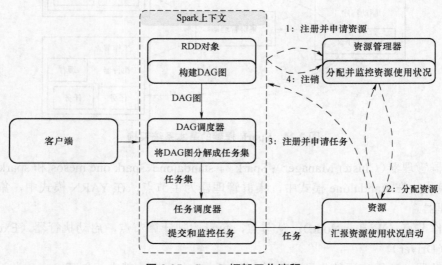

图 2.25 Spark 框架工作流程

③ 资源管理器分配执行器资源，并启动 StandaloneExecutorBackend。执行器的运行情况将随着心跳发送到资源管理器上。

④ Spark 上下文构建成 DAG 图，将 DAG 图分解成任务集，并把任务集发送给任务调度器。执行器向 Spark 上下文申请任务，任务调度器将任务发放给执行器运行，同时 Spark 上下文将应用程序代码发放给执行器。

⑤ 任务在执行器上运行，运行完释放所有资源。

Spark 运行架构具有以下特点：

① 每个 Application 获取专属的执行器进程，该进程在 Application 期间一直驻留，并以多线程方式运行任务。无论是从调度角度看（每个驱动器调度它自己的任务），还是从运行角度看（来自不同 Application 的任务运行在不同的 JVM 中），这种 Application 隔离机制都是有其优势的。当然，这也意味着 Spark Application 不能跨应用程序共享数据，除非将数据写入到外部存储系统。

② Spark 与资源管理器无关，只要能够获取执行器进程，并保持相互通信即可。

③ 提交 Spark 上下文的客户端应该靠近工作节点，更好的情况是在同一个机架里，这是因为 Spark Application 运行过程中 Spark 上下文和执行器之间存在大量的信息交换。若在远程集群中运行，则应使用 RPC 将 Spark 上下文提交给集群，而不是远离工作节点运行 Spark 上下文。

④ 任务采用了数据本地性和推测执行的优化机制。

⑤ 在 Spark 的运行过程中，作业调度模块和具体的部署运行模式无关，在各种运行模式下逻辑相同。不同运行模式的区别主要体现在任务调度模块上。不同的部署和运行模式，根据底层资源调度方式的不同，各自实现了自己特定的任务调度模块，以此将任务实际调度给对应的计算资源。

2.5.3 Spark 主要特征

许多迭代式算法（如机器学习、图算法等）和交互式数据挖掘工具都具有重用中间结果的需求。MapReduce 框架采用 HDFS 存储中间结果，其都是把中间结果写入 HDFS 中，带来了大量的数据复制、磁盘 IO 和序列化开销。Spark 框架的核心就在于基于弹性分布式数据集（Resilient Distributed Dataset，RDD）这一分布式数据架构对中间结果的存储方式进行了优化，内存计算即为 Spark 的主要特征。RDD 是 Spark 的最基本抽象，是对分布式内存的抽象使用，实现了以操作本地集合的方式来操作分布式数据集的抽象集合。它表示已被分区，不可变的并能够被并行操作的数据集合，不同的数据集格式对应不同的 RDD 实现。RDD 必须是可序列化的，并可以缓存到内存中，所有由 RDD 数据集操作产生的结果都被存入内存，下一个操作可以直接从内存中输入，从而省去了 MapReduce 大量的磁盘 IO 操作。

RDD 具有以下特点：

① 创建：只能通过转换从稳定存储中的数据或其他 RDD 两种数据源中创建 RDD。

② 只读：RDD 状态不可变，不能修改。

③ 分区：支持使 RDD 中的元素以 key 为根据进行分区（Partitioning），保存到多个节点上。还原时只会重新计算丢失分区的数据，而不会影响整个系统。

④ 路径：在 RDD 中称为世族或血统（Lineage），即 RDD 有充足的信息确定它是如何由

其他 RDD 产生的。

⑤ 持久化：支持将会被重用的 RDD 缓存，如 in-memory 或溢出到磁盘。

⑥ 延迟计算：Spark 会延迟计算 RDD，实现转换管道化（Pipeline Transformation）。

⑦ 操作：丰富的转换（Transformation）和动作（Action）。无论执行多少 transformation 操作，RDD 都不会真正执行运算，只是记录血统。只有当 action 操作被执行时运算才触发。

RDD 的优点有：

① RDD 只能从持久存储或通过转换操作产生，相比于分布式共享内存（DSM）可以更高效实现容错，如果丢失部分数据分区，只需根据它的血统就可重新计算。

② RDD 可以实现类 Hadoop MapReduce 的推测式执行。

③ RDD 可以通过数据的本地性来提高性能。

④ RDD 可序列化，在内存不足时可自动降级为磁盘存储，把 RDD 存储于磁盘上，虽然此时性能会有很大下降，但其表现至少不会差于 Hadoop MapReduce。

⑤ 批量操作：任务能够根据数据本地性（Data Locality）被分配，从而提高性能。

在 Spark 应用中，整个执行流程的运算在逻辑上会形成一个有向无环图。Action 算子触发之后会将所有累积的算子形成一个有向无环图，然后由调度器调度该图上的任务进行运算。Spark 的调度方式与 MapReduce 有所不同。Spark 根据 RDD 之间不同的依赖关系切分形成不同的阶段（Stage），一个阶段包含一系列函数进行流水线执行。图 2.26 中的 A、B、C、D、E、F、G，分别代表不同的 RDD，RDD 内的一个方框代表一个数据块。数据从 HDFS 输入 Spark，形成 RDD A 和 RDD C，RDD C 上执行 map 操作，转换为 RDD D，RDD B 和 RDD F 进行 join 操作转换为 G，而在 B 到 G 的过程中又会进行 Shuffle。最后 RDD G 通过函数 saveAsTextFile 输出保存到 HDFS 中。

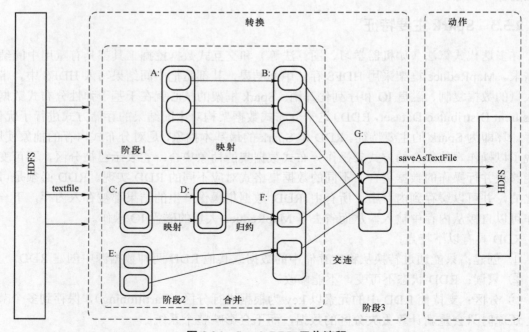

图 2.26 Spark RDD 工作流程

RDD 通过数据检查点和记录更新两种方式实现分布式数据集的容错。RDD 采用记录所有更新点的记录更新方式，这种方式的成本很高。因此 RDD 只支持粗颗粒变换，即只记录单个块（分区）上执行的单个操作，然后以 RDD 变换序列（即血统）的方式存储下来。变换序列指，每个 RDD 都包含了它是如何由其他 RDD 变换过来的以及如何重建某一块数据的信息。因此 RDD 的容错机制又称"血统"容错。要实现这种"血统"容错机制，最大的难题就是如何表达父 RDD 和子 RDD 之间的依赖关系。实际上依赖关系可以分两种，即窄依赖和宽依赖。窄依赖指子 RDD 中的每个数据块只依赖于父 RDD 中对应的有限几个固定的数据块；宽依赖指子 RDD 中的一个数据块可以依赖于父 RDD 中的所有数据块。例如，对于 map 变换，子 RDD 中的数据块只依赖于父 RDD 中对应的一个数据块；而对于 groupByKey 变换，子 RDD 中的数据块则会依赖于多块父 RDD 中的数据块，因为一个 key 可能分布于父 RDD 的任何一个数据块中。窄依赖和宽依赖具有不同的特性：第一，窄依赖可以在某个计算节点上直接通过计算父 RDD 的某块数据计算得到子 RDD 对应的某块数据；宽依赖则要等到父 RDD 所有数据都计算完成之后，并且父 RDD 的计算结果进行哈希运算并传到对应节点上之后才能计算子 RDD。第二，数据丢失时，对于窄依赖只需要重新计算丢失的那一块数据来恢复；对于宽依赖则要将祖先 RDD 中的所有数据块全部重新计算来恢复。所以在"血统"链特别是有宽依赖的时候，需要在适当的时机设置数据检查点。这两个特性要求对于不同依赖关系的数据要采取不同的任务调度机制和容错恢复机制。

2.5.4　Spark 典型案例

案例名称：基于 Spark 的推荐系统分析。

推荐是大数据分析以及大规模机器学习中常见的应用场景，从电商零售、社交网络，再到视频网站，都会用到推荐引擎，一个好的推荐引擎能够为用户提供很好的用户体验，并且为商家带来很大的经济效益。对于具体的推荐系统，应用非常广泛，国外的 Amazon、Netflix 等，国内的淘宝、豆瓣等都在运用推荐引擎为用户做产品推荐。从比较基本的基于内容的推荐算法，到可用于实际生产的协同过滤推荐算法，各种推荐算法不断被提出，各种比较成熟的推荐系统也在各个领域被采用。大数据处理平台中应用比较多的分布式推荐算法是在 NetFlix 竞赛中提出的基于 ALS 的协同过滤算法，Mlib 中封装该算法的分布式实现，可用于构建大数据搜索引擎，是当前热门的应用方向。

基于 Spark 的推荐系统分析，采用 HDFS 存储电影评分数据集，利用分布式的协同过滤算法构建推荐引擎，通过多次训练获得最佳推荐模型，进而用推荐模型对新老用户进行电影推荐，并利用 Spark Streaming 模拟了实时推荐，为在 Spark 平台上部署推荐引擎提供了可行的方案。Spark 既可以从本地读取数据，也支持 HFDS 分布式文件系统，Hbase 与 Hive 数据仓库，同时支持 Amazon S3（Simple Storage Service，简单存储服务）。并且，AMPLab 为了从 Spark 中分离出内存存储功能而开发了 Tachyon 分布式内存文件系统，可以使集群以访问内存的速度访问 Tachyon 里存放的数据，Tachyon 架构于底层存储平台与上层计算平台之间，可以将不需要存储到底层的数据存储到内存中，从而共享内存，提高效率。

基于 Spark 的推荐系统分析的主要目标是：

① 在 Spark 平台上构建基于 ALS 的协同过滤算法的电影推荐引擎；

② 利用推荐引擎对 Netflix 竞赛数据集进行训练，实现对新老用户的电影推荐；

③ 利用 Spark Streaming 的实时流能力，与推荐引擎结合，模拟实时推荐；

④ 研究基于 ALS 的协同过滤算法的原理与并行实现。

图 2.27　基于 Spark 的电影推荐系统架构

如图 2.27 电影推荐系统架构所示，基于 Spark 的推荐系统分析的架构分为四层：HDFS 分布式存储层，Spark 分布式处理层，Spark 组件层，推荐应用程序。HDFS 分布式存储层用于存储用户对电影的评分数据集合电影数据集；Spark 分布式处理层用于为整个系统提供分布式处理能力，数据运算，资源调配与任务执行能力，是上层应用程序的执行者；Spark 组件层是上层推荐应用程序用的 Spark 组件，包括 Spark Streaming 和 Mlib，Spark Streaming 为系统提供实时处理能力，Mlib 为系统提供算法接口；推荐应用程序为实际编写的推荐系统的代码，实现具体的功能，包括系统各个模块的实现。

系统工作流程如图 2.28 所示，系统首先从 HDFS 存储层读取用户对电影的评分数据和电影信息数据，对数据进行格式转化，转为可以被 Mllib 调用的数据格式，之后调用 Mllib 中的基于 ALS 的协同过滤算法对数据进行训练，设置不同的参数，多次训练，建立最佳推荐模型，通过调用模型的推荐接口，根据需求对已有用户推荐电影。对于模拟实时推荐，通过 Spark Streaming 读取实时数据，该实时数据是用户对电影评分——将数据与原数据混合，然后利用最佳模型对用户进行实时推荐。

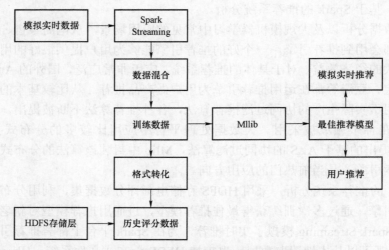

图 2.28　基于 Spark 的电影推荐系统工作流程

案例的优势如下：传统的数据处理流程，是先收集数据存放到数据库中，当有数据服务需要的时候，通过对数据库中的数据做一系列的查询和计算作为响应。从宏观上来看，这是一个被动的服务方式，且是非实时的。而流计算可以很好地对大规模流动数据在不断变化的运动过程中实时进行分析，捕捉到可能有用的信息，并把结果反馈给下一个计算节点。数据是流式的，计算与服务也是流式不间断的，整个过程是连续的，其响应也是实时的，可以达到秒级别以内。Spark Streaming 的优势在于：

① 能运行在 100+ 的节点上，并达到秒级延迟；

② 使用基于内存的 Spark 作为执行引擎，具有高效和容错的特性；

③ 能集成 Spark 的批处理和交互查询；

④ 为实现复杂的算法提供和批处理类似的简单接口。

Spark 具有四个方面的优点：一是速度。Spark 扩展了 MapReduce 计算模型，是基于内存的迭代计算框架，采用了先进的 DAG（Directed Acyclic Graph，有向无环图）执行引擎，可将中间结果存放在内存中，不必每次都需要读写磁盘；在内环运算方面，Spark 比 Hadoop MapReduce 快 100 倍，即使在磁盘上运算，Spark 依然比 Mapreduce 快 10 倍。二是方便易用。Spark 提供了 80 多个高级 API（Application Programma interface，应用程序接口），接口丰富，可以使用户快捷地建立自己的并行应用程序，并且 Spark 提供了对 Java、Scala、Python、R 四种语言的支持，用户可根据自己的需求选择适合的编程语言。三是 Spark 是一个处理大数据的通用引擎，将 SQL 交互查询、流式处理、图处理、机器学习无缝结合，可用于多种应用场景，完成多种运算模型，用户不必再采用不同的引擎来处理不同的需求。四是 Spark 有多种运行模式。Spark 可部署为单机模式，也可部署在 Hadoop Yarn 或 Apache Mesos 集群上，还可以部署在 Amazon EC2（Elastic Compute Clound，弹性计算云）上。除此之外，Spark 支持多种数据源，包括 HDFS、Cassandra、Hbase、Hive、Tachyon 和其他的 Hadoop 数据源。

2.5.5　Spark 编程接口

Spark 框架通过操作 RDD 的方式实现各类计算。事实上，Spark 编程的主要工作就是对 RDD 进行各类操作。程序开发人员不妨将 RDD 视为一个"数组"，RDD 的操作方式与数组的操作方式是十分类似的。在操作 RDD 之前，首先需要构建 RDD。构建 RDD 的方法从数据来源的角度可以分为两类：第一，从内存中读取数据并构建 RDD；第二，从文件系统中读取数据并构建 RDD。这里的文件系统可以是 HDFS 或本地文件系统。第一种方式的参考代码如下：

```
/* 使用 makeRDD 创建 RDD */
/* List */
val rdd01 = sc.makeRDD(List(1,2,3,4,5,6))
val r01 = rdd01.map { x => x * x }
println(r01.collect().mkString(","))
/* Array */
val rdd02 = sc.makeRDD(Array(1,2,3,4,5,6))
val r02 = rdd02.filter { x => x < 5}
println(r02.collect().mkString(","))
val rdd03 = sc.parallelize(List(1,2,3,4,5,6), 1)
val r03 = rdd03.map { x => x + 1 }
println(r03.collect().mkString(","))
/* Array */
val rdd04 = sc.parallelize(List(1,2,3,4,5,6), 1)
val r04 = rdd04.filter { x => x > 3 }
```

```
println(r04.collect().mkString(","))
```

  该代码使用 Scale 语言编写，所使用的 API（又称 Spark 算子）为 makeRDD 方法和 parallelize 方法。可以看出，RDD 可以理解成一个数组，其构造数据时使用链表和数组类型。

  第二种方式是通过文件系统构造 RDD，本例中使用本地文件系统（协议为 file：//）构造 RDD 对象。参考代码：

```
val rdd:RDD[String] = sc.textFile("file:///D:/sparkdata.txt", 1)
val r:RDD[String] = rdd.flatMap { x => x.split(",") }
println(r.collect().mkString(","))
```

  使用内存或本地系统数据构造出 RDD 对象之后，便可以对 RDD 对象执行操作。RDD 操作分为转化操作（Transformation）和行动操作（Action）两种。RDD 之所以将操作分成这两类，是和 RDD 惰性运算有关的。当 RDD 执行转化操作时，实际计算并没有被执行，只有当 RDD 执行行动操作时才会促发计算任务提交，执行相应的计算操作。区别转化操作和行动操作也非常简单，转化操作就是从一个 RDD 产生一个新的 RDD 操作，而行动操作就是进行实际的计算。常见的 RDD 算子如表 2.3 所示。

表 2.3　RDD 算子

操作类型	函数名	作用
转化操作	map()	参数是函数，函数应用于 RDD 每一个元素，返回值是新的 RDD
	flatMap()	参数是函数，函数应用于 RDD 每一个元素，将元素数据进行拆分，变成迭代器，返回值是新的 RDD
	filter()	参数是函数，函数将过滤掉不符合条件的元素，返回值是新的 RDD
	distinct()	无参数，对 RDD 的元素进行去重操作
	union()	参数是 RDD，生成包含两个 RDD 所有元素的新的 RDD
	intersection()	参数是 RDD，求出两个 RDD 的共同元素
	subtract()	参数是 RDD，将原 RDD 中与参数 RDD 相同的元素过滤
	cartesian()	参数是 RDD，求出两个 RDD 的笛卡尔积
行动操作	collect()	返回 RDD 中的所有元素
	count()	计算 RDD 的元素个数
	countByValue()	计算各元素在 RDD 中的出现次数
	reduce()	并行整合所有 RDD 数据，如求和操作
	fold(0)(func)	功能与 reduce()相同，但该算子带有初始值
	aggregate(0)(s,c)	功能与 reduce()相同，但该算子返回的 RDD 数据类型与原 RDD 不同
	foreach(func)	将指定函数应用于 RDD 每一个元素

  转化操作示例：

```
/*创建 RDD*/
val rddInt:RDD[Int] = sc.makeRDD(List(1,2,3,4,5,6,2,5,1))
val rddStr:RDD[String] = sc.parallelize(Array("a","b","c","d","b","a"), 1)
```

```
val rddFile:RDD[String] = sc.textFile(path, 1)
val rdd01:RDD[Int] = sc.makeRDD(List(1,3,5,3))
val rdd02:RDD[Int] = sc.makeRDD(List(2,4,5,1))


/* map 操作 */
println(rddInt.map(x => x + 1).collect().mkString(","))
/* filter 操作 */
println(rddInt.filter(x => x > 4).collect().mkString(","))
/* flatMap 操作 */
println(rddFile.flatMap { x => x.split(",") }.first())
/* distinct 去重操作 */
println(rddInt.distinct().collect().mkString(","))
println(rddStr.distinct().collect().mkString(","))
/* union 操作 */
println(rdd01.union(rdd02).collect().mkString(","))
/* intersection 操作 */
println(rdd01.intersection(rdd02).collect().mkString(","))
/* subtract 操作 */
println(rdd01.subtract(rdd02).collect().mkString(","))
/* cartesian 操作 */
println(rdd01.cartesian(rdd02).collect().mkString(","))
行动操作示例:
/*创建 RDD*/
val rddInt:RDD[Int] = sc.makeRDD(List(1,2,3,4,5,6,2,5,1))
val rddStr:RDD[String] = sc.parallelize(Array("a","b","c","d","b","a"), 1)
/* count 操作 */
println(rddInt.count())
/* countByValue 操作 */
println(rddInt.countByValue())
/* reduce 操作 */
println(rddInt.reduce((x ,y) => x + y))
/* fold 操作 */
println(rddInt.fold(0)((x ,y) => x + y))
/* aggregate 操作 */
val res:(Int,Int) = rddInt.aggregate((0,0))((x,y) => (x._1 + x._2,y),(x,y)
 => (x._1 + x._2,y._1 + y._2))
println(res._1 + "," + res._2)
/* foeach 操作 */
println(rddStr.foreach { x => println(x) })
```

2.6　分布式数据库 Hbase

2.6.1　Hbase 基础知识

Hbase 是一个构建在 HDFS 之上的分布式面向列存储的数据库系统。大多数关系型数据库更侧重于数据的生产，而没有考虑到大规模数据和分布式的特点。[30] 许多关系型数据库系统通过复制和分区的方法扩展数据库，使其突破单个节点的限制。这种方式具有一定的弊端，例如安装和维护较为复杂，低版本的代码需要重构以适应变化等。Hbase 则从其他角度解决伸缩性的问题，它以线性增加节点的方式进行规模的扩展。事实上，Hbase 并非关系型数据库，而是所说的 NoSQL 数据库（非关系数据库）。其特点为数据库表结构可以动态扩展，同一个数据库表在不同时间的结构可能不同。

Hbase 的数据库文件操作继承 HDFS 文件系统的相关操作，其数据库文件也是以数据块的形式存储的。Hbase 不仅具备 HDFS 文件系统的一切特征，还具备自己的特殊之处。例如，Hbase 文件的内容具有统一的结构，该特点使得 Hbase 的读写操作遵循一定的规则。除此之外，Hbase 的设计还有以下预期目标：

① Hbase 要求结构统一，无论外部表现的结构字段有多少，其内部的存储结构都必须保持不变。并且允许同一个表的结构可以随时间动态变化。

② Hbase 必须支持动态的数据库表访问，由用户来指定要访问的表名、表列、表行，然后根据用户要求组织对数据库表的访问。与此相对地，传统的关系型数据库往往以强制约束的固定语言结构（如 SQL）进行数据库表访问操作。

③ Hbase 需要考虑数据库中数据量的增长，并避免其查询性能的下降。

④ Hbase 还应该允许在数据量不断增长时快速、动态地插入物理节点。

⑤ Hbase 需要为不同客户端提供不同的访问接口。

Hbase 作为分布式数据库，因其分布性引入了诸多新概念：

① 区域：Hbase 将表水平切分成不同的区域，每个区域包含表中所有行的某个子集。初生成的表只有一个区域，当该区域扩大到设定的边界时，便以行为分界线，将表划分为大小相近的两个区域，形成的区域将分别进行扩张。事实上，区域是分散在 Hbase 集群上的单元，服务器集群通过管理整个区域某部分的节点来管理整个表。因此，无论表的体量有多大都可以被服务器集群所处理。

② 基本单元：Hbase 分布式数据库的基本单元指的是表、行键、列族和区域。

③ 区域服务器：一张表内所有水平分区会分布在不同的区域服务器上，一个区域内的数据只会存储在一台服务器上。物理上所有数据都通过调用 HDFS 的文件系统接口存储在机器上，并由区域服务器提供数据服务。通常，一台服务器上运行着一个 Region 进程，该进程负责管理多个 Region 实例。区域服务器通过 HLog 提供灾难备份的服务，HLog 日志将写入 HDFS 分布式系统而并非保存在本地，即使区域服务器失效也不会丢失数据。

④ Master 主服务器：主服务器负责向区域服务器分配区域，协调区域服务区的负载并维护集群的状态。Hbase 集群中某个时段内只存在一个运行的 HMaster。值得注意的是，HMaster 不会向 Hbase Client 提供任何数据服务（但可以提供管理服务），它被定位为一个内

部管理者，其协同 ZooKeeper 管理 Region 和 Region 服务器。

⑤ META.元数据表：一个表对应的多个区域的元数据（如表名，表在区域中的起始行、结束行等）被保存在 Hbase 创建的.META.元数据表中。.META.元数据表的规模会随着区域的增大而增大，因此，.META.元数据表也会被分到多个区域之中。那么，Hbase 又如何定位与.META.元数据表相关的区域呢？答案是通过–ROOT–元数据表。

⑥ –ROOT–元数据表：–ROOT–元数据表是.META.元数据表的统一代理，其保存了.META.元数据表的元数据。用户访问数据必定会经过–ROOT–元数据表这一关口，因为只有从该表中获得.META.元数据表的信息才能了解目标数据究竟被分配到哪些区域。–ROOT–元数据表只存在于一个区域之中（位于一台区域服务器上），具有不可分割的特点。正因为如此，–ROOT–元数据表的容量就决定了 Hbase 集群可管理的最大区域数，该数字可达 1 667 万多个。

2.6.2　Hbase 系统架构

Hbase 自身是可独立部署的分布式集群数据库系统，但考虑到实际应用可能出现诸如导入现有的数据库系统或海量文本文件的需求，Hbase 往往需要与 HDFS、ZooKeeper 等系统协同工作。事实上，Hbase 系统在设计时已考虑到与现有系统集成的情况，因此预留了丰富的接口。用户只需要在 Hbase 中做出一些简单的配置即可实现多系统的集成应用。

图 2.29 展示了 Hbase 分布式数据库系统的基本架构。架构图中的核心功能模块有 Client（客户端）、ZooKeeper（协调服务组件）、HMaster（Master 主服务器）和 HRegionServer（区域服务器）。

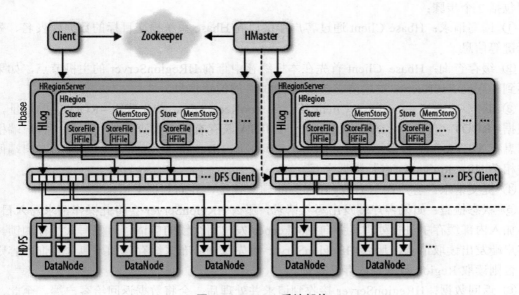

图 2.29　Hbase 系统架构

① Client：Client 是 Hbase 系统的入口，是用户操作 Hbase 数据库的媒介。客户端使用 Hbase 的 RPC 机制与 HMaster 和 HRegionServer 进行通信，与 HMaster 通信可完成管理操作，与 HRegionServer 通信可完成数据读写操作。

② Zookeeper：ZooKeeper Quorum 队列负责管理 Hbase 中多个 HMaster 的选举、服务器之间的状态同步等，避免 HMaster 单点问题。Hbase 中 ZooKeeper 实例负责的协调工作有：存储 Hbase 元数据信息、实时监控 RegionServer（感知各个 HRegionServer 的健康状况）、存储所有 Region 的寻址入口。Zookeeper 同时保证 Hbase 集群中有且只有一个 HMaster 节点。

2.6.1 节已对 HMaster 和 HRegionServer 的概念做了相关介绍，本部分对 HRegionServer 架构做进一步说明。HRegionServer 由 HLog 和 HRegion 两部分构成，HLog 用于提供灾难备份，HRegion 则用于保存数据。HRegion 的组成单元为 HStore，它是 Hbase 的真实数据存储结构。HStore 可进一步划分为 MemStore 和 StoreFile 两部分。MemStore 是一种已排序的内存缓冲（Sorted Memory Buffer），用户写入的数据首先进入 MemStore，填满 MemStore 后将刷新为一个 StoreFile。StoreFile 文件数量增长到某一阈值将会触发 Compact 操作，该操作将多个 StoreFile 合并成一个 StoreFile，在合并过程中会进行版本合并和数据删除。不难看出，Hbase 的基本操作只有增加数据，所有的更新和删除操作都是在后续的 Compact 过程中进行的，这使得用户的写操作只要缓冲至内存即可返回，保证了 IO 的性能。StoreFiles 在触发 Compact 操作后，会逐步形成更大的 StoreFile，当单个 StoreFile 大小超过一定阈值后，会触发 Split 操作，同时把当前区域分裂成 2 个区域，父区域会下线，新分裂的 2 个子区域会被 Hmaster 分配到相应的 HRegionServer 上，使得原来的 1 个区域的负载压力得以分流到 2 个区域上。这与 2.6.1 节中所介绍的区域分裂是完全相同的。

分布式数据库系统的操作请求主要由客户端发起，在运行过程中 HMaster 不主动参与数据读写，而是由客户端与 HRegionServer 进行交互。客户端根据数据库的大小可以同时向多台 HRegionServer 发起请求，HRegionServer 以分布式并行的方式来处理请求。Hbase 的运行过程包括 7 个步骤：

① 读写请求：Hbase Client 通过客户端接口向 Hbase 系统提交目标的数据库表名、列族和行键等信息。

② 缓存查询：Hbase Client 首先在本机缓存中查询 HRegionServer 的主机节点，如果查找不到，则向 ZooKeeper 发起请求查询−ROOT−的位置信息。

③ 获取−ROOT−：Hbase Client 连接到 ZooKeeper 后，首先获取−ROOT−的地址，之后根据−ROOT−查询.META.区域的地址。.META.表存有所有要查询的行信息，客户端根据行信息在.META.表中查询行所对应的用户空间区域 HRegionServer 的地址。然后客户端便可以与相关 HRegionServer 进行数据交互。

④ 提交请求：客户端与 HRegionServer 建立连接，并向其提交请求。

⑤ 状态检查：如果客户端发出写入请求，那么 HRgionServer 会将此操作请求写入日志，将其加入内部缓存中进行处理，并向 Zookeeper 发出写行锁的申请，对要写入的行加锁。如果客户端发出读取请求，那么 HRegionServer 首先查询分布式缓存，如果包含查询内容则返回，否则读取 Region 数据到内存并查询。

⑥ 返回数据：HRegionServer 接收到请求并处理后，会将数据返回给客户端。至此，用户的一个提交请求就已经处理完毕了。HRegionServer 将保留加载的缓存文件以加速下一次操作请求。

⑦ 日志提交：日志数据最初保存在每个 HRegionServer 的内存中，当达到某一阈值以后将被写入磁盘，并由一后台线程写入 HDFS 文件系统中。HMaster 在监控 HRegionServer 失

效后，可以将该 Region 的日志文件从 HDFS 中取出并分配给新的 HRegionServer 节点。

Hbase 客户端与 Hbase 系统工作流程如图 2.30 所示，该机制对用户透明。

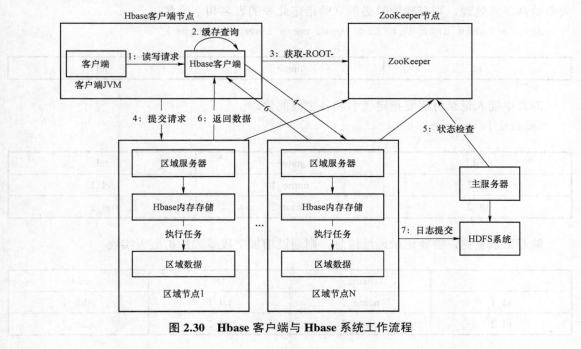

图 2.30　**Hbase 客户端与 Hbase 系统工作流程**

2.6.3　Hbase 主要特征

分布式数据库的基本概念与关系型数据库存在一定区别，在认知 Hbase 的过程中应当对此加以注意。分布式数据库表的相关概念有：

① 逻辑模型：指多表集合的逻辑模型。传统的数据库表只存储一个结构的所有数据（例如成绩表），而分布式数据库表的概念是一个与主题相关的多个表的集合。Hbase 的数据库表在逻辑上同样是存储了多行数据，每行由行关键字（行键）、数据的列和时戳三部分构成。表 2.4 表示为 Hbase 班级表的逻辑存储实例。

表 2.4　**Hbase 班级表的逻辑存储实例**

行键	时间戳	列族 Teacher	列族 Student
class_1	T1	name：teacher_1	
class_1	T2		name：stu_1
class_1	T3	name：teacher_2	name：stu_2

该数据库表记录了班级的教师和学生信息。行键即索引的主键，其由 Hbase 数据库自动生成。Hbase 共提供三种访问行数据的方式，分别是指定单个行键进行访问、指定行键范围进行访问和全表扫描访问。时间戳 T1、T2、T3 用于表示数据的版本号，用户可以指定访问非最新版本的数据。列族 Teacher、Student 与传统数据库中表的概念相同。因此，分布式数

据库表可被视为"多表集合构成的表"。Hbase 对数据库表的动态访问方式见下述实例。

假设根据需求设计一数据库表，表名为 user_info，并具有 id、name、tel 三个字段。若以关系数据库表处理，则在建表时必须立即指定此表的表名和字段名。

```
create table user_info(id type, name type, tel type)
```

id	name	tel

向表中插入记录时需要指定表名和各字段的值。

```
insert into user_info values(...)
```

id	name	tel
id_1	name_1	tel_1
id_2	name_2	tel_2

倘若需求变更，需要记录地址信息，则通过增加字段或添加扩展表实现。

id	name	tel	addr
id_1	name_1	tel_1	addr_1
id_2	name_2	tel_2	addr_2

Hbase 的处理方式则与之不同。在创建数据库表时，用户只需要指定表名和列族。

在此例中，新建一个表名为 user_info，包含 base_info 和 ext_info 两个列族的分布式数据库表。行键由数据库自动创建，不需要用户指定。

```
create 'user_info', 'base_info', 'ext_info'
```

row_key	base_info	ext_info

插入记录基本操作：向 user_info 表中行键为 row1 的 base_info 列族中分别添加 name 和 tel 数据。值得注意的是，name 和 tel 字段并不需要用户预定义。

```
put 'user_info', 'row1', 'base_info: name', 'name_1'
put 'user_info', 'row1', 'base_info: tel', 'tel_1'
```

row_key	base_info	ext_info
row1	name: name_1，tel: tel_1	

向表中插入另一具有地址信息的记录：

```
put 'user_info', 'row2', 'base_info: name', 'name_2'
put 'user_info', 'row2', 'ext_info: addr', 'addr_2'
```

row_key	base_info	ext_info
row1	name：name_1，tel：tel_1	
row2	name：name_2	addr：addr_2

相较于关系型数据库，Hbase 分布式数据库的处理方式更为灵活。表 2.5 对关系型数据库和分布式数据库的特点进行了总结及对比。

表 2.5　关系型数据库与分布式数据库对比

属性	数据库类型	
	关系型数据库	分布式数据库
表结构	二维结构	多维结构
建表	定义表名和具体字段	定义表名和列族
插入	一次插入多个字段	一次插入一个字段
扩展	需要预定义字段	不需要预定义字段

② 物理模型：物理模型指的是 Hbase 的物理存储方式。分布式数据库的一行在逻辑上由 N 个列族构成，其物理存储是由行+列族+时间三列构成的 N 行。表 2.6 所示为 Hbase 的物理模型实例。

表 2.6　Hbase 的物理模型实例

行键	时间戳	列族
class_1	T1	teacher_1
class_1	T3	teacher_2
行键	时间戳	列族
class_1	T2	stu_1
class_1	T3	stu_2

逻辑模型中的空值是不会被存储的。这意味着查询时间戳 T2 的 Teacher.name 将返回空值。如果查询为指定具体时戳，则返回表中最新的数据，即 teacher_2。

2.6.4　Hbase 编程接口

Hbase 分布式数据库单机环境搭建可按以下步骤进行：
① 前期准备：Linux 服务器一台，下载 JDK、Hadoop 和 Hbase 安装包。
② Hadoop 环境搭建：见 2.3.4 节。
③ Hbase 环境搭建：输入 tar-xvf hbase−1.2.X-bin.tar.gz 解压 Hbase 安装包，输入命令 mv hbase−1.2.X/home/hbase，将其移动到/opt/hbase 路径下。编辑/etc/profile 文件。配置如下：

```
export HBASE_HOME = /home/hbase/hbase − 1.2.X
export PATH = .:${JAVA_HOME}/bin:${HADOOP_HOME}/bin:$PATH
```

```
export PATH = .:${HBASE_HOME}/bin:$PATH
```

输入 source/etc/profile 使配置生效。

在 root 目录下新建文件夹：

```
mkdir/root/hbase
mkdir/root/hbase/tmp
mkdir/root/hbase/pids
```

切换到/home/hbase/hbase−1.2.X/conf 目录下，编辑 hbase-env.sh 文件：

```
export JAVA_HOME = /home/java/jdk1.8
export HADOOP_HOME = /home/hadoop/hadoop2.8
export HBASE_HOME = /home/hbase/hbase − 1.2.X
export HBASE_CLASSPATH = /home/hadoop/hadoop2.8/etc/hadoop
export HBASE_PID_DIR = /root/hbase/pidsexport HBASE_MANAGES_ZK = false
```

编辑 hbase-site.xml 文件，添加配置：

```
<property>
     <name>hbase.rootdir</name>
     <value>hdfs://host_name:9000/hbase</value>
     <description>The directory shared byregion servers.</description>  </property>
<property>
     <name>hbase.zookeeper.property.clientPort</name>
     <value>2181</value>
     <description>Property from ZooKeeper'sconfig zoo.cfg. </description>
</property>
<property>
     <name>zookeeper.session.timeout</name>
     <value>120000</value>
     </property>
     <property>
     <name>hbase.zookeeper.quorum</name>
     <value>host_name</value>
</property>
<property>
     <name>hbase.tmp.dir</name>
     <value>/root/hbase/tmp</value>
</property>
<property>
     <name>hbase.cluster.distributed</name>
     <value>false</value>
</property>
```

Hbase 单机环境搭建完毕。

④ Hbase 启动：首先按照 2.3.4 节所述方法启动 Hadoop，之后切换到 Hbase bin 目录下，输入./start-hbase.sh 启动 Hbase 分布式数据库即可。

Hbase 为客户端提供了多种访问接口，常见的 Hbase 访问方式有：

① Native Java API：最常规和高效的访问方式。

② Hbase Shell：Hbase 的命令行工具，最简单的接口，适合 Hbase 管理使用。

③ REST Gateway：支持 REST 风格的 Http API 访问 Hbase，解除了语言限制。

④ MapReduce：直接使用 MapReduce 作业处理 Hbase 数据。

⑤ 使用 Pig/hive 处理 Hbase 数据。

Hbase Shell 是 Hbase 向用户提供的命令行操作接口。用户可以通过 Shell 命令完成创建表、扫描表，获取行记录等操作。以表 2.4 为例，相关命令有：

① 启动 Shell：hbase shell。

② 创建表：create 'class', 'Teacher'。

③ 插入数据：put 'class', 'class_1', 'Teacher: name', 'teacher_1'。

④ 指定行查询：get 'class', 'class_1'。

⑤ 删除指定单元：delete 'class', 'class_1', 'Teacher: name'。

⑥ 禁用表：disable 'class'。

⑦ 删除表（前提是已经禁用表）：drop 'class'。

⑧ 全表扫描：scan 'class'。

2.7　数据仓库 Hive

2.7.1　Hive 基础知识

数据仓库（Data Warehouse）是一个面向主题的（Subject Oriented）、集成的（Integrated）、相对稳定的（Non-Volatile）、反映历史变化（Time Variant）的数据集合，用于支持管理决策。传统的数据仓库面临着诸多挑战，例如无法满足快速增长的海量数据存储需求、无法有效处理不同类型的数据以及计算和处理能力不足等。[31]

Hive 是基于 Hadoop 的数据仓库工具，其本身不存储和处理数据，而是依赖于分布式文件系统 HDFS 存储数据。Hive 定义了简单的类似 SQL 的查询语言，即 HiveQL，它在提供完整 SQL 查询功能的同时还支持将 SQL 语句转换为 MapReduce 任务执行。[32]Hive 支持大规模的数据存储、分析，具有良好的可扩展性，其具有的特点非常适用于数据仓库。首先，Hive 采用批处理的方式处理海量数据。数据仓库存储的是静态数据，对静态数据的分析适合采用批处理方式，不需要快速响应给出结果，而且数据本身也不会频繁变化。其次，Hive 提供了一系列对数据进行提取、转换、加载（ETL）的数据仓库操作工具，可以存储、查询和分析存储在 Hadoop 中的大规模数据，这些工具能够很好地满足数据仓库的各种应用场景。

Hive 作为 Hadoop 生态系统的组件之一，与生态系统中的其他组件具有关联关系。例如，Hive 依赖于 HDFS 分布式文件系统实现数据的存储、依赖于 MapReduce 处理数据、在某些场景下可以由 Pig 作为 Hive 的替代工具等。Hive 在很多方面和传统的关系数据库类似，但是它的底层依赖的是 HDFS 和 MapReduce，所以在很多方面又有别于传统数据库（见表 2.7）。

表 2.7 Hive 与传统数据库的对比

对比项目	Hive	传统数据库
数据插入	支持批量导入	支持单条和批量导入
数据更新	不支持	支持
索引	支持	支持
分区	支持	支持
执行延迟	高	低
扩展性	高	有限

Hive 共有三种工作模式，分别是内嵌模式、独立模式和远程模式。

内嵌模式与 HDFS 集成，将元数据存储在 Hive 自带的 Derby 数据库本地模式下。该模式只能同时存在一个会话连接，因此只能作为一种开发和测试的环境使用。独立模式将元数据存储在 MySQL 服务器中，该模式几乎不受会话连接数的限制，是 Hive 实际运行的模式之一。远程模式是一种为客户端提供远程访问 Hive 的方式。用户可以通过 Hive 命令行和 Web 浏览器以 Thrift 方式获取 Hive 服务。

Hive 依然在迅速地发展中，为了提升 Hive 的性能，Hortonworks 公司主导的 Stinger 计划提出了一系列对 Hive 的改进，比较重要的改进有：

① Vectorization：使 Hive 从单行处理数据改为批量处理方式，大大提升了指令流水线和缓存的利用率。

② Hive on Tez：将 Hive 底层的 MapReduce 计算框架替换为 Tez 计算框架。Tez 不仅可以支持多 Reduce 阶段的任务 MRR，还可以一次性提交执行计划，因而能更好地分配资源。

③ Cost Based Optimizer：使 Hive 能够自动选择最优的 Join 顺序，提高查询速度。

2.7.2 Hive 系统架构

Hive 系统共包含以下五类基础组件：

① 用户接口：Hive 向用户提供的接口主要有三个：CLI、Client 和 WUI，最常用的接口是 CLI。CLI 在启动时会同时启动一个 Hive 副本。Client 是 Hive 的客户端，用户连接至 Hive Server。在启动 Client 模式时需要指出 Hive Server 所在节点，并且在该节点启动 Hive Server。WUI 则通过浏览器访问 Hive。

② Thrift 服务器：Hive 以服务器模式运行时可作为 Thrift 服务器供客户端连接。

③ 元数据库（Metastore）：Hive 通常将元数据存储在关系型数据库中（如 MySQL）。Hive 元数据包括表名、表的列和分区及其属性、表的属性（是否为外部表等）、表的数据所在目录等。

④ 解析器（Driver）：由解释器（Parser）、编译器（Compiler）、优化器（Optimizer）和执行器（Executor）构成，用于完成 HQL 查询语句从词法分析、语法分析、编译、优化以及查询计划的生成。生成的查询计划存储在 HDFS 中，并在随后由 MapReduce 调用执行。

⑤ Hadoop：数据仓库和查询计划存储在 HDFS 中，由 MapReduce 引擎负责计算。

Hive 系统架构如图 2.31 所示。

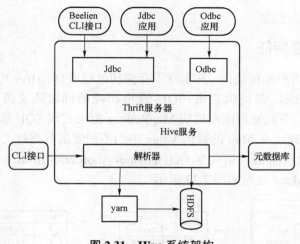

图 2.31　Hive 系统架构

Hive 的工作流程包括八个步骤（见图 2.32）：

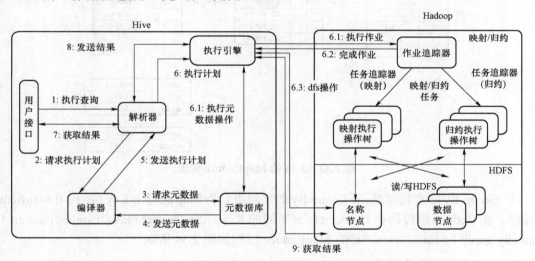

图 2.32　Hive 工作流程

① 用户提交查询等任务给解析器。

② 编译器获得该用户的任务执行计划（Plan）。

③ 编译器根据用户任务从元数据库中获取需要的 Hive 元数据信息。

④ 编译器得到元数据信息，对任务进行编译，将 HiveQL 转换为抽象语法树，其后将抽象语法树转换成查询块，将查询块转化为逻辑的查询计划，重写逻辑查询计划，将逻辑计划转化为物理的计划（MapReduce），最后选择最佳的策略。

⑤ 将最终的计划提交给解析器。

⑥ 解析器将执行计划转交给执行引擎（Execution Engine）去执行，获取元数据信息，提交给 Hadoop 作业追踪器或者资源管理器执行该任务，任务会直接读取 HDFS 中的文件进行相应的操作。

⑦ 获取执行的结果。

⑧ 取得并返回执行结果。

2.7.3 Hive 主要特征

Hive 可以看作是用户编程接口，其本身不存储和处理数据。Hive 可以将结构化的数据文件映射为一张数据库表，在提供完整 SQL 查询功能的同时还支持将 SQL 语句转换为 MapReduce 任务执行。下面通过图示说明 MapReduce 框架实现 SQL 基本操作的原理。

① Join 的实现原理：在 Map 的输出 Value 中为不同表的数据打上 Tag 标记，在 Reduce 阶段根据 Tag 判断数据来源。语句"select u.name，o.orderid from order o join user u on o.uid＝u.uid"的 MapReduce 过程如图 2.33 所示。

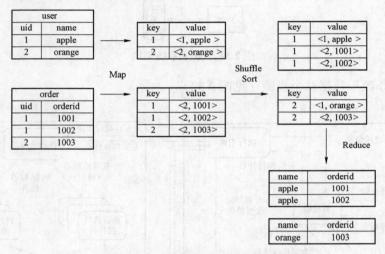

图 2.33 Join 的 MapReduce 实现

② Group By 的实现原理：将 Group By 的字段组合为 Map 的输出 Key 值，利用 MapReduce 的排序，在 Reduce 阶段保存 LastKey 区分不同的 Key。语句"select rank，isonline，count（*）from city group by rank，isonline"的 MapReduce 过程如图 2.34 所示。

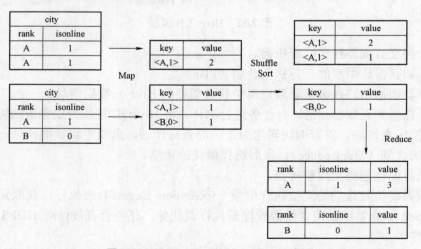

图 2.34 Group By 的 MapReduce 实现

Hive 将 SQL 编译为 MapReduce 任务，主要包括 6 个步骤：

① Antlr 定义 SQL 的语法规则，完成 SQL 词法、语法解析，将 SQL 转化为抽象语法树。

② 遍历 AST Tree，抽象出查询的基本组成单元 QueryBlock。

③ 遍历 QueryBlock，翻译为执行操作树 OperatorTree。

④ 逻辑层优化器进行 OperatorTree 变换，减少 shuffle 数据量。

⑤ 遍历 OperatorTree，翻译为 MapReduce 任务。

⑥ 物理层优化器进行 MapReduce 任务的变换，生成最终的执行计划。

2.7.4　Hive 编程接口

Hive 数据仓库的安装搭建通常分为两个阶段。第一阶段进行内嵌模式的安装与确认，第二阶段通过配置方式实现向独立模式迁移（独立模式已可满足大多数开发者的业务需求）。

Hive 内嵌安装分为以下 4 个步骤：

① 解压安装：输入命令 tar-zxvf hive–0.7.X.tar.gz 解压。Hive 版本不同文件名不同。

② 环境配置：编辑/etc/profile 配置文件，添加以下内容：

```
export HIVE_HOME = /home/hive – 0.7.X
export PATH = $PATH:$HIVE_HOME/bin
export HADOOP_HOME = /home/hadoop – 0.20.X
```

③ 目录创建：在 HDFS 上建立 tmp、/usr/hive/warehousr 目录，并赋予组用户写的权限。这些目录是 Hive 的数据文件存放目录，用于在 hive-site.xml 中配置。

```
mkdir /tmp
mkdir /usr/hive/warehousr
chmod g + w /tmp
chmod g + w /usr/hive/warehousr
```

④ 测试验证：输入命令"hive"，若正常进入 Hive 的 Shell 界面则说明搭建成功。

Hive 由内嵌迁移到独立分为以下 6 个步骤：

① 为本机安装 MySQL。

② 创建 Hive 账户（MySQL 账号），并为 Hive 账户赋予权限。

③ 建立元数据库：create database hive。

④ 配置 hive-site-xml：

```
<property>
    <name>hive.metastore.local</name>
    <value>true</value>
</property>
<property>
    <name>javax.jdo.option.ConnectionURL</name>
    <value>jdbc:mysql://192.168.x.x:3306/hive?createDatabaseIfNotExist =
true</value>
</property>
<property>
```

```
    <name>javax.jdo.option.ConnectionDriverName</name>
    <value>com.mysql.jdbc.Driver</value>
</property>
<property>
    <name>javax.jdo.option.ConnectionUserName</name>
     <value>hive</value>
</property>
<property>
    <name>javax.jdo.option.ConnectionPassword</name>
    <value>12345678</value>
</property>
```

⑤ 复制 MySQL 驱动程序：将 Jdbc 驱动包复制到 Hive 的 lib 目录下。

⑥ 测试验证。

Hive 使用类似 SQL 的一种语言 HiveQL 操作数据，它在 SQL 语言的基础上引入了多表查询、MapReduce 脚本等诸多新特性。HiveQL 的数据类型可分为基本类型和复杂类型两种。其中，基本类型包括数值类型、布尔类型、字符串类型，复杂类型则包括 ARRAY 类型、MAP 类型和 STRUCT 类型。HiveQL 语言基于 Java 实现，因此其数据类型与 Java 类型存在对应关系。例如，HiveQL BIGINT 类型（8 字节整型）即为 Java long 类型。

HiveQL 数据类型如表 2.8 所示。

表 2.8　HiveQL 数据类型

分类	数据类型	存储空间（字节）	类型说明
基本类型	TINYINT	1	有符号整型
	SMALLINT	2	
	INT	4	
	BIGINT	8	
	FLOAT	4	单精度浮点
	DOUBLE	8	双精度浮点
	BOOLEAN	1	逻辑类型
	STRING	≤2 G	字符串类型
复杂类型	ARRAY	不限	有序数据
	MAP	不限	无序键值对
	STRUCT	不限	结构

HiveQL 主要包含四种数据模型，分别是 database、table、partition 和 bucket：

① database（数据库）：相当于关系型数据库中的命名空间，作用是将数据库应用隔离到不同的数据库模式中，Hive 提供了 create database dbname、use dbname 以及 drop database dbname 等相关语句对数据库进行操作。

② table（表）：表由存储的数据及描述表的一些元数据组成，用户数据存储在分布式文件系统中，元数据存储在关系型数据库中。创建后未加载数据的表在 HDFS 上只对应一个目录，加载完数据后会将数据文件拷贝到该 HDFS 目录下。Hive 中 Table 分为托管表和外部表两种，托管表的特点是表的数据文件会加载到 Hive 设置的数据仓库目录下，而外部表则可将数据文件存放在 Hive 数据仓库目录以外的其他 HDFS 目录中。

③ partition（分区）：Hive 分区是表中部分列的集合，每个分区对应 HDFS 上的一个目录。设计分区的意义在于其缩小了检索范围，提高了 Hive 表的查询效率。

④ bucket（桶）：桶是比分区查询效率更高的一种数据组织方式，其按行分开组织特定的字段。可以将表和分区组织成桶，每个桶对应一个 Reduce 操作。

HiveQL 与 SQL 功能相似，但语法有所不同。以下是 Hive 基本操作实例：

① 创建表：create table student（id int，name string，score double）row format delimited fields terminated by '\t'；该语句用于创建一个 student 表，字段分别为编号、姓名和成绩。row format delimited fields terminated by '\t'表示数据由'\t'分隔，即 HiveQL 允许用户自定义数据分隔符。

② 查看表：show tables；

③ 添加字段：alter table student add columns（school string）；

④ 删除表：drop table student；

⑤ 从 HDFS 导入数据：load data local inpath '/home/hive−0.7.X/reservedata.txt' overwrite into table stu；

⑥ 创建分区：create table person（id int，age int）partitioned by（name string）row format delimited fields terminated by '，'；该语句用于创建一个 person 表，字段分别为 id、age 和 name。其中，name 列单独分区，数据由'，'分隔。

⑦ 载入数据至分区：load data local inpath '/home/hive−/reservedata.txt' into table person partition（name='reservename'）；该语句将 reservedata.txt 中的数据载入 reservename 分区表项。

⑧ 按分区查询：select * from person where name='reservename'；

⑨ 显示数据表分区信息：show partition person；

⑩ 开启桶服务：set hive.enforce.bucketing=true；

⑪ 创建桶表：create table bucket_test（id int，name string，score double）clustered by（id）into 3 buckets row format delimited fields terminated by '，'；

⑫ 向桶中添加数据：insert overwrite table bucket_test select * from student；

⑬ 基于桶查询数据：select * from bucket_test tablesample（bucket 1 out of 3 on id）；

2.8　小　　结

软件架构指有关软件整体结构与组件的抽象描述与建模。大数据分析核心架构是指为大数据分析系统的整体结构及组件之间的关联关系归约。[33]

Hadoop 通过分离资源管理和作业控制解决了单点故障问题，获得更稳定的性能。Hadoop 框架基于 Java 语言编程，开发人员只需实现 Mapper 接口、Reducer 接口并配置 Job 即可实现分布式计算。[34][35]Hadoop MapReduce 的细节对于开发人员而言是透明的。[36][37]

HDFS 分布式文件系统是大数据技术的基石，它促成了众多数据分析架构的产生。HDFS

通过复制组成文件为持久化文件和运行二级名称节点等方法解决单点问题，并提供数据冗余和自检修复机制，以便提升系统的可用性。

Spark 的生态系统同时支持批处理、交互式查询和流数据处理，且通过采用内存而非 HDFS 保存中间结果的方式提高了运算效率，主要通过弹性分布式数据集（RDD）技术实现。[38][39]

Hbase 分布式数据库允许用户存储海量数据，并基于廉价的处理机为用户提供了高吞吐量的可靠服务。Hbase 的数据库表支持动态访问，与传统的关系型数据库相比具有更强的灵活性和可扩展性。

Hive 数据仓库基于 HDFS 实现，其本身不存储和处理数据，而是依赖于分布式文件系统 HDFS 存储数据，且支持将 SQL 编译为 MapReduce 作业。

2.9 习　　题

（1）简述数据、数据库、数据库管理系统和数据库系统的概念及联系。

（2）简述 MapReduce shuffle 阶段的主要工作。

（3）简述云计算的定义及主要特征。

（4）Hadoop 集群可以运行在哪些模式下？

（5）Hadoop 如何处理 Job Tracker 宕机的情况？

（6）简述安装配置 Apache 开源版 Hadoop 的步骤。

（7）列举 Hadoop 的进程名，并分别说明其作用。

（8）列举常见的 Hadoop 调度器，并简要说明其工作方法。

（9）HDFS 主要由哪几部分组成？

（10）简述 HDFS 文件读取和写入的过程。

（11）Scala 语言有什么特点？

（12）Spark 框架相较于 Hadoop 有何优势？

（13）列举 Spark 技术栈的常用组件，并简要说明其功能及应用场景。

（14）简述 Spark RDD 的概念及特性。

（15）在 Spark 中，何为数据倾斜？其原因是什么？

（16）Spark 有几种部署模式？每种部署模式具有什么特点？

（17）简述 Spark 分布式集群搭建的步骤。

（18）列举常见的 Spark 算子并说明其作用。

（19）简要概括 Hbase 的特点。

（20）Hbase 的 Region 是否越多越好？

（21）Hbase 和 Hive 的区别有哪些？

（22）Hive 内外部表的区别是什么？

第 3 章
大数据分析计算模式

3.1 引　　言

大数据分析计算模式是指根据大数据的不同数据特征和计算特征，从多样性的大数据计算问题和需求中提炼并建立的各种高层抽象或模型。根据大数据处理任务需求和应用场景的多样性，已出现多种典型的大数据分析计算模式及相应的工具，如静态批处理。尽管批处理模式可以并行执行大规模数据处理任务，但大数据处理的问题复杂多样，单一的计算模式无法涵盖所有的计算需求。批处理模式在面向低延迟和具有复杂数据关系和复杂计算的问题时性能较差，流计算、图计算模式便应运而生。流计算是针对数据流进行实时分析的计算模式，具有低延迟、高时效的特点。图计算是针对大规模图数据结构进行分析的计算模式，能高效处理图结构数据。同时，数据可视化技术可以借助图形化方法，清晰有效地传达信息，使得大数据分析的结果能被更好地表达和利用。

本章主要内容包括：掌握典型的大数据计算模式及其应用场景和相应的工具、了解数据可视化的相关概念。

3.2　数据分析挖掘认知基础

3.2.1　模式识别认知基础

（一）基本概念

模式识别是指确定一个样本的类别属性（模式类）的过程，即把某一个样本归属于多个类型中的某一类型的过程。[40] 模式识别任务中，输入为一个类型未知的样本，由分类器对样本类型进行判断，输出为该样本的所属类型。此外，模式识别中还有许多重要概念，如样本、模式、特征和分类器等。

样本是指一个具体的研究对象，如人、汉字或图片等。每个样本都有其归属的类别，但部分样本类别未知，而模式识别的任务即对类型未知的样本进行分类。模式是指对研究对象特征的描述，是某一类样本测量值的集合。特征是指能够描述模式特性的量，如性别分类任务中，可以选择声音、长相作为"性别"这一模式的特征。在统计模式识别方法中，通常使用矢量 $\bar{x} = (x_1, x_2, \cdots, x_n)$ 表示特征。分类器是指在模式识别任务中，通过学习类别已知样本的特征，从而具有分类未知样本的能力。模式识别的过程正是通过对类别已知样本的学习，构造具有分类能力的分类器，从而利用分类器对类型未知样本进行分类的过程。

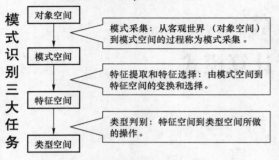

图 3.1 模式识别三大任务

关于模式识别的具体过程和步骤，将在本部分"模式识别过程"中详细说明。

模式识别有三大任务：模式采集、特征提取和特征选择、类型判别，[41] 如图 3.1 所示。

对象空间即客观世界，由客观世界中的事物所组成。模式空间是指客观世界中具有相似特点的事物所组成的空间，即"物以类聚"的概念，在客观世界中具有一定相似性的样本在模式空间中相互接近，形成模式集团。而模式识别三大任务之一的"模式采集"指的正是从客观世界到模式空间的抽象过程。通过发现客观世界部分事物之间的相似性，赋予其特定的类别标签，形成特定的模式空间。特征空间是指在模式空间中对事物进一步抽象化，将事物映射为具有代表性的度量值，去除事物的冗余信息，并由一系列度量值组合成的空间。此时，模式可以用特征空间中的一个点或一个特征向量表示。这种映射不仅压缩了信息量，而且易于分类，这一映射过程也称为"特征提取和特征选择"。类型空间也称决策空间，是指利用特征对样本进行分类所得到的结果的集合。通过引入决策函数，由特征空间中的特征向量计算出相应于各类别的决策函数值，并根据决策函数值对样本进行分类，这一过程即"类型判别"。

（二）模式识别过程

模式识别过程包括"学习"和"识别"两个过程，如图 3.2 所示。学习过程是指对原始分类器的训练过程。分类器通过对一批类别已知样本的特征进行学习和分析，从而具有对未知类别样本的分类能力。识别过程是指利用训练后的分类器，依据分类准则对类型未知的样本进行识别分类。[42]

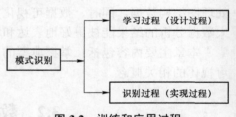

图 3.2 训练和应用过程

统计模式识别过程一般包括以下步骤：数据获取、数据预处理、特征提取、统计分析和识别分类，如图 3.3 所示。

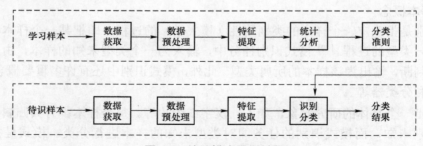

图 3.3 统计模式识别过程

数据获取：通过传感器（摄像机或麦克风），经过测量、采样和量化，得到反映样本信息的原始数据，如一维波形、二维图像等。数据获取过程中，数据的质量依赖于传感器的特性和局限性，如带宽、分辨率、灵敏度和信噪比等。

数据预处理：通过特定的方法，对样本数据进行分割、噪声滤除、边缘增强等一系列能够突出样本数据特性的处理。预处理方法与样本对象所属领域密切相关，如语音领域常见的预处理方式有加重、加窗等，图像领域常见的预处理方式有图像增强等。

特征提取：通过特定的方法，提取反映样本本质特性的特征，以实现去除冗余信息、压缩原始数据的目的。

统计分析：通过一定的统计方法，学习样本特征的分布规律，从而建立识别模型，形成分类器，并推断出分类准则。

识别分类：根据分类准则，对待识别样本进行分类。

（三）分类器设计

分类器的设计主要有以下步骤：数据采集、特征选择、模型选择、分类器训练和分类器评价，如图 3.4 所示。

数据采集是分类器设计的基础。在模式识别系统开发费用中，数据采集的开销占主要地位。训练样本的数量是影响分类器性能的一个重要因素，为了保证分类器性能，必须有足够多的训练样本。训练样本过少，可能导致分类器过于贴近训练样本的特性，而对客观世界中同一类别的其他样本识别能力较差。

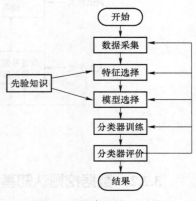

图 3.4　分类器设计过程

特征选择的目的是把先验知识和训练数据有机结合起来，以去除样本中的冗余信息，发掘高效准确的特征。特征的选择依赖于具体的应用问题（语音识别、图像识别等）。特征选择的目的是最大化样本类间距离，最小化类内距离，即提取最能体现该类样本特点的量作为特征。

模型选择上，应根据实际应用问题的特点选择合适的模型。比如，当所有样本类别标签未知时，应选择聚类模型进行聚类分析。当样本类别标签已知时，应选择分类模型进行分类训练。

分类器训练是指分类器对现有样本及其特征的学习过程。根据被学习样本特点，训练后的分类器可能体现不同特性，如欠拟合、过拟合。欠拟合是指分类器没有很好地捕捉到数据特征，不能够很好地拟合数据。通常添加多项式特征、减少正则化参数可以有效解决欠拟合问题。过拟合是指分类器学习了样本数据的过多信息，包括噪声信息等，导致模型难以对样本集外的数据进行准确的分类。通过增大训练数据集或添加正则项，可以有效缓解过拟合问题。

分类器评价是对分类器性能的评估，常见的评价标准有准确率、检出率、ROC 曲线、误识率、实时性和计算复杂度等。通常，模式识别系统根据分类器评价指标，对分类器进行调整，以优化分类器性能。

（四）模式识别系统

实现学习过程和识别过程的计算机系统称为模式识别系统。典型模式识别系统如图 3.5 所示。

模式识别系统可以对类别未知的输入样本进行识别，并输出对应的类别。在学习过程中，首先输入训练样本并进行数据预处理，然后进行特征提取和选择，随后训练并评估分类器，根据评估结果对分类器进行人工干预，对数据采集方法、特征提取和选择方法、分类识别规则进行改进，并再次训练，多次迭代后形成最优分类器。在识别过程中，首先对输入的样本进行预处理和特征提取，最优分类器以样本特征作为输入，根据判别规则给出分类结果。

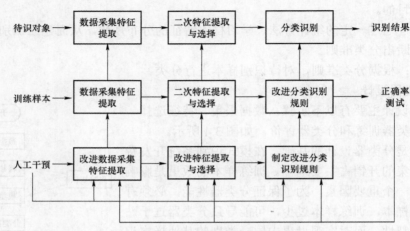

图 3.5 典型模式识别系统

3.2.2 数据挖掘认知基础

（一）基本概念

数据挖掘可以理解为从大量数据中提取或挖掘知识的过程，即"从数据中挖掘知识"。这里的"数据"一般是指存放有海量数据的数据库，因此，数据挖掘也可以理解为"数据库中的知识挖掘"。[43]

数据挖掘是"模型"和"算法"的结合体。其中，"模型"是对数据集的一种全局性的整体特征的描述或概括，适用于空间中的所有点。"算法"则是一个预先定义好的完整的过程，以数据作为输入，并产生一个模型或模式形式的输出。

数据挖掘任务通常可以分为描述型挖掘和预测型挖掘。描述型挖掘任务是对数据库中的数据的一般特性进行概括，以方便的形式呈现数据特征。预测型挖掘任务是在当前数据的基础上，观察对象特征值并进行推断，以预测其他特征值。因此，"描述"和"预测"也正是数据挖掘的两个主要功能。

（二）数据挖掘过程

数据挖掘是知识发现（KDD）的核心环节。知识发现过程如图 3.6 所示。

通常，一次知识发现过程由以下步骤组成：[44]

（1）数据清理：消除噪声数据和不一致数据。

数据库中的数据通常是不完整的，存在部分属性值缺失、噪声干扰（属性值错误）等情况，需要对数据进行清理，将完整、正确、一致的数据信息存入仓库中，用于后续环节处理。

（2）数据集成：集成不同数据源的数据。

对于部分企业，可能每一个分公司都有自己的数据库。在知识发现过程中，为实现样本最大化，需要通过数据集成环节，将不同来源、格式和特点的数据在逻辑上或物理上有机地集中，从而为企业提供全面的数据共享。

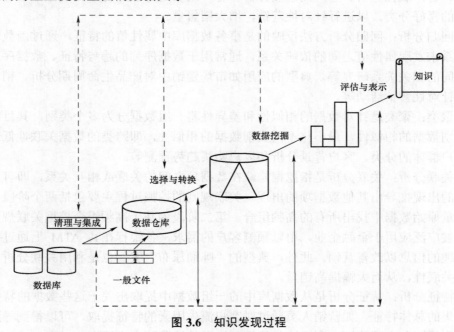

图 3.6 知识发现过程

（3）数据选择：提取与分析任务有关的数据。

数据挖掘是基于大量数据完成的，因此数据挖掘过程往往十分耗时。为缩短数据挖掘周期，企业通常利用数据选择技术对数据集进行规约和缩减，筛选出与分析任务相关的数据，同时保持数据的完整性，从而缩短数据挖掘周期。

（4）数据变换：汇总或聚集成适合挖掘的形式。

通过平滑聚集、数据概化、规范化等方式将数据转换成适用于数据挖掘的形式。对于部分实数型数据，通过概念分层和数据的离散化可以有效转化数据形式。

（5）数据挖掘：使用智能方法提取数据模式。

根据数据仓库中的数据信息，选择合适的分析算法和模型，应用统计分析方法，通过事实推理、决策树、规则推理、神经网络、遗传算法等方法处理数据，进而提取出有价值的信息。

（6）模式评估：根据特定的评价指标，对数据挖掘结果的正确性进行判断。

（7）知识表示：将数据挖掘结果以可视化形式呈现，或作为新的知识存放在知识库中，供其他应用程序使用。

此外，数据挖掘过程是一个反复循环的过程，任意一个步骤如果没有达到预期目标，都需要对过去的步骤进行调整并重新执行，以优化数据挖掘结果。

（三）数据挖掘常用方法

数据挖掘常用方法有分类、回归分析、聚类、关联分析、变化偏差分析、Web 信息挖掘等。[45]

（1）分类：分类是找出数据库中一组数据对象的共同特点并按照分类模式将其划分为不

同的类，其目的是通过分类模型，将数据库中的数据项映射到某个给定的类别。通常应用于客户分类、客户属性分析、客户满意度分析、客户购买趋势预测等，如汽车零售商将客户按照对汽车的喜好分类，以进行针对性营销，增大销售量。

（2）回归分析：回归分析方法反映的是事务数据库中属性值的特征，通过函数表达数据映射的关系来发现属性值之间的依赖关系，通常用于数据序列的趋势特征、数据序列的预测以及数据间的相关关系研究等。典型的应用如市场营销中对产品生命周期分析、销售趋势预测及进行针对性营销活动等。

（3）聚类：聚类是针对数据的相似性和差异性将一组数据分为多个类别，其目的是最大化同一类别数据的相似性，最小化不同类别数据的相似性，即跨类的数据关联性低。典型的应用如客户群体的分类、客户背景分析和客户购买趋势预测等。

（4）关联分析：关联分析是指挖掘隐藏在数据项之间的关联或相互关系，即可以根据一个数据项的出现推导出其他数据项的出现。关联规则的挖掘过程主要包括两个阶段：第一阶段为从海量原始数据中找出所有的高频组合。第二阶段为基于高频组合挖掘关联规则。关联分析已经被广泛应用于金融企业，用以预测客户的需求，各银行在其 ATM 上通过捆绑客户可能感兴趣的信息以改善营销。此外，典型的"啤酒尿布"案例也是利用关联分析发现了商品之间的关联性，从而大幅提高销量。

（5）特征分析：特征分析是从数据库中的一组数据中提取出关于这些数据的特征，以表达该数据集的总体特征。如营销人员通过对客户流失因素的特征提取，可以得到导致客户流失的一系列原因和主要特征，利用这些特征可以有效地预防客户流失。

（6）变化偏差分析：偏差中包含许多隐藏知识，如分类中的反常实例，观察结果对期望的偏差等。偏差分析的目的是寻找观察结果与参照量之间有意义的差别。比如，变化偏差分析可以挖掘意外规则。在企业危机管理及其预警中，管理者通过关注意外规则，可以实现各类异常信息的发现、分析、识别、评价和预警等。

（7）Web 信息挖掘：Web 信息挖掘的目的是对互联网上的海量信息进行分析，收集政治、经济、政策、科技、金融等各类信息，并利用上述信息执行不同数据挖掘任务。比如在企业管理中，通过 Web 信息挖掘，可以获取对企业存在重大影响的内部或外部信息，并根据信息分析出问题及其原因，以便识别、分析、评价和管理危机。

（四）大数据分析与数据挖掘的关系

大数据分析包括以下六个方面：可视化分析、数据挖掘算法、预测性分析能力、语义引擎、数据质量和数据管理、数据仓库。[46] 其中，数据挖掘是大数据分析的重要功能之一。利用数据挖掘技术，大数据分析可以探索海量数据的内部联系，挖掘数据的隐藏信息。同时，数据挖掘建立在大数据的海量数据基础之上，并且依赖于大数据分析平台分布式计算的支持，以加速数据处理，缩短数据挖掘周期。

此外，数据挖掘算法是大数据技术栈中业务计算逻辑的重要组成部分。大数据分析技术栈如图 3.7 所示。

在业务计算层中，机器学习是业务计算逻辑的主要实现形式，而机器学习依赖于数据挖掘的各类算法对数据进行分析。因此，数据挖掘是大数据分析的重要功能之一，同时，大数据分析的业务计算逻辑依赖于数据挖掘的各类算法。

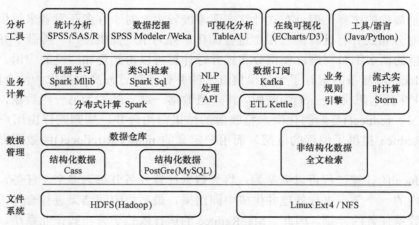

图 3.7　大数据分析技术栈

3.3　静态批处理 MapReduce

3.3.1　基础知识

（一）分布式并行编程

根据"摩尔定律"，大约每隔 18 个月计算机的性能就会增加一倍，因此过去人们不必考虑计算机的性能问题。然而，由于晶体管电路已经逐渐接近其物理上的性能极限，摩尔定律自 2005 年便不再适用。因此分布式并行编程成为提升软件性能的主要途径。

分布式并行编程是指将分布式程序运行在大规模计算机集群上，集群中包括大量廉价服务器，可以并行执行大规模数据处理任务，从而获得处理海量数据的计算能力。[47] 这种编程模式的最大优点是扩展性强，可以直接通过增加计算机来扩充计算节点数量，提高集群计算能力。同时，分布式并行编程具有强大的容错能力，部分计算节点失效不会影响计算的正常进行以及结果的正确性。

分布式计算是基于计算机集群的一种计算模式，该模式下所有主机被分为中心节点或子节点。中心节点将大型计算任务分割为多个子任务交付给子节点，并对子节点的运行状态进行实时监控。多个子节点并行运算，每个子节点完成一个或多个子任务的计算，最后合并归约到中心节点得到最终结果。相比于传统计算模式，分布式计算有以下优点：

（1）稀有资源共享。

（2）多台计算机共同完成一个计算任务，可以平衡负载，同时提高运算效率和速度。

分布式计算是解决负载问题的常用解决方案。研究人员在分布式计算的基础上，建立了许多基于多核多线程的并发编程模型和基于大规模计算机集群的分布式并行编程模型，如 MapReduce 等。使用 MapReduce 编程模型，可以有效地解决大数据的计算问题。

（二）MapReduce 简介

MapReduce 是 Google 公司的核心计算模型。作为一种分布式编程模型，MapReduce 是大数据时代发展至今最杰出的大数据批处理计算模式。对于大数据量的计算任务，分布式并行计算通常是最佳的选择。但分布式计算实现难度较大，对于许多开发者来说仍存在困难。MapReduce 对分布式并行计算编程模型进行简化，并为用户提供接口，屏蔽了并行计算特别是分布式处理的诸多细节问题，使得分布式并行计算可以得到更加广泛的应用。

MapReduce 将复杂的运行于大规模集群上的并行计算过程高度抽象为两个函数：map() 和 reduce()。[48] 顾名思义，map() 为映射，将一组数据一对一映射为另一组数据，映射规则由用户自行定义。reduce() 是归约化简，将映射的结果归约合并，规则同样由用户指定。也就是说，MapReduce 提供了编程的框架，而用户定义的 map() 和 reduce() 函数则提供了运算的规则。

MapReduce 的计算过程可以概括为：将大数据计算任务分解为多个子任务，每个子任务分别由集群内的一个节点进行处理并生成中间结果，最后将中间结果进行合并，得到最终结果，实现大数据任务的计算。因此，MapReduce 的运行依赖于分布式作业系统。分布式作业系统由一个作业节点和多个任务节点构成。作业节点负责任务调度和分配，任务节点执行具体任务，其中，任务节点包括映射节点和规约节点。

（三）MapReduce 设计思想

MapReduce 编程模式遵循"分而治之、移动逻辑、屏蔽底层、处理定制"的设计思想。[49] 为了更好地说明上述思想，我们引入"曹冲称象"的故事：曹操要测量大象的重量但缺少相应的秤，小儿子曹冲将大象牵到船上，待船身稳定后在船身上记录水面的位置。随后将大象牵出后，向船上放石块，直至水面达到先前所记录的位置，并分别测量石块重量，加和便得到了大象重量。这个故事的关键在于象大秤小，即数据量大但处理能力不足，所以将大象等价拆分为多个石块，问题就迎刃而解了。这个启示同样适用于大数据的处理，通常大数据处理任务分为三个步骤：

第一步：对大数据任务进行拆分。

第二步：每个映射节点处理一个拆分部分，为提高处理效率，多个映射节点并行处理。

第三步：将映射节点的处理结果经规约节点进行合并，得到最终结果。

下面具体说明 MapReduce "分而治之、移动逻辑、屏蔽底层、处理定制"的设计思想。

"分而治之"是指把大规模数据处理任务拆分成多个子任务，由一个主节点分配任务，各个任务节点处理任务，然后通过合并中间结果，得到最终结果。上述处理过程高度抽象为 map() 和 reduce() 两个函数，前者对数据进行分析，后者负责结果汇总。

"移动逻辑"是指 MapReduce 并不在本地工作，而是由主节点交付给任务节点执行，MapReduce 可以理解为一个数据采集器，存放的是交给后端处理的代码数据。

"屏蔽底层"是指关于代码传输与运行、数据传入与传出、运行时序和任务分配都由分布式作业系统来完成。开发人员只需关注 map() 和 reduce() 两个函数即可，极大地简化了分布式计算的实现过程。

"处理定制"是指用户可以根据需求自行定义 map() 和 reduce() 函数，即同一个分布式数据处理任务可以根据用户不同的需求定制不同的 map() 和 reduce() 函数。而处理逻辑的不同并不会对分布式作业系统自身产生影响，即只改变计算方式而不改变数据结构。

3.3.2 编程模型

本部分将从 MapReduce 自身、分布式作业系统、移动代码和中间结果四部分介绍

MapReduce 编程模型。

（一）MapReduce 自身

MapReduce 自身有三个关键概念，分别是 map()函数、reduce()函数和键值对<key, value>。map()函数的输入输出都是键值对，它将一个键值对转换为另一个或另一批键值对。map()函数的数据流模型如图 3.8 所示。

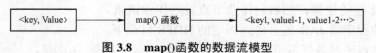

图 3.8　map()函数的数据流模型

任务节点预先将数据分割为数据块（又称 split，默认大小 64 MB），这个数据块由任务节点转换为一组<key,value>键值对，称为源键值对，经由用户定义的 map()函数处理得到中间结果<key1,value1>。

对于中间结果，经由混淆（Shuffle）过程排序组合，输入到规约节点。在混淆过程中，中间结果通常由 combine()函数进行处理。combine()函数将键相同的值组合为数组，即对于某一个键 key1，combine()函数将所有键为 key1 的键值对组合为中间键值对集合<key1,[value1−1,value1−2,…]>。

reduce()函数的输入是中间键值对集合，输出为目标键值对<key2,value2>，并将结果保存至 HDFS。reduce()函数的数据流模型如图 3.9 所示。

图 3.9　reduce 函数数据流模型

对映射任务的输出进行整合的工作称为混淆过程，在 3.3.4 小节会详述混淆过程的工作原理。

键值对<key,value>可以理解为广义的数组。键 key 是数组的下标，即键值唯一，值 value 是对应下标的元素值。MapReduce 使用键值对作为原始数据、中间结果和目标数据的描述方式，相比于数组，键值对去掉了数组名和元素类型，使 MapReduce 编程模型适合各类数据结构的开发，不用受到数据类型的约束。为了使读者更好地理解 MapReduce 过程，此处按处理阶段将键值对分为四类：源键值对、中间键值对、中间键值对集合和目标键值对。

（1）源键值对是分布式作业系统基于数据节点上的数据块生成的键值对。

（2）中间键值对是经 map()函数处理后的键值对，其键和值依据 map()函数定义的规则形成。

（3）中间键值对集合由 combine()函数形成，combine()函数按照键值相同的原则对键值对进行集合归类，得到中间键值对集合。

（4）目标键值对是 reduce()函数的处理结果，依据 reduce()函数定义的规则形成。

（二）分布式作业系统

分布式作业系统是 MapReduce 的硬件框架，主要由一个作业节点和多个任务节点组成。作业节点负责调度和管理任务节点，并将映射任务和规约任务分配给空闲的任务节点。如果某一个任务节点发生故障，作业节点会将任务分配给其他空闲的任务节点执行，从而提高容错能力。

（三）移动代码

由于只有在提交作业请求时，作业节点才根据当前任务节点的空闲状态来动态分配运算能力，所以代码并不能预先安装在某一个节点上，这就用到了 Hadoop 中的代码移动。代码移动分为以下四个步骤：

（1）应用程序指定作业配置（Job Configuration），包括数据的输入输出格式、数据的来源与流向和 JAR 包的位置，然后向作业节点发送作业请求。

（2）客户端程序将 JAR 包上传到指定的 HDFS 目录下。

（3）作业节点通过各任务节点到指定的 HDFS 目录下取得 JAR 包。

（4）任务节点调用 map()和 reduce()函数完成相应工作。

即用户提供的应用程序应指明输入输出路径，并通过实现合适的接口或抽象类提供 map()和 reduce()函数，形成 job configuration。

（四）中间结果

任务节点在完成 map 端的混淆过程后，将结果写入任务节点的本地磁盘中，并告知作业节点中间结果文件存储的位置。作业节点接收到信息后，会通知某个空闲的任务节点到该位置处收集结果，所有中间结果会按 key 值进行哈希运算并取模，共分为 N 份，N 个规约节点各自负责一段 key 值区间的数据，并调用 reduce 函数，形成最终结果，并写入 HDFS。中间结果之所以写在本地磁盘而非 HDFS，是因为中间结果在任务完成后会被删除，存在 HDFS 上会产生额外的数据读写操作，造成集群系统性能的下降。

3.3.3　体系结构

MapReduce 体系结构主要由四部分组成，分别是：用户节点、作业节点、任务节点以及任务，[50] 如图 3.10 所示。

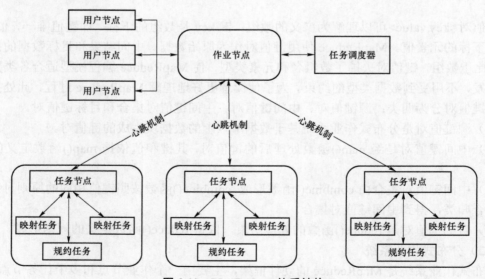

图 3.10　MapReduce 体系结构

（1）用户节点的任务具体为：

① 用户编写的 MapReduce 程序通过用户节点提交到作业节点。

② 用户可通过用户节点提供的一些接口查看作业运行状态。

（2）作业节点的任务具体为：

① 负责资源监控和作业调度。

② 监控所有任务节点与任务的存活状况，一旦发现任务失败或节点失效，就将相应的任务转移到其他节点上。

③ 跟踪任务的执行进度、资源使用量等信息，并将这些信息通知任务调度器（Task Scheduler）。调度器会寻找空闲资源并分配任务。

（3）任务节点的职责包括：

① 周期性地通过心跳机制将本部分点上资源的使用情况和任务的运行进度汇报给作业节点，同时接收作业节点发送过来的命令并执行相应的操作（如启动新任务、杀死任务等）。

② 使用"slot"等量划分本部分点资源（CPU、内存等）。一个任务只有当获取到一个 slot 后才有机会运行，而 Hadoop 调度器的作用就是将各个任务节点上的空闲 slot 分配给任务使用。

（4）任务分为映射任务和规约任务两种，分别对应映射节点和规约节点。

① 映射任务的执行过程如图 3.11 所示。映射节点先将对应的 split 迭代解析成一个键值对，依次调用用户自定义的 map()函数进行处理，最终将临时结果存放到本地磁盘上。其中，临时数据被分成若干个 partition，每个 partition 将被一个规约任务处理。

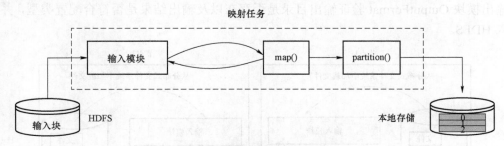

图 3.11　映射任务执行过程

② 规约任务的执行过程如图 3.12 所示。该过程分为三个阶段："混淆阶段"——从远程节点上读取映射任务的结果；"排序阶段"——按照 key 对键值对进行排序；"规约阶段"——规约节点依次读取<key,value list>，调用用户自定义的 reduce()函数处理，并将最终结果写入 HDFS。

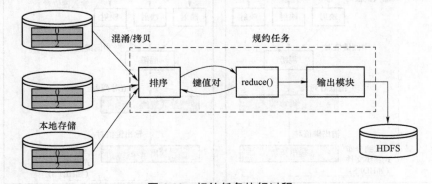

图 3.12　规约任务执行过程

3.3.4　工作流程

MapReduce 本质是对输入分片并交给不同的节点进行处理，最后合并。可以将 MapReduce 的处理过程分为五个阶段：输入→映射→混淆→规约→输出。图3.13简要地说明了 MapReduce 处理大数据的过程。

（一）输入阶段

（1）用户创建任务并提交给作业节点。

（2）输入模块 InputFormat 从分布式文件系统中加载文件并预处理，包括验证输入输出格式等，同时进行逻辑上的分片，切分为输入块 InputSplit。

（3）记录读取器 RecordReader（RR）对输入块进行处理，得到源键值对。

（二）映射阶段

将源键值对作为映射节点的输入，执行 map()函数，输出的中间键值对存在临时文件内。

（三）混淆阶段

混淆阶段对映射节点的输出进行排序分割，得到中间键值对集，并交给对应的规约节点。

（四）规约阶段

对混淆的结果进行处理，得到目标键值对。

（五）输出阶段

输出模块 OutputFormat 验证输出目录是否存在以及输出结果是否符合配置类型，并将结果写入 HDFS。

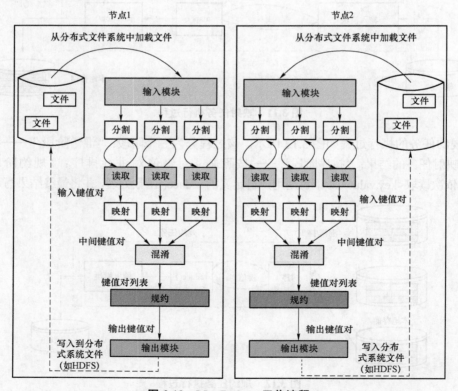

图 3.13　MapReduce 工作流程

在 MapReduce 流程中，为了让规约节点可以并行处理映射节点的结果，需要对映射节点的输出进行排序分割，再交付给对应的规约节点，这一排序分割过程即混淆，也是 MapReduce 工作流程的核心。事实上，混淆过程在映射任务和规约任务中均有出现，如图 3.14 所示。下面分别从映射任务和规约任务来详细说明混淆过程。

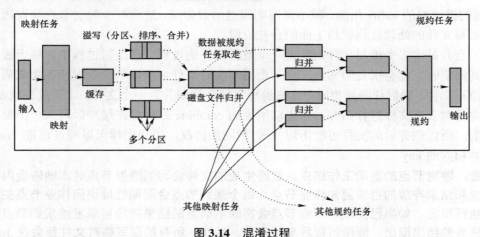

图 3.14　混淆过程

1. 映射任务的混淆过程

映射任务的混淆过程是对映射节点的结果进行划分、排序和溢写，并将属于同一个规约任务的输出合并，写入磁盘内。如图 3.15 所示，通常将映射任务的混淆划分为四个过程：输入、分区、溢写和合并。

（1）输入过程将源键值对输入映射节点，执行映射任务。但映射节点的输出并不是直接写到磁盘内，因为频繁的读写操作会导致性能严重下降。事实上，每个映射任务都有一个缓冲区，用于存储临时结果。由于多个映射节点的输出可能交付给同一个规约节点处理，所以需要知道两者的映射关系，下面的分区过程则确定了映射关系。

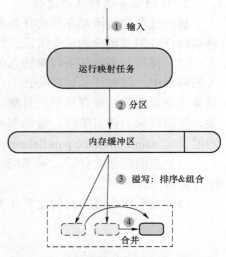

图 3.15　映射任务的混淆过程

（2）分区是指映射任务输出键值对后，将结果分配给指定的规约节点的过程。MapReduce 提供了分区接口，该接口可以根据 key、value 以及规约节点的数量来决定当前键值对应交给哪个规约节点进行处理。默认的规则：先对 key 进行哈希运算，再对规约节点的数量取模，即 hash（key）mod R，R 为规约节点的数量。用户也可以自行定义分区的规则。执行以上操作后，将输出写入缓冲区。由于缓冲区大小有限，可能出现缓存溢出现象，处理缓存溢出的过程就是下面的溢写阶段。

（3）溢写是将缓冲区的内容写入临时文件的过程。缓冲区大小默认为 100 MB，而映射任务的输出结果很可能大于 100 MB，所以需要在一定条件下，将缓冲区的内容写入临时文件中，这一过程称为"溢写"。溢写由单独线程执行，不会影响 Mapper 将结果写入缓冲区。

在溢写的过程中，映射任务仍然向缓冲区写入数据，所以缓冲区应有一个溢写阈值，默认为0.8，即缓冲区数据大小超过 100 MB × 0.8＝80 MB 时，开始执行溢写。溢写线程启动后，为提高后续过程的效率，需要对这 80 MB 空间的数据进行排序（Sort），默认排序规则为 key的升序。另外，为减少映射节点向规约节点传输的数据量，用户可以设定 combine()函数，将key 相同的键值对的 value 相加，减小溢写到磁盘的数据量，进而减少映射节点端发送的数据量。对溢写文件的处理过程就是下面的合并阶段。

（4）合并是将多个溢写文件归并为一个数据文件的过程。在溢写过程中，每当缓冲区数据量达到阈值时，都会引发溢写，产生一个溢写临时文件，所以一个映射任务完成后可能生成多个溢写文件。映射任务结束时，这些溢写文件会被归并为一个文件，这个过程就是合并。由于合并是对多个文件进行归并，而先前所说的 combine 过程是在缓冲区写入一个溢写文件时执行的，所以归并后的文件可能出现 key 相同的情况，用户同样可以通过设置 combine()函数合并相同的 key。

至此，映射节点的混淆工作结束，最终生成的文件会写到映射节点的本地磁盘内，并将任务完成和结果存放的目录通知作业节点。每个规约节点会周期性地询问作业节点关于映射任务的执行情况，如果已完成，作业节点会将映射节点的结果存放目录发给规约节点，后者将映射任务的结果取出，混淆过程后半段启动。另外，所有的溢写临时文件都会在 Job 结束时删除。

2. 规约任务端的混淆过程

规约任务的混淆是在规约任务执行之前，不断地从各个映射节点读取结果的过程。通常将规约任务的混淆分为三个阶段：拷贝、合并和输入，如图 3.16 所示。

（1）拷贝是规约任务收集输入的过程。规约任务的输入数据分布在集群内的多个映射任务的输出中，映射任务可能会在不同的时间内完成。规约节点通过问询作业节点来获取映射任务的完成情况和保存结果的目录。当某一个映射任务完成时，规约节点到该路径下拷贝结果，该阶段称为拷贝阶段。规约节点拥有多个拷贝线程，可以并行地获取映射节点的输出。通过设定 mapred.reduce.parallel.copies 可以改变线程数。

（2）获取结果文件后，对不同映射任务的输出文件再执行合并操作，归并为一个文件，即合并阶段。

（3）最后将合并得到的文件作为规约任务的输入文件，即输入阶段。

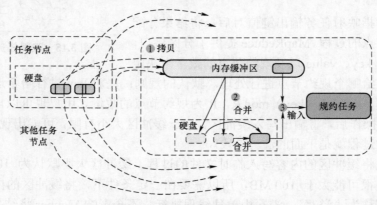

图 3.16　规约任务的混淆过程

3.3.5　容错机制

在分布式编程中，分布式作业系统会不可避免地出现一些错误。通常，根据发生的位置不同将错误分为如下四类：任务错误、任务节点错误、作业节点错误和 HDFS 错误。[51]MapReduce 计算框架提供了较为完善的容错机制，下面分别介绍各类错误及对应容错机制。

（一）任务错误

任务错误是最常见的一种错误。任务错误的原因通常有：代码质量低、数据损坏、节点故障等。通常，如果任务节点检测到一个错误，任务节点将在下一次心跳时向作业节点报告该错误。作业节点收到报告的错误后，将会判断是否需要进行重试，如果是，则重新调度该任务，默认的重试次数为 4 次，可以通过 mapred-site.xml 进行配置。

如果同一个作业的多个任务在同一个任务节点反复失败，那么作业节点会将该任务节点放到作业级别的黑名单，从而避免将该作业的其他任务分配到该任务节点上。若多个作业的多个任务在同一个任务节点反复失败，那么作业节点会将该任务节点放到一个全局的黑名单24 小时，从而避免将任务分配到该任务节点上。

（二）任务节点错误

当任务节点进程崩溃或者任务节点进程所在节点故障时，任务节点将不再向作业节点发送心跳信息。作业节点将会认为该任务节点失效并且在该任务节点运行过的任务都会被认为失败，这些任务将会被重新调度到其他的任务节点执行。从用户的角度上，因任务节点出错而重新分配任务只会导致作业执行时间长，并不会提示错误或出现崩溃现象。

（三）作业节点错误

根据 MapReduce 体系结构和分布式作业系统结构，作业节点负责所有任务和作业的调度和监控。因此作业节点出错是非常严重的情况。当作业节点出错时，所有正在运行的作业的状态信息会全部丢失。为了保证任务完成的可靠性，即使作业节点在很短时间内恢复正常，当前所有作业也都会被标记为失败，需要重新执行。

（四）HDFS 错误

MapReduce 依赖于底层的 HDFS 进行文件读写。如果 HDFS 出错，则可能出现数据读写异常，导致任务和作业失败。当 DataNode 出错时，MapReduce 会从其他 DataNode 上读取所需数据。通常，每个 DataNode 内的数据都会在其他 DataNode 内进行备份，因此只有相关的DataNode 同时损坏时，才会出现读写异常。如果 NameNode 出错，任务将在下一次访问NameNode 时报错。MapReduce 计算框架会尝试访问 4 次（默认的最大尝试执行次数为 4），若访问均失败即认为 NameNode 处于故障状态，作业执行失败。

3.3.6　编程实例

本部分通过编程实例 WordCount，对比各类编程思路，最后列出代码并分析，以便读者更好地理解 MapReduce 和分布式并行编程。[52]

为统计过去 10 年内计算机论文中出现次数最多的单词，通常有如下 4 种方法：

方法一：按顺序遍历所有论文，统计每一个单词的个数。这种方式适用于小规模数据，高效且易实现，但不适用于数据量大的问题。

方法二：使用多线程程序，并发遍历论文。该方法适用于多核或多处理器的机器，高效但难度大，需要自行同步共享数据以免两个线程重复统计文件。

方法三：把任务交给多个计算机完成，使用方法一的程序，将论文分配到多台计算机上进行遍历。这种方式效率最高但难度最大，需要人工分配数据，并将结果整合。

方法四：使用 MapReduce 框架。本质上是方法三，但该方法会自行分发数据和整合数据，用户只需制定分配规则即可，具体任务由 MapReduce 完成。

对比 4 种方法，显然方法四高效且易实现，下面说明 WordCount 设计思路：首先将文件内容切割为单词，然后将相同的单词组合在一起，最后统计次数。针对 MapReduce 模型，每个拿到数据的节点需要将数据切分，即通过映射阶段完成单词切分任务。为提高效率，相同单词的频数计算也可以并行化处理，即相同的单词交给同一台机器进行统计，所以由规约阶段统计频数。中间的单词分组过程由混淆完成。在键值对的设计上，使用 word 作为键，频数作为值。

（一）代码实现

```
public class WordCount
{
    public static class TokenizerMapper extends Mapper<Object, Text, Text,
    IntWritable>
    {
    private final static IntWritable one = new IntWritable(1);
    private Text word = new Text();
    public void map(Object key, Text value, Context context ) throws
IOException,, InterruptedException
        {
            StringTokenizer itr = new StringTokenizer(value.toString());
            while (itr.hasMoreTokens())
            {
                word.set(itr.nextToken());
                context.write(word, one);
            }
        }
    }
        public static class IntSumReducer extends Reducer<Text, IntWritable,
    Text,
IntWritable>
        {
    private IntWritable result = new IntWritable();
```

```
        public void reduce(Text key, Iterable<IntWritable> values,Context
    context)
throws IOException, InterruptedException
        {
            int sum = 0;
            for (IntWritable val : values)
            {
                sum += val.get();
            }
            result.set(sum);
            context.write(key, result);
        }
    }
    public static void main(String[] args) throws Exception
    {
        Configuration conf = new Configuration();
        String[] otherArgs = new GenericOptionsParser(conf, args).
    getRemainingArgs();
        if (otherArgs.length != 2)
        {
            System.err.println("Usage: wordcount <in> <out>");
            System.exit(2);
        }
        Job job = new Job(conf, "word count");
        job.setJarByClass(WordCount.class);
        job.setMapperClass(TokenizerMapper.class);
        job.setCombinerClass(IntSumReducer.class);
        job.setReducerClass(IntSumReducer.class);
        job.setOutputKeyClass(Text.class);
        job.setOutputValueClass(IntWritable.class);
        FileInputFormat.addInputPath(job, new Path(otherArgs[0]));
        FileOutputFormat.setOutputPath(job, new Path(otherArgs[1]));
        System.exit(job.waitForCompletion(true) ? 0 : 1);
    }
}
```

（二）代码分析

首先形成源键值对<key,value>，其中，key 为文档的行号，value 为内容，将源键值对作为 map 的输入，得到中间键值对，如图 3.17 所示。

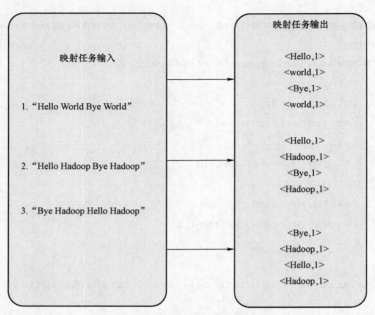

图 3.17 映射过程示意图

对中间键值对执行混淆操作，得到中间键值对集<"Hello",[1,1,1]>，<"World",[1,1]>等，并执行 Reduce 操作，得到最终结果<"Bye",3>，<"Hello",3>等，如图 3.18 所示。

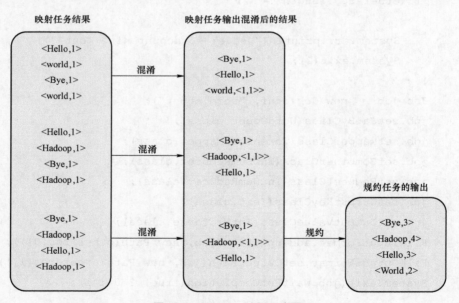

图 3.18 Reduce 过程示意图

最后对上述过程进行总结：

（1）MapReduce 将输入分割为 M 份 Job。

（2）Master 将每份 Job 交给一个空闲状态的映射节点。

（3）对每个源键值对执行映射操作，将得到的中间键值对写入本地磁盘，同时将文件信息传给 Master。

（4）R 个规约节点分别从不同的映射节点的分区中取得数据，并用 key 进行排序，对每一个唯一的 key 执行规约操作。

（5）执行完毕，返回结果。

3.3.7　典型案例

静态批处理凭借其出色的数据处理能力，已经成为各类数据分析平台的核心组成部分。本部分以电信运营商为例，说明静态批处理计算模式在大数据分析系统中的应用。

电信运营商作为数据管道，在运营服务中积累了大量数据，包括运营数据、电信基础设施数据及其衍生的预算、财务等各类数据。通过对这些数据资源的挖掘，可以帮助运营商提高运营效率，降低运营成本，寻找更多的业务机会。上海某电信公司的大数据分析架构如图 3.19 所示：[53]

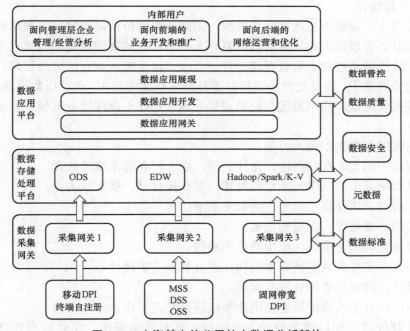

图 3.19　上海某电信公司的大数据分析架构

该架构主要由 4 个模块组成：数据采集网关、数据存储处理平台、数据应用平台以及数据管控平台。数据采集网关主要负责数据的采集、清洗和安全传输等，采用分布式前置部署。数据存储处理平台负责数据的整合、关联和发送，如移动 DPI 和固网宽带 DPI 等。数据应用平台负责封装数据，并提供统一的数据接口。数据管控平台负责管控各个子系统，如数据质量审核、数据安全校验等，以保证数据运营的稳定和高效。

在上述系统架构中，主要采用了静态批处理计算模式，即先由数据采集网关进行数据采集和整合，再由数据存储处理平台进行统一的分析和处理。其中，数据存储处理平台基于 Hadoop 平台搭建而成，其硬件配置包括：1 台日志采集服务器、2 台 AAARadius 采集服务器、4 台固网 HTTPGet 前置采集服务器、4 台固网双向 DPI 前置采集服务器、11 台固网双向 DPI

清洗服务器、11 台固网 HTTPGet 清洗服务器、93 台 Hadoop 数据节点服务器和 2 台 Hadoop 控制节点服务器。基于上述系统，数据采集频率可维持在 5 min/次，采集速度约为 50 万条/s。在数据汇总期间，每次汇总需 4 h，汇总速度为 222 万条/s，每日处理数据量约为 2 TB。

由于上述应用场景中不存在实时性业务，因此静态批处理计算模式可以满足上述案例的数据处理需求。但随着数据量不断增多，业务范围的拓展，实时性需求的出现已成为大势所趋，MapReduce 已无法满足新的业务需求。实时流计算 Storm 凭借其出色的实时流计算能力逐渐受到关注，成为实时业务中的主流计算模式。

3.4　实时流计算 Storm

3.4.1　基础知识

（一）流计算简介

在实时应用中，业务不断地产生新数据，因此数据的价值随着时间的推移而降低，需要对数据进行实时处理以最大化发挥数据价值，上一节所述的离线批处理模式已不能满足实时处理的需求。流计算通过对大量数据流进行分析，可以实时获取有价值的信息。

流计算的特点在于，需要处理的数据并不是预先存在内存中，而是以数据流的形式到达，即得到一些数据就处理，而不是缓存起来成批处理。相比于离线批处理模型，流计算模型有如下特点：[54]

（1）数据流的潜在大小是无穷的。

（2）数据流中的元素在线到达、在线处理，而非缓存起来成批处理。

（3）一旦数据流中的某个元素经过处理，要么被存储，要么被丢弃。

基于以上特点，流计算系统应达到如下要求：

（1）高性能：能处理大批量的数据。

（2）实时性：处理速度快，至少应达到秒级。

（3）分布式：支持大数据的基本架构，并且有一定扩展性。

（4）可靠性：能够可靠地处理数据流。

（5）易用性：开发人员能迅速使用此系统进行开发工作。

对于流计算处理流程，通常分为 3 个阶段：实时数据采集、实时数据计算、实时数据查询。

（二）Storm 基本概念

Storm 是 Twitter 于 2011 年开发的开源流计算框架，使用 Clojure 和 Java 开发，可以简单、高效地处理数据流，同时，Twitter 使用分层数据处理架构，分别组成了批处理系统和实时处理系统，如图 3.20 所示。

在分层处理架构中，Twitter 使用 Storm 和 Cassandra（一种混合型非关系数据库）组成实时处理系统，使用 Hadoop 和 Elephant 组成批处理系统，将实时系统的处理结果交付批处理系统进行修正，提高了实时处理系统的可靠性。

Storm 框架有如下特点：

（1）编程模型简单：Storm 提供了多种 API，降低了实时处理的复杂度。

图 3.20　Storm 数据处理架构

（2）支持多种语言：默认支持 Clojure、Java、Python 和 Ruby，通过实现一个 Storm 通信协议也可以支持其他语言。

（3）容错性高：Storm 可以自动管理工作进程和节点故障。

（4）可靠性强：Storm 可以保证每条消息的完整处理。

（5）扩展性强：Storm 在多个线程和服务器之间并行计算，使其可以运行在分布式集群中。

（6）快速部署：Storm 安装和配置简单，易于部署和使用。

基于以上特点，Storm 应用场景主要有以下三类：

（1）信息流处理：Storm 可以用于实时分析和处理数据。

（2）连续计算：Storm 可以进行连续的查询，并将结果实时反馈给客户。

（3）分布式远程过程调用：Storm 可以用来并行处理密集查询。

3.4.2　编程模型

Storm 对一些概念进行了抽象化，下面通过对元组 Tuple、消息流 Stream、消息源 Spout、处理器 Bolt、流分组 Stream Grouping、任务 Task 和策略 Topology 的说明来描述 Storm 编程模型。[55]

（一）元组

元组是 Storm 框架里的基本数据格式，用于包装实际数据，是 Storm 消息传递的基本单元。元组可以理解为已命名元素的有序列表，元素的类型是任意的，兼容整数、字节、字符串、浮点数等类型。也可以将元组理解为 MapReduce 中的键值对，其中键指的是元组的名称，值指的是元组的元素。

（二）消息流

消息流是 Storm 中的核心抽象，代表实时产生的数据流，是一个无界的元组序列。这些元组会以分布式的方式并行地创建和处理，如图 3.21 所示。

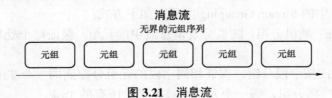

图 3.21　消息流

（三）消息源

消息源是 Storm 中数据流的来源，通常消息源从外部数据源（如消息队列、数据库等）中读取流数据并封装成元组形式，发到消息流中。消息源提供一个接口 nextTuple，Storm 框架会不停地调用该函数读取流数据。另外，消息源传输模式分为可靠传输和不可靠传输，可靠传输模式调用 Ack 或 Fail 函数来告知用户传输的有效性，不可靠传输没有差错控制机制，如图 3.22 所示。

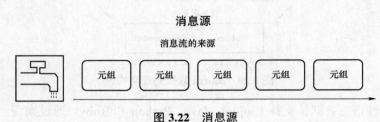

图 3.22　消息源

（四）处理器

如图 3.23 所示，Bolt 是消息流的处理器，其职责包括函数处理、过滤、流合并、本地存储等。一个处理器可以接收并处理任意数量的消息流，也可以输出任意数量的消息流。通常把一个数据处理任务拆分为多个处理器，每个处理器执行一部分数据处理任务。同时，多个处理器并行执行，可以提高 Storm 框架的处理能力和效率，也可以提升流水线的并发度。在声明一个处理器时，需要指定该处理器订阅了哪些特定的输出流，这样该处理器才能接收这些数据流并处理。处理器中最重要的接口是 execute 方法，该方法指定了处理逻辑，由用户编写。处理器在接收到消息后会调用此函数，执行用户自定义的处理逻辑。

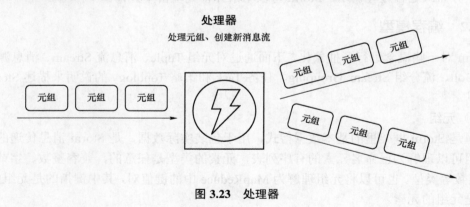

图 3.23　处理器

（五）流分组

流分组 Stream Grouping 指定了如何在两个组件之间（如消息源和处理器之间，或者不同的处理器之间）进行元组的传送，近似计算机网络中的路由功能，即决定了任务的处理路线（见图 3.24）。Storm 中的 Stream Grouping 主要有如下方式：

Shuffle Grouping：随机分组，随机分发消息流中的元组，保证每个处理器的 Task 接收元组数量大致一致。

Fields Grouping：按字段分组，保证相同字段的元组分配到同一个 Task 中。

All Grouping：广播分组，每一个元组会被发送给所有的 Task。

Global Grouping：全局分组，所有的元组都发送到同一个 Task 中。

Non Grouping：不分组，类似 Shuffle Grouping，当前 Task 的执行会和它的被订阅者在同一个线程中执行。

Direct Grouping：直接分组，直接指定由某个 Task 来执行元组的处理。

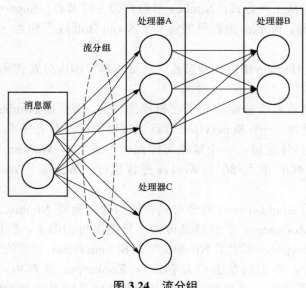

图 3.24　流分组

（六）Task

Task 是 Storm 框架中的执行单元。每个消息源和处理器会将任务分解为多个 Task，在集群上并行运行，每个任务对应一个执行线程。可以调用 TopologyBuilder 的 setSpout 和 setBolt 函数设置每个消息源和处理器的并发数。

（七）策略

Storm 将消息源到处理器所组成的网络结构抽象为策略 Topology。事实上，策略是一个 Storm 任务的处理逻辑。Storm 任务类似于 MapReduce 的 Job，不同点在于 Job 最终会结束，而 Storm 任务会一直运行，直至被杀死。通常用一个有向环图来描述策略，该有向环图描述了一个流分组 Stream Grouping 把 Spout 和处理器连接到一起形成的拓扑结构。在有向环图中，组件之间的连线表示数据流动的方向，各组件之间并行运行，如图 3.25 所示。

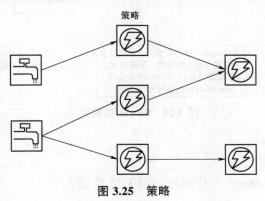

图 3.25　策略

对于用户而言，只需在策略中定义流计算任务的整体逻辑，再提交到 Storm 中执行即可。

3.4.3 体系结构

Storm 集群采用主从工作方式，Nimbus 节点作为主控节点，Supervisor 节点作为工作节点，Worker 为工作进程，Worker 进程里的每一个 Spout/Bolt 线程称为一个 Task。集群架构如图 3.26 所示。

Nimbus 节点类似 Hadoop 中的作业节点，负责集群范围内分发代码，为工作节点分配任务并监测故障。

Supervisor 节点负责监听分配给它所在机器的任务，即根据 Nimbus 分配的任务来决定启动和停止 Worker 进程。一个 Supervisor 节点上可以同时运行若干个 Worker 进程。Worker 进程运行处理数据的具体逻辑，一个策略可能在一个或多个 Worker 里面执行。例如，如果策略并行度设置为 400，使用 80 个 Worker 进程执行，那么每个 Worker 进程会处理 5 个 Task。

另外，Storm 使用 Zookeeper 作为分布式协调组件，负责 Nimbus 和多个 Supervisor 之间的所有协调工作。Zookeeper 不做消息传输，只提供协调服务，同时存储拓扑状态和统计数据。借助于 Zookeeper，实现了 Nimbus 节点和 Supervisor 节点的通信分离，即两节点间不直接通信。同时，节点的状态信息存放在 Zookeeper 集群内，当 Nimbus 进程或 Supervisor 进程意外终止时，可以通过集群内的状态信息恢复之前的状态并继续工作，这就提升了 Storm 的稳定性。

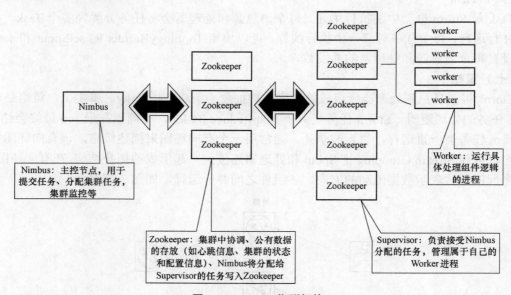

图 3.26　Storm 集群架构

3.4.4 工作流程

基于以上架构设计，Storm 工作流程如图 3.27 所示。

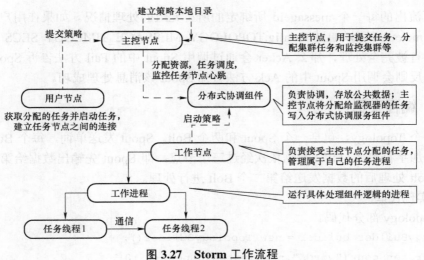

图 3.27　Storm 工作流程

首先，用户定义执行逻辑策略，由 Storm 客户端节点提交到主控节点中执行。

其次，主控节点创建策略本地目录并接收策略，同时将其分为多个任务节点，并将任务节点和对应的工作节点的信息写到分布式集群组件中。

最后，工作节点从分布式集群组件集群中认领自己的任务节点，并通知自己的工作进程执行任务线程。同时，主控节点持续监控集群和各个任务的运行状态。

3.4.5　容错机制

Storm 的容错机制包括架构容错和数据容错。[56]

（一）架构容错

Nimbus 和 Supervisor 进程被设计为快速失败（Fast Fail），即遇到异常情况进程就会结束。由于状态信息存在 Zookeeper 上或磁盘上，因此节点的异常不会损坏状态信息，节点可以快速恢复到过去的运行状态。另外，与 Hadoop 不同，Storm 中 Worker 进程不会因为 Nimbus 或 Supervisor 结束而受到影响，而 Hadoop 中的作业节点结束会导致所有任务强制结束。

当 Nimbus 进程因异常结束时，如果 Nimbus 是处在进程监管模式下，则进程会被重启，不会产生任何影响。否则，正在运行的 Worker 会继续工作，但 Supervisor 会因为无法与 Nimbus 通信而一直重启当前的 Worker。也就是说，当 Nimbus 出现异常时，当前的 Topology 可以正常运行，但不能提交新的 Topology。

当 Supervisor 进程因异常结束时，同样，如果 Supervisor 处在进程监管模式下，进程重启且不会产生影响。否则，分配到这一节点的 Task 都会超时，Nimbus 会把这些 Task 重新分配到其他节点。

当 Worker 进程因异常结束时，对应的 Supervisor 会重启 Worker 进程。如果多次重启失败，该 Worker 将无法与 Nimbus 保持联系，超时后 Nimbus 会将 Worker 重新分配到其他节点上执行。

（二）数据容错

Storm 中的每一个 Topology 中都包含有一个 Acker 组件。该组件的任务是跟踪从某个 Task

中的 Spout 流出的每一个 messageId 所绑定的所有元组的处理情况。如果在用户设置的最大超时时间 timetout（可以通过 Config.TOPOLOGY_MESSAGE_TIMEOUT_SECS 来指定）内这些元组没有被完全处理，那么 Acker 会通过调用 Spout 中的 Fail 方法告诉 Spout 该消息处理失败，相反则会调用 Spout 中的 Ack 方法告知 Spout 该消息处理成功。

3.4.6　编程实例

实现一个 Topology，包括一个 Spout 和两个 Bolt。Spout 发送单词，每个 Bolt 在输入数据的尾部追加字符串"!!!"。数据依次经过三个节点，即 Spout 先输出数据给第一个 Bolt，经过这个 Bolt 处理后的数据发送给第二个 Bolt 进行处理。

（一）实现代码

（1）Topology 部分代码：

```
TopologyBuilder builder = new TopologyBuilder();
builder.setSpout("words",new TestWordSpout(),10);
builder.setBolt("exclaim1",new ExclamationBolt().shuffleGrouping("words"));
builder.setBolt("exclaim2",new ExclamationBolt().shuffleGrouping("exclaim1"));
```

（2）Spout 部分代码：

```
public void nextTuple(){
Utils.sleep(100);
final String[]words = new String[]{"nathan","mike","jackson","golda","bertels"
};
```

（3）Bolt 部分代码：

```
    public static class ExclamationBolt implements IRichBolt {
    OutputCollector _collector;
    public void prepare(Map conf, TopologyContext context, OutputCollector
collector) {
        _collector = collector;
    }
    public void execute(Tuple tuple) {
        _collector.emit(tuple, new Values(tuple.getString(0) + "!!!"));
        _collector.ack(tuple);
    }
    public void cleanup() {}
    public void declareOutputFields(OutputFieldsDeclarer declarer) {
        declarer.declare(new Fields("word"));
    }
    }
```

最终运行结果为：{"Nathan!!!","mike!!!","jackson!!!","golda!!!", "bertels!!!"}。

（二）代码解析

（1）Topology 部分：

首先创建一个 Topology，然后设置 Spout，输出为 words。最后分别设置两个 Bolt，指定 Bolt 订阅的数据流和输出结果，第一个 Bolt 订阅的数据流为 words，输出为 exclaim1，第二个 Bolt 订阅的数据流为 exclaim1，输出结果为 exclaim2。

（2）Spout 部分：

定义数据流的内容，这里指定数据流为一个字符串数组：{"nathan","mike","jackson", "golda","bertels"}。

（3）Bolt 部分：

Bolt 中定义了一个 ExclamationBolt，该类实现了 Storm 框架中的 IRichBolt 接口。在 ExclamationBolt 类中，需要用户实现四个方法：prepare、execute、cleanup 以及 declareOutputFields。其中，execute 方法指定了 Bolt 对数据的具体处理逻辑，本例中对数据流的每一个元组后添加了 "！！！"，并利用 ack 方法保证了数据的可靠传输。

3.4.7　典型案例

美团作为著名的消费平台，旗下有许多大流量订单业务，如外卖、旅游、电影以及广告平台的业务。综合处理如此多的业务需要一套可以处理高并发、大流量的大数据平台。本部分以美团大数据分析架构为例，说明实时流计算 Storm 在大数据分析业务中的应用。[57]

以美团外卖和订餐业务举例，在用餐高峰期整体数据流巨大，对平台的数据处理能力和硬件负载要求较高。同时，为综合管理旗下多种平台，需要搭建一套多接口的日志收集平台。业务的特性决定了美团的大数据平台需要对高平发、综合数据收集具有很强的兼容性和能力。因此在搭建上基于应用考量，美团大数据平台的功能主要有以下三个方面：

（1）数据的流式计算。

（2）多业务日志收集，以供后续数据挖掘和分析。

（3）对线上业务收集的数据进行进一步的数据分析和挖掘，用于反馈和推荐新的业务。

在系统架构上，美团大数据分析架构如图 3.28 所示。

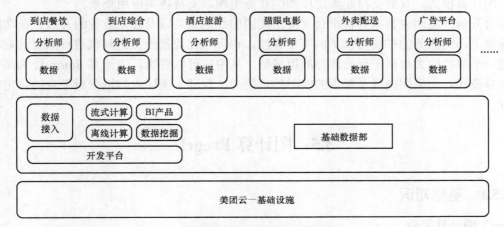

图 3.28　美团大数据分析架构

整体架构建立在美团云基础上,对多业务进行统筹分析。收集流量数据后,数据流进入开发平台,首先经过流式计算,随后进行离线计算。在数据收集部分,美团支持了多种数据格式,业务峰值时期每秒可接收百万级别的数据。

在计算模式上,美团采用流计算和离线计算相结合的模式。其数据处理架构如图 3.29 所示。

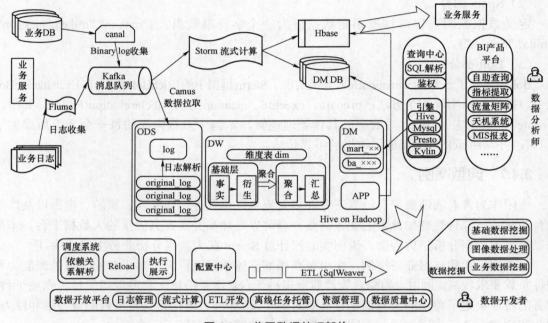

图 3.29　美团数据处理架构

数据以数据流形式到达,首先经过实时计算,随后 Hadoop 离线计算。美团将数据分成两个场景,一部分是追加型的日志数据,另一部分是关系型数据,来自业务收集。首先把线上业务数据存入业务数据库。之后流式数据进入 Kafka 队列进行处理。这种流处理与批处理相结合的计算模式,有效支撑起美团广阔的业务范围,支持各类应用场景。

综合分析,美团大数据分析平台支持了美团的线上业务以及独立业务的开展。在功能完备的基础上,为业务的扩展提供了向下兼容性,也可以在数据为王的时代进行深度的数据挖掘,是一个成功的大数据平台设计与应用案例。从中也可以看出,流计算 Storm 作为高效的实时计算模式,为美团提供了强大的实时处理能力,保证了美团大数据分析平台的稳定和高效运行。

3.5　图计算 Pregel

3.5.1　基础知识

(一) 图计算简介

图计算是针对图结构数据的计算模式。图结构能够有效表达数据之间的关联性,所以许多大数据都是以大规模图或网络的形式呈现，如社交网络、交通路网等。这些图数据规模较大，常常达到数十亿的顶点和上万亿的边数。由于数据规模大且数据关系复杂，传统的图计算算法暴露出了一些问题：

（1）内存访问局部性差。

（2）针对单个顶点的处理工作少。

（3）计算过程中经常改变计算的并行度。

针对以上三个问题，研究人员提出了一些方案，但仍存在不足：

（1）为每个特定的图制定特定的实现方案，缺点是通用性不好。

（2）在现有的分布式计算平台上进行图计算，缺点是性能低且易用性较差。比如使用分布式批处理系统 MapReduce 实现图算法会大幅增加计算时间和复杂度。

（3）使用单机图算法库，缺点是局限性较大，对图的规模有限制。

（4）使用现有的并行图计算系统，如 BGL、LEAD 和 Stanford GraphBase，缺点是容错性能较差。

由于传统的图计算方案无法适应大规模的数据和复杂的数据关系，研究人员设计了一些适用于大数据的图计算软件，如基于遍历算法的 Infinite Graph、DEX 和 OrientDB 等，以及基于消息传递批处理的 Pregel、Hama 和 Giraph 等。[58]

（二）Pregel 基本概念

Pregel 是 Google 公司开发的基于 BSP 的并行图处理系统，主要用于图遍历、最短路径选取、PageRank 计算等。BSP 即 Bulk Synchronous Parallel Computing Model，是一个整体同步并行计算模型，由大量相互连接的处理器组成。一次 BSP 计算由一系列全局超步组成，超步就是计算的迭代，可以将一次 BSP 计算理解为多次迭代的过程。通常，一个超步包含局部计算、消息传递和栅栏同步三个阶段，如图 3.30 所示。

（1）局部计算：每个处理器读取本地内存的数据，并执行各自的任务，不同处理器之间的计算任务异步且独立。

（2）消息传递：每个处理器计算完毕后，与相关的处理器进行数据交换。

（3）栅栏同步：由于处理任务和速度不

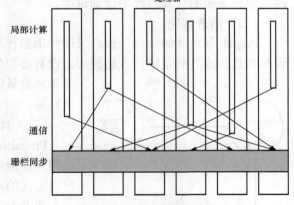

图 3.30　超步的垂直结构

同，因此各个处理器完成任务的时间有所差异，每次超步结束都需要对各个处理器进行同步。BSP 通过设置同步栅栏，每个处理器完成计算任务后都会被挂起，直至所有处理器都完成计算任务，确保所有并行计算都完成再执行下一个超步，实现处理器同步。每一次同步标志着一个超步的结束，也标志着下一个超步的开始。

3.5.2　编程模型

下面分别通过顶点、消息传递和计算过程三个方面说明 Pregel 编程模型。[59]

（一）顶点

传统图计算模型的问题之一是针对顶点的处理较少，Pregel 计算模型在这一点做出了改变，它以顶点为中心，增大了对节点的处理。Pregel 以有向图作为输入，有向图的每个顶点包含两部分，分别是一个 String 类的 ID 和一个任意类型的数据。其中，ID 是该顶点的唯一标识，数据是一个可修改的用户自定义的值，参与节点运算。每条边包含三部分，分别是源顶点 ID、目标顶点 ID 和用户自定义的数据。即每条有向边都与源顶点关联，同时记录目标顶点的 ID，并且边上有一个可修改的用户自定义的值，如图 3.31 所示。

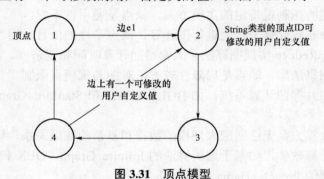

图 3.31 顶点模型

每个超步内，图中所有顶点都会接收上一个超步发来的信息，同时并行执行相同的用户自定义函数 Compute()，该函数应指明如何处理上一个超步的消息、如何修改自身数值及出射边的状态，并发送消息给其他顶点。最后，该函数要指出本顶点的状态修改。关于状态修改，将在下面的计算过程中详细说明。

（二）消息传递

Pregel 顶点间的信息交换，采用纯消息传递模型，而不是远程数据读取或共享内存。原因是消息传递具有足够的表达能力，没有必要使用远程读取或共享内存的方式。同时，采用异步和批量的方式传递消息，可以减少延迟现象，提升系统性能，如图 3.32 所示。

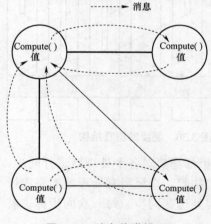

图 3.32 消息传递模型

（三）计算过程

Pregel 是基于 BSP 的图处理系统，因此 Pregel 的计算过程同样由多次超步组成。每个超步中，顶点都会执行用户自定义的函数，各个顶点并行执行，互不干扰。

在 Pregel 计算过程中，算法是否结束与顶点的状态有关。每个顶点有 active 和 halt 两种状态。active 表示该顶点处于活跃状态，即下一个超步中仍有计算要执行，halt 表示该顶点处于非活跃状态，即不参与下一个超步的计算。顶点初始状态为 active，当所有顶点都处于 halt 状态时，算法结束。对于处在 halt 状态的顶点，Pregel 虽然不会再执行该顶点的函数，但该顶点仍可以接收消息并被唤醒。用户在自定义函数中要指出在何种情况下顶点进行状态转换，如图 3.33 所示。

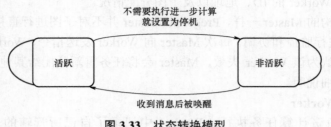

图 3.33　状态转换模型

3.5.3　体系结构

Pregel 同样采用主从结构。一个图计算任务会被分解为多个子任务，置于多台机器上并行执行，其中，一台机器作为中心节点 Master，其余机器作为子节点 Worker。同时为了便于管理任务，Pregel 提供了一个名称服务系统，并对每个任务进行标识。[60]

（一）名称服务系统

名称服务系统为每个任务赋予一个与物理位置无关的逻辑名称，从而对每个任务进行有效标识。建立 Worker 和中心节点之间的联系。

（二）中心节点 Master

由于 Pregel 所处理的图数据量大，复杂度高，所以要对图进行分区，即将图划分为多个子图，这一工作由中心节点完成。Master 按照顶点的 ID 决定该顶点被分配到哪个子图，默认规则为 hash（ID）mod N。其中，N 为子图总数，ID 为顶点标识符，用户也可根据需要自行定义分区规则，如图 3.34 所示。

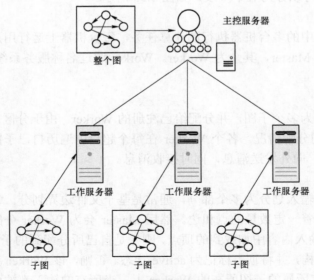

图 3.34　图的分区模型

此外，Master 还负责用户输入划分、任务分配以及 Worker 工作状态监控。为方便 Master 管理，每一个 Worker 都需要到 Master 进行注册并获取 ID。Master 内部维护着一个 Worker

列表，包含着各个 Worker 的 ID、地址以及子图分配情况。

同众多主从结构的 Master 一样，Pregel 的 Master 并不对子图进行直接处理，而是通过心跳机制对 Worker 进行监控和协调。每次 Master 向 Worker 发送指令，Worker 都需要在规定时间内响应，超时则认为该 Worker 失效，Master 会将任务重新分配给其他 Worker，具体步骤会在容错机制中详细说明。

（三）子节点 Worker

Worker 主要负责计算任务执行。Worker 中记录了自己所管辖的子图的状态信息，包括顶点的当前值、顶点的出射边列表、消息队列和标志位等。其中，由于当前超步处理消息的同时，顶点也在接收其他顶点发来的消息，因此每个顶点维护两个消息队列，分别存储上一个超步收到的信息和当前超步收到的信息，前者用于当前超步的消息处理，后者交付给下一个超步处理。事实上，如果当前超步接收到了其他顶点发来的消息，说明在下一超步有消息需要处理，即在下一超步中该顶点处于 active 状态，否则置为 halt 状态。

Worker 借助名称服务系统定位到 Master 的位置，Master 会为其分配一个 ID，并为每个 Worker 分配一个子图。每个超步中，Worker 会遍历自己所管辖子图中的每个顶点，并调用各个顶点的 Compute()函数。当 Compute()函数请求发送消息到其他顶点时，Worker 首先确认目标顶点的位置，如果属于当前自己管辖的子图，Worker 会把消息直接写入目标顶点的输入消息队列中；如果是在远程的 Worker 上，Worker 会先将消息写入缓存，当缓存达到阈值时，将消息发送至目标顶点。

3.5.4 工作流程

Pregel 工作流程可以分为五个阶段，如图 3.35 所示。

（一）第一阶段

指定服务器集群中的多台机器执行图计算任务，每台机器上运行用户程序的一个副本，并选择一个机器作为 Master，其余为 Worker。Worker 通过名称服务系统定位 Master 的位置并发送注册信息。

（二）第二阶段

Master 将图划分为多个子图，并分配给已注册的 Worker。由于分区规则相同，因此各个 Worker 都知道子图的分配情况。各个 Worker 在每个超步内遍历自己子图的顶点，并执行顶点的 Compute()函数，向外发送消息，同时接收消息。

（三）第三阶段

Master 会把用户输入划分为多个部分，通常是基于文件边界划分。每一部分包含多条记录，每条记录上包含着一定数量的点和边。然后 Master 会为 Worker 分配用户的输入信息。如果一个 Worker 从输入内容中加载到的顶点，刚好是自己所分配到的子图中的顶点，就会立即更新相应的数据结构，并将顶点标记为 active 状态。否则，该 Worker 会根据加载到的顶点的 ID，把它发送到其所属的子图所在的 Worker 上。当所有的输入都被成功加载后，图中的所有顶点都会被标记为 active 状态。

（四）第四阶段

Master 向每个 Worker 发送指令，Worker 收到指令后，开始运行一个超步。Worker 会为自己管辖的每个子图分配一个线程，对于子图中的每个顶点，Worker 会把上一个超步中发给该顶点的消息传递给该顶点，并调用处于 active 状态的顶点上的 Compute()函数进行数据运算。上述工作完成后，Worker 会通知 Master 任务完成，并把自己在下一个超步处于 active 状态的顶点的数量报告给 Master。重复上述步骤，直到所有顶点都处在 halt 状态并且系统中无任何消息在传输，计算过程结束。

（五）第五阶段

计算过程结束后，Master 会给所有的 Worker 发送指令，通知每个 Worker 对自己的计算结果进行持久化存储。

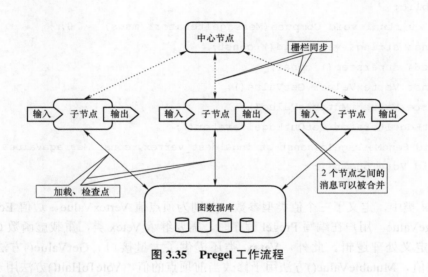

图 3.35　Pregel 工作流程

3.5.5　容错机制

Pregel 采用向后恢复的检查点机制实现容错。[61] 在每个超步的开始，Master 会通知各个 Worker 将子图相关信息（如包括子图内顶点值、边值和接收到的消息）形成检查点并写入可靠存储设备，用于容错恢复。Master 会周期性地向 Worker 发送消息，Worker 需要在指定时间内反馈，如果超时则认为该 Worker 失效。同时，如果 Worker 在一定时间内没有收到 Master 的指令，该 Worker 也会停止工作。

当一个 Worker 失效时，其所管辖子图的状态信息可能出现损坏或丢失。Master 会把该 Worker 的任务重新分配给其他 Worker，同时，所有 Worker 会加载最近的检查点内的状态信息，即状态倒退。Pregel 即通过这种状态倒退的方式来实现容错。

检查点机制容错虽然可靠，但存在大量的执行开销和延迟。为了改进容错机制，研究人员正在开发 Confine Recovery。Confine Recovery 的原理是先通过检查点进行恢复，然后只对丢失的子图进行重新计算。系统会查看正常工作的 Worker 的状态信息，对比检查点内的状态信息，信息相同则不进行状态倒退。Confine Recovery 可以减少状态恢复的计算量，同时，由于每个 Worker 可以恢复到更近的状态信息，故障造成的延时显著缩短。

3.5.6 编程实例

本部分首先介绍 Pregel 的 API，然后通过说明 Pregel 在最短路径问题的应用，帮助读者更好地理解 Pregel 编程模型。

（一）Pregel API

Pregel 中预先定义了一个基类 Vertex：

```cpp
template <typename VertexValue, typename EdgeValue, typename MessageValue>
class Vertex {
    public:
        virtual void Compute(MessageIterator* msgs) = 0;
    const string& vertex_id() const;
    int64 superstep() const;
    const VertexValue& GetValue();
    VertexValue* MutableValue();
    OutEdgeIterator GetOutEdgeIterator();
    void SendMessageTo(const string& dest_vertex, const MessageValue& message);
    void VoteToHalt();
};
```

在 Vetex 类中，定义了三个值类型参数，分别为顶点值 VertexValue、边值 EdgeValue 和消息 MessageValue。用户在编写 Pregel 程序时，需要继承 Vetex 类，重载虚函数 Compute()，同时写入自定义处理逻辑。此外，Vetex 类还提供了大量接口。GetValue()方法用于得到当前顶点的值，MutableValue()方法用于修改当前顶点的值，VoteToHalt()方法用于改变顶点的状态，SendMessageTo()方法用于向指定顶点发送消息。同时，Vetex 类还提供了出射边的迭代器 OutEdgeIterator，用户可以通过这个迭代器修改出射边的值。

（二）单源最短路径问题

以单源最短路径问题为例，使用 Pregel 模型可以有效简化问题。在图 3.36 所示的有向图中，顶点值为该顶点到顶点 0 的距离。下面利用 Pregel 提供的 API，实现单源最短路径问题的求解。

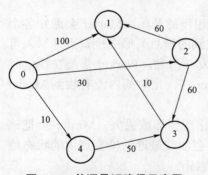

图3.36 单源最短路径示意图

顶点的初始值为 INF，初始状态为 active。在超步 0 中，顶点 0 向顶点 1 发送 100，向顶点 2 发送 30，向顶点 4 发送 10，顶点 0 的值变为 0，超步 0 结束，如表 3.1、表 3.2 所示。

表 3.1　超步 0 开始前顶点值和顶点状态

顶点	值	状态	顶点	值	状态
0	INF	active	3	INF	active
1	INF	active	4	INF	active
2	INF	active			

表 3.2　超步 0 结束时顶点值和顶点状态

顶点	值	状态	顶点	值	状态
0	0	active	3	INF	active
1	INF	active	4	INF	active
2	INF	active			

　　超步 1 中，各顶点处理超步 0 中收到的消息，并更新顶点值。其中，顶点 1、2、4 在超步 0 中收到消息，因此在超步 1 中仍为 active 状态，而顶点 0 和顶点 3 未收到消息，置为 halt 状态。同时，顶点 2 分别向顶点 1、3 发送 60，顶点 4 向顶点 3 发送 50。超步 1 结束时，各顶点值和状态如表 3.3 所示。

表 3.3　超步 1 结束时顶点值和顶点状态

顶点	值	状态	顶点	值	状态
0	0	halt	3	INF	halt
1	100	active	4	10	active
2	30	active			

　　超步 2 中，各顶点处理超步 1 中收到的消息，并更新顶点值。其中，顶点 1、3 在超步 1 中收到消息，因此在超步 2 中状态为 active，其余顶点未收到消息，置为 halt 状态。同时，顶点 3 向顶点 1 发送 10。超步 2 结束时，各顶点值和状态如表 3.4 所示。

表 3.4　超步 2 结束时顶点值和顶点状态

顶点	值	状态	顶点	值	状态
0	0	halt	3	60	active
1	90	active	4	10	halt
2	30	halt			

　　超步 3 中，各顶点处理超步 2 中收到的消息，并更新顶点值。其中，顶点 1 在超步 2 中收到消息，因此在超步 3 中状态为 active，其余顶点未收到消息，置为 halt 状态。超步 3 中无消息传递。超步 3 结束时，各顶点值和状态如表 3.5 所示。

表 3.5　超步 3 结束时顶点值和顶点状态

顶点	值	状态	顶点	值	状态
0	0	halt	3	60	halt
1	70	active	4	10	halt
2	30	halt			

超步 4 中，各顶点处理超步 3 中收到的消息，并更新顶点值。由于超步 3 中没有消息传递，因此超步 3 中所有顶点均为 halt 状态，此时，计算任务结束。超步 4 结束时，各顶点值和状态如表 3.6 所示。

表 3.6　超步 4 结束时顶点值和顶点状态

顶点	值	状态	顶点	值	状态
0	0	halt	3	60	halt
1	70	halt	4	10	halt
2	30	halt			

至此，单源最短路径问题求解结束。Pregel 中实现代码如下：

```
class ShortestPathVertex:
  public Vertex<int, int, int> {
    void Compute(MessageIterator* msgs) {
      int mindist = IsSource(vertex_id()) ? 0 : INF;
      for (; !msgs - >Done(); msgs - >Next())
        mindist = min(mindist, msgs - >Value());
      if (mindist < GetValue()) {
        *MutableValue() = mindist;
        OutEdgeIterator iter = GetOutEdgeIterator();
        for (; !iter.Done(); iter.Next())
          SendMessageTo(iter.Target(),mindist + iter.GetValue());
      }
      VoteToHalt();
    }
  };
```

3.5.7　典型案例

淘宝反作弊系统是建立在数据层基础之上的一套包含监控预警、在线分析和风险运营系统，能快速高效地窥视刷单行踪并及时阻断其获利点，维护交易平台的公平性。该系统覆盖了包括账号网、交易网、资金网和物流网，共计四个网络。[62] 在四个网络基础上，淘宝结合多种计算框架和计算模式，形成了一套完整高效的反作弊系统。本部分以淘宝反作弊系统为例，说明图计算在大数据分析中的典型应用。

淘宝反作弊系统整体架构如图 3.37 所示。

整个反作弊算法框架融合了"账号网、交易网、资金网、物流网"四网大数据，并覆盖了电商"购物前—购物中—购物后"多个业务环节。该系统基于流式计算框架开发，中间结合了图计算模型，数据日志经过实时和离线两大计算模块后会加工成一些交易属性特征作为识别算法的基础，其中实时计算主要是对一些异常的在线数据（比如商品销量异常或者卖家信誉增长异常）进行快速分析并转化为相应的特征，而离线计算是对全链路数据的特征加工和处理，结合在线和离线的计算可以将行为变化的长期和短期因素的影响在模型计算中综合考虑，从而进一步提高识别的时效性和精度。

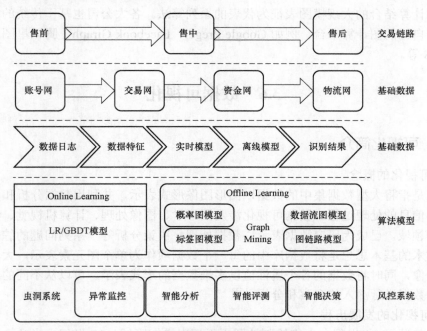

图 3.37　淘宝反作弊系统架构

在具体算法中，该系统主要应用了大规模图挖掘和在线学习两类算法。其中，大规模图挖掘可以跳出行为的局部性，从全局的角度来挖掘作弊行为。在实际应用中，使用大规模图挖掘技术可以提取出常见的作弊行为，如图 3.38 所示。

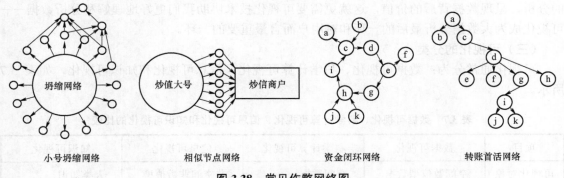

图 3.38　常见作弊网络图

由于图结构的复杂性，典型的批处理和流计算都无法高效地处理图结构数据，因此在淘宝反作弊系统中，大规模图挖掘算法的实现主要是通过图计算来完成的，这也是图计算的典型应用场景之一。此外，图计算在其他行业也有诸多应用，如金融行业、互联网行业等。在金融行业中，由于金融实体模型复杂，常包含企业之间的股权关系、个人客户之间的亲属关系等。传统基于图的认知分析无法处理大规模图，而图计算则弥补了传统分析技术的不足，可以挖掘金融实体关系的隐含信息，包括金融风险的管控、客户的营销拓展、内部的审计监管，以及投资理财等方面。在互联网行业中，随着数据的多样化、数据量的大幅度提升和计算能力的突破性进展，超大规模图计算在大数据公司发挥着越来越重要的作用，尤其是以深度学习和图计算结合的大规模图表征为代表的系列算法。各大公司也基于传统的图计算不断改进、研发自己的图计算平台，例如 Google Pregel、Facebook Giraph、腾讯星图、华为图引擎服务 GES 等。

3.6　数据可视化

3.6.1　可视化简介

（一）可视化的概念

可视化是指将大型数据集中的数据以图形图像形式表示，并利用数据分析和开发工具发现其中未知信息的处理过程。数据可视化涉及图形学、图像处理、计算机视觉、计算机辅助设计等多个领域，已成为研究数据表示、数据处理、决策分析等一系列问题的综合技术。数据可视化技术的基本思想是将数据库中的每一个数据项作为单个图元素表示，大量的数据集构成数据图像，同时将数据的各个属性值以多维数据的形式表示，可以从不同的维度观察数据，从而对数据进行深入的观察和分析。[63]

（二）可视化的发展历程

可视化起源于 16 世纪，人们绘制地图用于探索未知区域。19 世纪上半叶，统计图形和专题绘图领域出现了爆炸式的发展——几乎所有已知的统计图形都是在此时被发明的。直至 20 世纪 50 年代，随着计算机的出现和计算机图形学的发展，人们已经可以利用计算机技术在电脑屏幕上绘制出各种图形图表——可视化技术开启了全新的发展阶段。随着大数据时代的到来，每时每刻都有海量数据在不断生成，需要我们对数据进行及时、全面、快速、准确的分析，呈现数据背后的价值，这就更需要可视化技术协助我们更好地理解和分析数据——可视化成为大数据分析最后的一环和对用户而言最重要的一环。

（三）可视化的分类

可视化通常分为：数据可视化、科学计算可视化、信息可视化和知识可视化，如表 3.7 所示。

表 3.7　数据可视化、科学计算可视化、信息可视化和知识可视化的比较

项目	数据可视化	科学计算可视化	信息可视化	知识可视化
可视化对象	空间数值型数据	空间数据	非空间非数值型	人类知识
可视化目的	将抽象数据以直观的方式表示出来	将抽象数据以三维直观的方式表示出来	从大量抽象数据中发现一些新的信息	促进群体知识的传播和创新
可视化技术	平行坐标图、散点图等	体绘制和面绘制	轮廓图、锥形树	知识图表
交互类型	人机交互	人机交互	人机交互	人机交互

（1）数据可视化：

数据可视化技术指的是运用计算机图形学和图像处理技术，将数据转换为图形或图像在屏幕上显示出来，并进行交互处理的理论、方法和技术。

（2）科学计算可视化：

科学计算可视化指的是利用计算机图形学和图像处理技术，将工程测量数据、科学计算过程中产生的数据及计算结果转换为图形图像在屏幕上显示出来，并进行交互处理的理论、方法和技术。

（3）信息可视化：

信息可视化就是利用计算机支撑的、交互的、对抽象数据的可视表示，来增强人们对这些抽象信息的认知。信息可视化是将非空间数据的信息对象的特征值抽取、转换、映射、高度抽象与整合，用图形、图像、动画等方式表示信息对象内容特征和语义的过程。信息对象包括文本、图像、视频和语音等类型，它们的可视化是分别采用不同模型方法来实现的。

（4）知识可视化：

知识可视化是在科学计算可视化、数据可视化、信息可视化基础上发展起来的新兴研究领域，应用视觉表征手段，促进群体知识的传播和创新。

知识可视化研究的是视觉表征在提高两个或两个以上人之间的知识传播和创新中的作用。这样一来，知识可视化指的是所有可以用来建构和传达复杂知识的图解手段。除了传达事实信息之外，知识可视化的目标是传输见解、经验、态度、价值观、期望，观点、意见和预测等，并以这种方式帮助他人正确地重构、记忆和应用这些知识。

数据可视化与数据挖掘同样相辅相成。两者的目标都是从数据中获取信息，但手段不同。数据挖掘是通过算法发现数据中的隐藏信息；数据可视化则是通过直观的图形图像让用户发现有价值的信息。可以理解为，数据挖掘和数据可视化是数据处理分析的两种思路：数据挖掘是有目的地探索数据间的关联性和其他信息，而数据可视化对数据模型没有预先的假设，是对数据探索性的分析。

3.6.2 可视化方法

可视化通常有以下五种方法：概念图、思维导图、认知地图、语义网络和思维地图。[64]

（一）概念图（Concept Map）

概念图是一种用节点代表概念，连线表示概念间关系的图示法，由康奈尔大学的诺瓦克博士等根据奥苏泊尔有意义学习理论提出，是一种用来组织和表征知识的工具，如图 3.39 所示。

概念图构造方法如下：首先将某一个主题的有关概念置于圆圈和方框之中，然后用连线将相关的概念和命题链接，连线上表名两个概念之间的意义关系。

这种知识可视化方法的最大优点在于将知识的体系结构（概念及概念之间的关系）一目了然地表达出来，同时突出表现了知识体系的层次结构。

（二）思维导图（Mind Map）

思维导图是一种将思维形象化的方法，即通过一个中央关键词或想法以辐射线形连接所有的代表字词、想法、任务或其他关联项目的图解方式，在 20 世纪 60 年代由英国人 Tony-Buzan

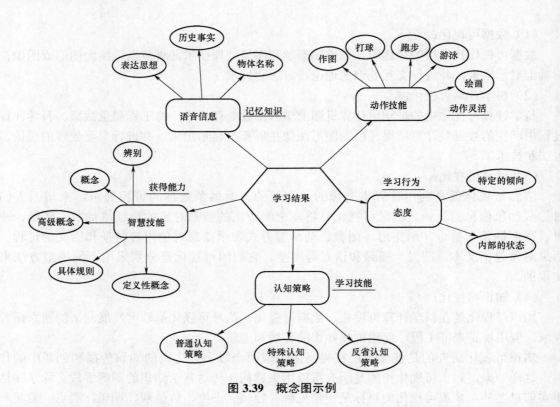

图 3.39　概念图示例

受大脑放射性思考方式启发而提出。放射性思考是人类大脑的自然思考方式，每一种进入大脑的资料都可以成为思考中心，并由此中心向外发散出成千上万的关节点，而每一个关节点又可以成为另一个中心主题，再次向外发散，呈现出放射性的立体结构，形成思维导图，如图 3.40 所示。

Tony-Buzan 认为：传统的草拟和笔记方法有埋没关键词、不易记忆、浪费时间和不能有效刺激大脑四大不利之处，而简洁、效率和积极的个人参与对成功的笔记有至关重要的作用。因此，思维导图以不断增多回报的特点逐渐取代了草拟笔记，成为新的记录和思考方式。

（三）认知地图（Cognitive Map）

认知地图也被称为因果图，是在过去经验的基础上，将"想法"作为节点，并将其相互连接起来所形成的类似于地图的模型。主要用于帮助人们规划工作，促进小组的决策。

认知地图的提出者 Ackerman 和 Eden 认为："想法"不同于概念，想法通常是句子或段落。认知地图是以个体建构理论为基础提出的，其中的想法都是通过带箭头的连接线连起来的，但连接上没有连接词，连接线的隐含意义是"因果关系"或"导致"，且没有层次的限制。

（四）语义网络（Semantic Map）

语义网络是一种以网络格式表达人类知识构造的有向图，用来表示词语或概念的语义相似性或相关程度。语义网络由节点和节点之间的弧组成，节点表示概念（事件、事物），弧表示它们之间的关系，如图 3.41 所示。

语义网络的特点是可以深层次地表示知识，包括实体结构、层次及实体间的因果关系。因此，语义网络可以直接而明确地表达概念的语义关系，模拟人的语义记忆和联想方式；同时，可以利用语义网络的结构关系进行高效率的检索和推理。但语义网络不适用于定量、动态的知识，无法表述过程性、控制性的知识。

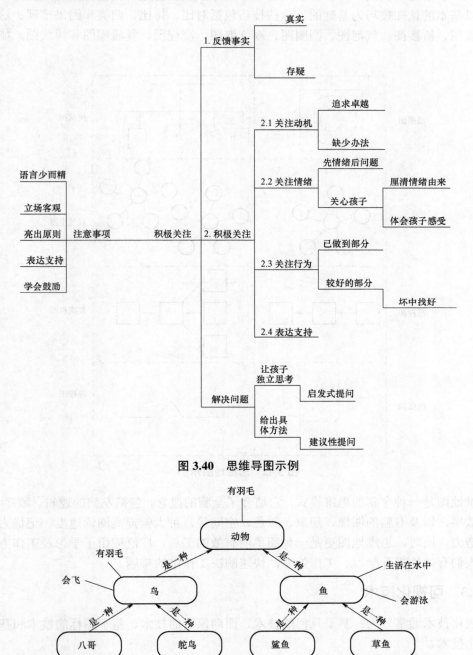

图 3.40　思维导图示例

图 3.41　语义网络示例

（五）思维地图（Thinking Map）

思维地图是由 David Hyerle 博士 1988 年开发的帮助学习的语言。在这种语言中，教室和学生一共可以使用 8 种图，用以帮助阅读理解、写作过程问题解决、思维技巧提高。这 8 种图都是以基本的认知技巧为基础的，这些技巧包括对比、排比、归类和因果推理。这 8 种图是：括弧图、桥接图、气泡图、圆圈图、双气泡图、流程图、复流程图和树状图，如图 3.42 所示。

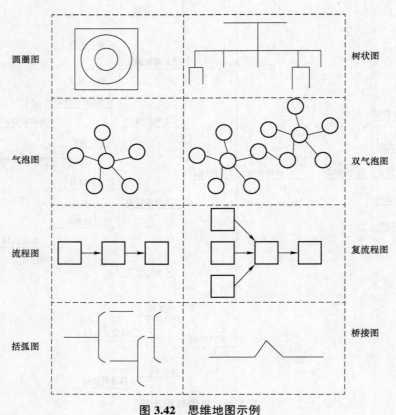

圆圈图　　树状图

气泡图　　双气泡图

流程图　　复流程图

括弧图　　桥接图

图 3.42　思维地图示例

思维地图是一种全新的思维模式，它结合了全脑的概念，包括左脑的逻辑、顺序、条例、文字、数字，以及右脑的图像、想象、颜色、空间等，可大幅提高阅读速度、记忆力、组织力与创造力。同时，思维地图更是一种简单而有效的工具，广泛应用于学习及工作方面，可以帮助人们有效地提升学习、工作效率，快速解决工作中的难题。

3.6.3　可视化技术

可视化技术通常分为：基于几何的技术、面向像素的技术、基于图标的技术和基于层次的可视化技术。[65]

（一）基于几何的技术

基于几何的技术是指以几何画法或几何投影的方式来表现数据库中的数据，是最为常用的技术，如平行坐标法。

平行坐标法是最早提出的以二维形式表示多维数据的可视化技术之一，其基本思想是将 n 维数据属性空间通过 n 条等距离的平行轴映射到二维平面上，每一条轴线代表一个属性维，轴线上的取值范围从对应属性的最小值到最大值均匀分布。这样，每一个数据项都可以根据其属性值用一条折线段在 n 条平行轴上表示出来。

（二）面向像素的技术

面向像素的技术是由德国慕尼黑大学的 D.A.Kcim 提出的，并且其还开发了 VisDB 可视化系统。面向像素技术的基本思想是将每个数据项的数据值对应于一个带颜色的屏幕像素，对于不同的数据属性以不同的窗口分别表示。面向像素技术的特点在于能在屏幕中尽可能多地显示出相关的数据项。

（三）基于图标的技术

基于图标技术的基本思想是以一个简单图标的各个部分来表示 n 维数据属性。这种技术适用于某些 n 维值在二维平面上具有良好展开属性的数据集。枝形图法是一种典型的基于图标的技术。枝形图法首先选取多维属性中的两种属性作为基本的 X-Y 平面轴，在此平面上利用小树枝的长度或角度的不同表示出其他属性值的变化，如图 3.43 所示。

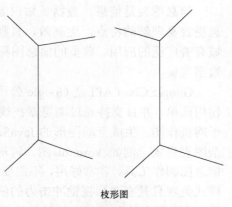

枝形图

图 3.43　基于图标的可视化技术

（四）基于层次的可视化技术

基于层次的可视化技术主要针对数据库系统中具有层次结构的数据信息，例如人事组织、文件目录、人口调查数据等。他的基本思想是将 n 维数据空间划分为若干子空间，对这些子空间仍以层次结构的方式组织并以图形表示出来。

树图是一种典型的基于层次可视化的技术。树图根据数据的层次结构将屏幕划分为多个矩形子空间，子空间大小由节点大小决定。树图层次则依据由根节点到叶节点的顺序，水平和垂直依次转换，开始将空间水平划分，下一层将得到子空间垂直划分，再下一层又水平划分，依此类推。对于每一个划分的矩形可以进行相应的颜色匹配或必要的说明，如图 3.44 所示。

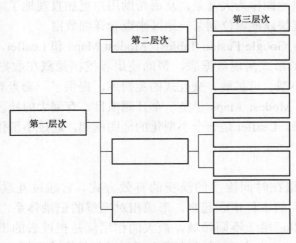

图 3.44　基于层次的可视化技术

3.6.4 可视化工具

根据可视化工具的功能和适用场景，将可视化工具分为入门级工具、信息图表工具、地图工具、时间线工具和高级分析工具。[66]

（一）入门级工具

微软公司的 Excel 是典型的入门级工具，可以进行各种数据处理、统计分析和辅助决策操作，已经广泛地应用于管理、统计和金融等领域。

（二）信息图表工具

信息图表是信息、数据、知识等的视觉化表达，它利用人脑对于图形信息相对于文字信息更容易理解的特点，更高效、直观、清晰地传递信息，在计算机科学、数学以及统计学领域有着广泛的应用。典型的信息图标工具有：Google Chart API、D3、Visual.ly、Tableau 和大数据魔镜。

Google Chart API 是 Google 公司的制图服务接口，可以用来统计数据并自动生成图片，使用简单，并且支持通过浏览器在线查看统计图表。D3 是最流行的可视化库之一，是一个用于网页作图、生成互动图形的 JavaScript 函数库。D3 能够提供大量线形图和条形图之外的复杂图表样式，例如 Voronoi 图、树形图、圆形集群和单词云等。Visual.ly 是一款非常流行的信息图制作工具，非常好用，不需要任何设计相关的知识，就可以用它来快速创建自定义的、样式美观且具有强烈视觉冲击力的信息图表。Tableau 是桌面系统中最简单的商业智能工具软件，适用于企业和部门进行日常数据报表和数据可视化分析工作。Tableau 实现了数据运算与美观的图表的完美结合，用户只要将大量数据拖放到数字"画布"上，转眼间就能创建好各种图表。大数据魔镜是一款优秀的国产数据分析软件，它丰富的数据公式和算法可以让用户真正理解探索分析数据，用户只要通过一个直观的拖放界面就可创造交互式的图表和数据挖掘模型。

（三）地图工具

地图工具在数据可视化中较为常见，它在展现数据基于空间或地理分布上有很强的表现力，可以直观地展现各个分析指标的分布、区域等特征。当指标数据要表达的主题与地域有关联时，就可以选择以地图作为大背景，从而帮助用户更加直观地了解整体的数据情况，同时也可以根据地理位置快速地定位到某一地区来查看详细数据。

典型的地图工具有 Google Fusion Tables、Modest Maps 和 Leaflet。Google Fusion Tables 以图表、图形和地图的形式呈现数据表，帮助使用者挖掘隐藏在数据背后的模式和趋势。Modest Maps 是一个小型、可扩展、交互式的免费库，提供了一套查看卫星地图的 API，大小仅为 10 KB。同时，Modest Maps 也是一个开源项目，有强大的社区支持，是在网站中整合地图应用的理想选择。Leaflet 是一个小型化的地图框架，通过小型化和轻量化来满足移动网页的需要。

（四）时间线工具

时间线是表现数据在时间维度的演变的有效方式，它通过互联网技术，依据时间顺序，把一方面或多方面的事件串联起来，形成相对完整的记录体系，再运用图文的形式呈现给用户。时间线可以运用于不同领域，最大的作用就是把过去的事物系统化、完整化、精确化。自 2012 年 Facebook 在 F8 大会上发布了以时间线格式组织内容的功能后，时间线工具在国内外社交网站中开始大面积流行。图 3.45 是利用时间线工具绘制的第一次世界大战主要事件时间线。

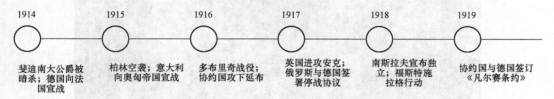

| 1914 | 1915 | 1916 | 1917 | 1918 | 1919 |

斐迪南大公爵被暗杀；德国向法国宣战　　柏林空袭；意大利向奥匈帝国宣战　　多布里奇战役；协约国攻下延布　　英国进攻安克；俄罗斯与德国签署停战协议　　南斯拉夫宣布独立；福斯特施拉格行动　　协约国与德国签订《凡尔赛条约》

图 3.45　第一次世界大战时间线

典型的在线编辑时间线网站有 Timetoast 和 Xtimeline 等。Timetoast 提供个性化的时间线服务，基于 flash 平台，可以在 flash 时间轴上任意加入事件，定义每个事件的时间、名称、图像、描述，并最终在时间轴上显示事件在时间序列上的发展，操作简单。Xtimeline 支持通过添加事件日志的形式构建时间表。

（五）高级分析工具

典型的高级分析工具有 R 语言、Weka 和 Gephi。R 语言是属于 GNU 系统的一个免费、开源的软件，是统计计算和统计制图的优秀工具，使用难度较高。R 的功能包括数据存储和处理系统、数组运算工具、完整连贯的统计分析工具、优秀的统计制图功能、简便而强大的编程语言，实现分支、循环以及用户可自定义功能等，用于大数据集的统计与分析。Weka 是一款免费的、基于 Java 的开源的机器学习以及数据挖掘软件，支持数据分析和图表生成。Gephi 主要用于社交图谱数据可视化分析，可以生成十分美观的可视化图形。

3.6.5　可视化案例

通过可视化技术帮助进行统计分析的案例不胜枚举。"黑客攻击频率地图" 是安全供应商 Norse 打造的一张能够反映全球范围内黑客攻击频率的地图，它利用 Norse 的"蜜罐"攻击陷阱显示出所有实时渗透攻击活动。如图 3.46 所示，地图中的每一条线代表的都是一次攻击活动，借此可以了解每一天、每一分钟甚至每一秒世界上发生了多少次恶意渗透，同时可以实时更新网络黑客入侵情况，并清楚地展示了攻击源和攻击对象。从图中可以清晰地看出，攻击源前四名依次是：中国、美国、瑞士和德国。显然，通过可视化技术，我们可以更加全面地了解这场"看不见的纷争"。

此外，Ramio 利用来自 Freebase 上的编程语言维护表里的数据，绘制了编程语言之间的影响力关系图。如图 3.47 所示，图中的每个节点代表一种编程语言，之间的连线代表该编程语言对其他语言的影响，有影响力的语言会连线多个语言，相应的节点也会越来越大，图中包含共计 1 184 个编程语言节点和 972 种关系连线，可以清晰地看到各个编程语言之间的关联性和影响力。其中，节点较大的语言有：Lisp、C、Java、Smalltalk、Pascal 这几门语言。Ramio 正是借助了可视化技术强大的表达能力和突出的视觉效果，实现了对各个编程语言关系的梳理和影响力的体现。

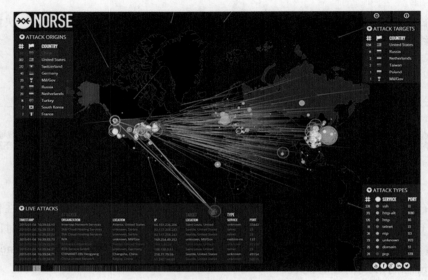

图 3.46　世界黑客攻击地图

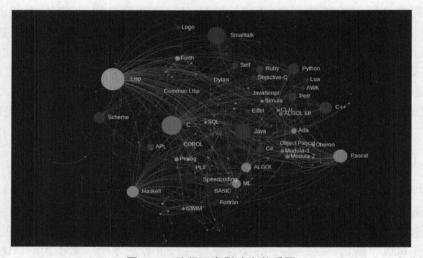

图 3.47　编程语言影响力关系图

3.6.6　可视化发展趋势

可视化技术主要受到三个方面的约束：计算能力的可扩展性、认知能力的局限性和显示能力的局限性。[67]

（一）计算能力的可扩展性

大数据时代，数据通常要经过数据清洗和转换等操作，计算复杂度大大提高，而机器是否具备迅速处理海量数据的能力，成为限制数据可视化的重要因素。

（二）认知能力的局限性

人的认知能力和注意力是有限的，注意力高度集中通常只能维持较短时间，所以进行视觉搜索也只能在短时间内进行。在面对大量的复杂数据时，如何保持认知能力同样限制了数据可视化的发展。

（三）显示能力的局限性

数据可视化目的是高效地向用户展示有用的信息，但硬件设备显示能力有限，一次显示过多的信息会产生视觉混乱，信息较少又会降低效率。只有提升显示能力，才能在高数据量的基础上保证信息被有效地传递。

围绕以上三个方面的局限性，可视化技术的发展方向主要在于以下三个方面：

（1）提高硬件设备的显示能力。提高可视化显示空间和时间分辨率，以满足虚拟与物理现实可视化表示的需求。

（2）结合相关学科，研发面向各个领域的可视分析系统。将可视化技术与相关学科结合，突破认知能力和显示能力的局限性。相关学科不仅仅是指数据挖掘、计算机图形学等，还包括心理学等。在实际问题上，将可视化方法应用于防震救灾、金融安全和社交网络上仍存在困难。如何结合相关学科，研发面向多个领域的可视分析系统将是可视化技术一个重要的发展方向。

（3）实现动态演变过程的可视化。已有的可视化算法和工具大多用于显示存在的静态结构，但静态结构无法确切描述现实中持续演变的真实情况，怎样实现动态演变过程的可视化也是一个非常值得关注的领域。动态可视化技术这一难题如果得到解决，对于展现演化过程将具有重要意义，也能够帮助人们更有效地进行时变情况的特征分析和知识挖掘。

3.7 小   结

本章主要介绍了典型的大数据计算模式和相应的工具，以及数据可视化的相关概念。

静态批处理 MapReduce 将复杂的、运行于大规模集群上的并行计算过程高度抽象到 Map 和 Reduce 两个函数，极大地降低了分布式并行编程的难度，使编程人员容易完成海量数据集的批处理计算。

实时流计算 Storm 通过将数据流、执行策略等概念进行抽象，实现了更强大的实时流计算能力。同时结合主从工作模式，有效提高运算效率和容错能力，适用于各类实时性分析业务。

图计算 Pregel 适用于执行大规模图计算任务，如图遍历、最短路径问题、PageRank 计算等。Pregel 特点是以顶点为中心，增大了对节点的处理，同时使用消息传递模型在顶点间传递信息，并使用检查点机制实现容错。

数据可视化是提升用户数据分析效率的有效手段，已有多种工具可以实现可视化技术。同时，这一节简要介绍了可视化常用的方法、技术、各类工具、典型案例以及可视化面临的挑战和发展方向。

3.8 习   题

（1）简述模式识别的一般过程。

（2）简述数据挖掘的常用方法。

（3）列举典型大数据分析计算模式，简要说明各类计算模式应用场景并指出常用的编程模型。

（4）简述 MapReduce 体系结构，并说明各个组件的职能。

（5）分别从映射任务和规约任务简述 MapReduce shuffle 阶段的主要工作。

（6）简述 MapReduce 的容错机制。

（7）简要说明 Storm 消息传递的基本单元。

（8）简述在 Storm 编程框架中，流分组 Stream Grouping 的职能，并列举常见的分组形式。

（9）解释 Pregel 里"超步"的概念，并简述超步的过程。

（10）简述 Pregel 的容错机制。

（11）列举可视化技术常用方法。

（12）简要说明可视化技术的发展受约束因素，并说明如何突破这些约束。

第 4 章
大数据与网络空间安全

4.1 引　言

网络空间关系到经济发展、社会稳定和国家安全，逐渐被视为继陆、海、空、天之后的"第五空间"，在国际经济政治中的地位日趋重要，成为大国间重点关注的对象和相互博弈的战场。[68] 大数据的挖掘与应用为社会创造出极大的资源，从政府到企业，从医疗、教育等公共服务部门到商业、科技领域，大数据技术正在催生各个领域的变革力量，整个社会也积极推动大数据技术的发展与应用。

在此背景下，大数据分析技术有望为网络空间安全面临的传统挑战带来全新的解决思路。与此同时，大数据本身的安全与隐私问题成了业界关注的重点。在实现大数据自身安全的基础上，利用大数据分析技术来进行安全分析，解决大数据时代网络安全问题所面临的难点成了新时代信息科技的热门话题。

本章包含的主要内容如下：

4.2 节阐述了大数据网络空间安全的认知基础。该小节主要包括信息网络知识基础、信息网络安全对抗的基本概念以及信息安全对抗基础理论知识。

4.3 节主要阐述了网络空间安全大数据基础资源。包括用户数据、行业数据、流量日志数据、网络舆情数据等大数据资源及部分网络安全场景下用于安全分析的公开数据集。

4.4 节介绍了大数据分析技术在网络安全领域中的应用及案例分析。包括安全事件关联分析、网络异常检测分析、数据内容安全分析、安全态势感知分析。

4.5 节介绍了大数据本身的安全问题。包括大数据现今所面临的主要安全威胁和攻击、保护大数据安全相关的主流防护技术以及大型互联网企业自身的大数据安全建设案例。

4.2 网络空间安全认知基础

本部分将阐述大数据和网络空间安全所涉及的基本概念和理论知识。首先，从复杂网络、信息网络、网络空间以及网络空间安全四个方面阐述了信息网络的基本概念和定义。然后，介绍了信息安全对抗的基本概念。最后，在上述两项内容的基础之上，分别从基础层次原理、系统层次原理以及系统层次方法三个方面论述了信息安全对抗基础理论。

4.2.1　信息网络知识基础

（一）复杂网络基本概念

（1）定义。钱学森给出了复杂网络的一个较严格的定义：具有自组织、自相似、吸引子、小世界、无标度中部分或全部性质的网络称为复杂网络。

（2）复杂性表现。复杂网络简言之即呈现高度复杂性的网络。其复杂性主要表现在以下几个方面：

① 结构复杂：表现为节点数目巨大，网络结构呈现多种不同特征。

② 网络进化：表现为节点或连接的产生与消失。例如 World Wide Web，网页或链接随时可能出现或断开，导致网络结构不断发生变化。

③ 连接多样性：节点之间的连接权重存在差异，且有可能存在方向性。

④ 动力学复杂性：节点集可能属于非线性动力学系统，例如节点状态随时间发生复杂变化。

⑤ 节点多样性：复杂网络中的节点可以代表任何事物，例如，人际关系构成的复杂网络节点代表单独个体，万维网组成的复杂网络节点可以表示不同网页。

⑥ 多重复杂性融合：即以上多重复杂性相互影响，导致更为难以预料的结果。例如，设计一个电力供应网络需要考虑此网络的进化过程，其进化过程决定网络的拓扑结构。当两个节点之间频繁进行能量传输时，它们之间的连接权重会随之增加，通过不断的学习与记忆逐步改善网络性能。

（3）研究内容。复杂网络研究的内容主要包括：网络的几何性质，网络的形成机制，网络演化的统计规律，网络上的模型性质，网络的结构稳定性以及网络的演化动力学机制等问题。其中在自然科学领域，网络研究的基本测度包括：度（Degree）及其分布特征，度的相关性，集聚程度及其分布特征，最短距离及其分布特征，介数（Betweenness）及其分布特征，连通集团的规模分布。

（4）主要特征。复杂网络一般具有以下特性：

第一，小世界。它以简单的措辞描述了大多数网络尽管规模很大但是任意两个节（顶）点间却有一条相当短的路径的事实。以日常语言看，它反映的是相互关系的数目可以很小但却能够连接世界的事实，例如，在社会网络中，人与人相互认识的关系很少，但是可以找到很远的无关系的其他人。正如麦克卢汉所说，地球变得越来越小，变成一个地球村，也就是说，变成一个小世界。

第二，集群即集聚程度（Clustering Coefficient）的概念。例如，社会网络中总是存在熟人圈或朋友圈，其中每个成员都认识其他成员。集聚程度的意义是网络集团化的程度；这是一种网络的内聚倾向。连通集团概念反映的是一个大网络中各集聚的小网络分布和相互联系的状况。例如，它可以反映这个朋友圈与另一个朋友圈的相互关系。

第三，幂律（Power Law）的度分布概念。度指的是网络中某个顶（节）点（相当于一个个体）与其他顶点关系（用网络中的边表达）的数量；度的相关性指顶点之间关系的联系紧密性；介数是一个重要的全局几何量。顶点 u 的介数含义为网络中所有的最短路径之中，经过 u 的数量。它反映了顶点 u（即网络中有关联的个体）的影响力。无标度网络（Scale-free Network）的特征主要集中反映了集聚的集中性。

（二）信息网络基本概念

（1）网络。网络由节点和连线构成，表示诸多对象及其相互联系。在数学上，网络是一种图，一般认为专指加权图。网络除了数学定义外，还有具体的物理含义，即网络是从某种相同类型的实际问题中抽象出来的模型。在计算机领域中，网络是信息传输、接收、共享的虚拟平台，通过它把各个点、面、体的信息联系到一起，从而实现这些资源的共享。网络是人类发展史来最重要的发明，促进了科技和人类社会的发展。

在 1999 年之前，人们一般认为网络的结构都是随机的，但随着 Barabasi 和 Watts 在 1999 年分别发现了网络的无标度和小世界特性，并分别在世界著名的《科学》和《自然》杂志上阐明了他们的发现之后，人们才认识到网络的复杂性。

网络是在物理上或（和）逻辑上，按一定拓扑结构连接在一起的多个节点和链路的集合，是由具有无结构性质的节点与相互作用关系构成的体系。

（2）计算机网络。计算机网络就是通信线路和通信设备将分布在不同地点的具有独立功能的多个计算机系统互相连接起来，在网络软件的支持下实现彼此之间的数据通信和资源共享的系统。

从逻辑功能上看，计算机网络是以传输信息为基础目的，用通信线路将多个计算机连接起来的计算机系统的集合，一个计算机网络组成包括传输介质和通信设备。

从用户角度看，计算机网络是存在着一个能为用户自动管理的网络操作系统。由它调用完成用户所调用的资源，而整个网络像一个大的计算机系统一样，对用户是透明的。

（3）互联网。互联网（Internet），又称网际网络、因特网、英特网。互联网始于 1969 年美国的阿帕网。是网络与网络之间所串连成的庞大网络，这些网络以一组通用的协议相连，形成逻辑上的单一巨大国际网络。通常 internet 泛指互联网，而 Internet 则特指因特网。这种将计算机网络互相连接在一起的方法可称作"网络互联"，在这基础上发展出覆盖全世界的全球性互联网络称互联网，即是互相连接一起的网络结构。互联网并不等同万维网，万维网只是一个全球性系统，且是互联网所能提供的服务之一。

（4）信息网络。前面提到，信息是客观事物运动状态的表征和描述，网络是由具有无结构性质的节点与相互作用关系构成的体系。

此处，信息网络是指承载信息的物理或逻辑网络，包括具有信息的采集、传输、存储、处理、管理、控制和应用等基本功能，同时注重其网络特征、信息特征及其网络的信息特征。

互联网是一种信息网络，同样广播电视、移动通信也是一种信息网络，构架于互联网之上的 VPN 等虚拟网络也是种信息网络。

（三）网络空间基本概念

网络空间又称为赛博空间（Cyberspace），其定义为：

（1）在线牛津英文词典："赛博空间：在计算机网络基础上发生交流的想象环境。"

（2）百度百科："赛博空间是哲学和计算机领域中的一个抽象概念，指在计算机以及计算机网络里的虚拟现实。"

（3）李耐和《赛博空间与赛博对抗》："其基本含义是指由计算机和现代通信技术所创造的、与真实的现实空间不同的网际空间或虚拟空间。网际空间或虚拟空间是由图像、声音、文字、符码等所构成的一个巨大的'人造世界'，它由遍布全世界的计算机和通信网络所创造与支撑。"

媒体成为赛博空间（一部分）的充分必要条件，媒体具有实时互动性、全息性、超时空性三种特征。

（1）实时互动性。实时互动或者至少在媒介自身中进行的实时互动，就是赛博空间互动性的重要特征。互动的速度主要依靠两个方面的因素决定：第一是信息跨越空间的传播速度；第二是海量复杂信息的计算速度。

（2）全息性。赛博空间融合了以往的各种媒体，并且拥有计算机和互联网的强大信息处理能力，它得以在人类历史上第一次用大量不同形式的信息来"全息"地构建事物形象，进而创造出种种堪与现实世界媲美的另外的"现实"，这些"现实"好似对于原先现实世界的全息再现，同时也有着自身的特性。

（3）超时空性。赛博空间的媒介超越了自然媒介的时空局限性，在自然媒介的现实中，无一例外，要达到实时的互动性和大量的信息传播，必须保证交流双方在相当近的空间和时间距离内。

（四）网络空间安全

网络空间安全是在虚拟的网络空间中，计算机网络基于其存储、交互的特性，所有信息以及组成这一空间的外部硬件不受破坏、更改和威胁。网络空间安全的目标确保信息及信息系统是安全、可信、可靠、可控的。

网络空间安全主要依赖于信息通信系统，该系统用于信息通信和消息转换。信息通信系统包括互联网通信系统、各种广播通信系统、各种计算机系统、各类工控系统等。信息通信系统所传输数据是网络空间安全最重要的组成部分。数据是一种能够用于表达、存储、加工、传输的声光电磁信号，这些信号通过在信息通信技术系统中产生、存储、理、传输、展示而成为数据与信息。数据传输中引发的网络空间安全问题是整个通信系统安全的关键点。

网络空间主权是国家主权的一部分，确切地说是国家对信息通信活动具有司法管辖权。网络空间主权包括四项基本权利：首先是平等权，它是指在国际网络互联中各个国家都是平等的。其次是自卫权，它是指当国家在自己的领土内运行信息通信基础设施时不受他国制约。再次是独立权，它是指各个国家拥有保护本国网络空间不被侵犯的权利及其军事能力。最后是管辖权，它是指各个国家有权管辖自己网络空间内的数据及活动。

4.2.2　信息安全对抗的基本概念

（一）信息的安全问题

安全是损伤、损害的反义词，信息是事物运动状态的表征与描述。信息安全的含义是指信息未发生损伤性变化，即意味着事物运动状态的表征与描述未发生损伤性变化，如信息的篡改、删除、以假代真等。带来信息安全问题的因素多种多样——总体上信息安全问题是一件非常复杂的事情。就信息的篡改、删除、以假代真而言，也往往与信息表达形式相关。例如，有关信息内容的重要数字部分用阿拉伯数十进制表示，则小数点位置的变动对数值的影响很大，篡改小数点的位置则可能造成严重影响，但用中文大写数字表示一个数值就不会存在上述问题，但是这很不方便。再如，通过对信息作品增加数字水印或利用散列函数形成内容摘要，都可对信息内容进行审核。

讨论信息或信息作品的安全问题关联到很多内容、很多学科分支，它是一个开放性的复杂问题。本部分重点讨论信息安全的基本概念及对抗过程要点等基础问题。

（二）信息安全的特性

信息安全的特性保持（即不被破坏），与信息系统的性能品质、安全水平有密切关系。信息安全的主要特性如下：

（1）信息的机密性：即保证信息不能被非授权用户所获得。

（2）信息的完整性：即保证信息不被非正当篡改、删除及伪造。

（3）信息的可控性：是指在信息系统中具备对信息流的监测与控制特性。

（4）信息的真实性：是指信息系统在交互运行中确保并确认信息的来源，确认信息发布者的真实可信及不可否认的特性。

（5）信息的可用性：指信息的运行、利用按规则有序进行，即保证正当用户及时获得授权范围内的正当信息。

可用性还包括如认证、公证、验证、不可否认、信任等特征，具体情况下可能需要同时实现多种特征，以确保信息和信息系统的安全。这种例子很多，例如，在保密通信中需要密钥管理中心，但它不能随意设立，必须由具有公正性的权威机构进行授权，通信时用户向密钥管理中心申请密钥，中心对用户身份验证后才可以进行通信，这些都是可用性的问题。又如数学签名的可用性主要体现在不可否认性等。

（三）信息系统的安全

信息系统是以信息为系统核心因素而为人类服务的一类重要工具，信息脱离了信息系统就形不成服务功能，信息系统缺少信息则系统无法运行，也起不到服务人类的作用，信息同信息系统是紧密相关而互相不可分割的，这种特性体现在信息安全问题上，也是同样紧密关联的。与信息系统相关联的信息安全问题主要有三种类型：

第一种类型，信息安全问题发生在信息方面。信息与信息作品内容被篡改、删除、以假代真，虽然安全问题直接体现在信息或信息作品上，但发生过程却体现在信息系统的运行上，离不开作为运行平台的信息系统，这正体现了信息与信息系统在信息安全问题上是相互关联而不可分割的。

第二种类型，信息安全问题发生在信息系统运行秩序方面。信息系统发生信息安全问题则意味着系统的有关运行秩序被破坏（在对抗情况下主要是人的有意识行为），造成正常功能被破坏而严重影响应用，体现为某时某刻发生对某信息的破坏。此外，还会发生其他如信息传输不到正确目的地、传输延时较长影响应用等。同样，信息的泄露也会严重影响应用。还有一点应该指出，信息本身的安全问题，侧重于具体某信息或信息作品被攻击、被破坏的单件安全问题，而信息系统发生安全问题（如不及时采取措施纠正），则意味着发生了一类型问题，例如信息传输延时较长意味着所有传输的信息都延时较长。信息系统产生安全问题的原因多种多样，总体上认为信息系统及其应用的发展必含矛盾运动，安全对抗问题是众多矛盾对立的一类表现形式，这种矛盾有多种。例如，科学技术对信息系统功能的支持尚不完备，某一种技术措施有其正面效应，同时也可能产生负面效应；信息系统虽具有自组织机能，但仍离不开必要的管理，因此需要设置管理人员对系统进行管理的入口，而这个入口同样可以被攻击者利用，把其作为攻击信息系统的入口；由于对复杂软件的正确性检验涉及数学上的NP 问题而无法完备地进行，只得在软件中留有对一旦发现错误进行纠正（打补丁）的接口，这个接口同样可被利用作为对信息系统实行攻击的入口等。

第三种类型，信息安全问题发生在信息系统方面。通常是攻击者直接对信息系统进行软、硬破坏，往往不发生在信息领域，而是其他领域。例如，利用反辐射导弹对雷达进行摧毁，通过破坏线缆对通信系统进行破坏，利用核爆炸形成对信息系统的多种破坏，利用化学能转换为强电磁能用以破坏各种信息系统等。

（四）信息攻击与对抗

信息安全问题的发生大多与人有关，按人的主观意图可分为两类：一类是过失性，这与人总会有疏漏犯错误有关；另一类是有意图、有计划地采取各种行动，破坏信息、信息系统和信息系统的运行秩序以达到某种目的，这种事件称为信息攻击。

受攻击方当然不会坐以待毙，总会采取各种措施反抗信息攻击，包括预防、采取应急措施，力图使攻击难以奏效，减小己方损失，以便惩处攻击方、反攻对方等，这种双方对立行动事件称为信息对抗。

信息对抗是一组对立矛盾运动的发展过程，起因复杂，过程是动态、多阶段、多种原理方法措施介入的对立统一的矛盾运动。虽然信息对抗对信息系统应用一方而言不是件好事，但从理性意义上理解，它是一个不可避免的事件——它是一种矛盾运动，在人类社会发展过程中不可能没有矛盾。再从辩证角度分析，一件坏事，它其实对事物的发展有着促进作用，应该以"发展是硬道理"的理念积极对待不可避免的事。

信息对抗过程非常复杂，在此用一个时空六元关系组概括表示：

$$对抗过程 \longleftrightarrow R^n[G, P, O, E, M, T]$$

式中：n 表示对抗回合数，P 为参数域（提示双方对抗的重要参数），G 为目的域，O 为对象域，E 为约束域，M 为方法域，T 为时间，R^n 为表示六元关系组间复杂的相互关系。关系是运算和映射组合的另一种直观称呼，关系中还包括了诸元的相互变化率，$\dfrac{\partial O}{\partial P}, \dfrac{\partial^2 O}{\partial P^2}, \dfrac{\partial^3 M}{\partial t \partial O \partial E}$ 等表示连续多重变化，不连续变化常用序列、差分方程等表示。

详细、全面地定量描述一个复杂对抗过程非常困难，虽然在自然科学和数学中人们已发现很多重要关系，如在泛函分析中，集合间或元素间的广义距离关系构成距离空间，大小量度关系构成赋范空间，集合间某些运算关系（具备某些约束）构成内积空间，内积关系可能同时满足赋范和距离关系等；代数中有同构同态关系等。但就对抗领域的六元相互复杂关系而言，由于其广泛性和复杂性的关系还难以直接用上（包括具体条件不确定，时变因素等），所以主要还是靠发挥人的智慧随机应变，采用定性与定量相结合的方法决定 $R^n[G, P, O, E, M, T]$。

4.2.3　信息安全对抗基础理论概述

（一）基础层次原理

（1）信息系统特殊性保持利用与攻击对抗原理。在各种信息系统中，其工作规律、原理可以概括地理解为在普遍性（相对性）基础上对某些"特殊性"的维持和转换，如信息的存储和交换、传递、处理等。"安全"可理解为"特殊性"的有序保持和运行，各种"攻击"可理解为对原有的序和"特殊性"进行有目的的破坏、改变，以至渗入，实现攻击目的的"特殊性"。在抽象概括层次，信息安全与对抗的斗争是围绕特殊性而展开的，信息安全主要是特殊性的保持和利用。

（2）信息安全与对抗信息存在相对真实性原理。伴随着运动状态的存在，必定存在相应的"信息"。同时，由于环境的复杂性，具体的"信息"可有多种形式表征运动，且具有相对的真实性。信息作为运动状态的表征是客观存在的，但它不可能被绝对隐藏、仿制和伪造，这是运动的客观存在及运动不灭的本质所决定的，信息存在具有相对性。

（3）广义时空维信息交织表征及测度有限原理。各种具体信息存在于时间与广义空间中，即信息是以某种形式与时间、广义空间形成的某些"关系"来表征其存在的。信息的具体形式在广义空间所占大小以及时间维中所占长度都是有限的。在信息安全领域，可将信息在时间、空间域内进行变换和（或）处理以满足信息对抗的需要。如信息隐藏中常用的低截获概率信号，便是利用信息、信号在广义空间和时间维的小体积难以被对方截获的原理。

（4）在共道基础上反其道而行之相反相成原理。该原理是矛盾对立统一律在信息安全领域的一个重要转化和体现。"共其道"是基础和前提，也是对抗规律的一部分，在信息安全对抗领域以"反其道而行之"为核心的"逆道"阶段是对抗的主要阶段，是用反对方的"道"以达到己方对抗目的的机理、措施、方法的总结。运用该原理研究信息安全对抗问题，可转化为运用此规律研究一组关系集合中复杂的动态关系的相互作用。相反相成机理表现在对立面互相向对方转换，借对方的力帮助自己进行对抗等，都是事物矛盾时空运动复杂性多层次间"正""反"并存斗争，在矛盾对立统一律支配下产生的辩证的矛盾斗争运动过程。

（5）在共道基础上共其道而行之相成相反原理。信息安全对抗双方可看作互为"正""反"，在形式上以对方共道同向为主，实质上达到反向对抗（逆道）效果的原理，称为共其道而行的相反相成原理。"将欲弱之，必固强之，将欲废之，必固兴之，欲将取之，必固与之"，在信息安全对抗领域该原理中的"成"和"反"常具有灵活多样的内涵。如攻击方经常组织多层次攻击，其中佯攻往往吸引对方的注意力，以掩护主攻易于成功，而反攻击方识破佯攻计谋时往往也以佯攻来吸引对方主攻早日出现，然后痛击之。

（6）争夺制对抗信息权快速建立对策响应原理。根据信息的定义和信息存在相对性原理，双方在对抗过程中所采取的任何行动，必定伴随产生"信息"，这种"信息"称为"对抗信息"。它对双方都很重要，只有通过它才能判断对方攻击行动的"道"，进而为反对抗进行"反其道而行之"提供基础，否则无法"反其道而行之"，更不要说"相反相成"了。围绕"对抗信息"所展开的双方斗争是复杂的空、时域的斗争，除围绕"对抗信息"隐藏与反隐藏体现在空间的对立斗争外，在时间域中也存在着"抢先""尽早"意义上的斗争，同样具有重要性。时空交织双方形成了复杂的"对抗信息"斗争，成为信息安全对抗双方斗争过程第一回合的前沿焦点，并对其胜负起重要作用。

（二）系统层次原理

（1）主动被动地位及其局部争取主动力争过程制胜原理。本原理说明，发动攻击方全局占主动地位，理论上它可以在任何时间、以任何攻击方法、对任何信息系统及任何部位进行攻击，攻击准备工作可以隐藏进行。被攻击方在这个意义上处于被动状态，这是不可变更的，被攻击方所能做的是在全局被动下争取局部主动。争取局部主动的主要措施有：① 尽可能隐藏重要信息；② 事前不断分析己方信息系统在对抗环境下可能遭受攻击的漏洞，事先预定可能遭受攻击的系统性补救方案；③ 动态监控系统运行，快速捕捉攻击信息并进行分析，科学决策并快速采取抗攻击有效措施；④ 在对抗信息斗争中综合运筹争取主动权；⑤ 利用假信息设置陷阱，诱使攻击方发动攻击而加以灭杀等。

（2）信息安全问题置于信息系统功能顶层综合运筹原理。信息安全问题是嵌入信息系统功能中的一项非常重要的功能，但毕竟不是全部功能而是只起保证服务作用。因此，对待安全功能应根据具体情况，科学处理、综合运筹，并置于恰当的"度"范围内。但需着重说明的是，特别是针对安全功能要求高的系统，在系统设计之初就应考虑信息安全问题。

（3）技术核心措施转移构成串行链结构形成脆弱性原理。任何技术的实施都是相对有条件地发挥作用，必依赖于其充要条件的建立，而"条件"再作为一个事物，又不可缺少地依赖其所需条件的建立（条件的条件），每一种安全措施在面对达到"目的"实施的技术措施中，即由达到目的的直接措施出发逐步落实效果过程中，必然遵照从技术核心环节逐次转移至普通技术为止这一规律，从而形成串行链结构规律。

（4）基于对称变换与不对称性变换的信息对抗应用原理。"变换"可以指相互作用的变换，可以认为是事物属性的"表征"由一种方式向另一种方式转变，也可认为是关系间的变换，即变换关系。在数学上可将变换看作一种映射，在思维方法中将进行变换看作是一种"化归"。这种原理也可用于信息安全对抗领域，即利用对称变换保持自身功能，同时利用对方不具备对称变换条件的劣势达到对抗制胜目的。

（5）多层次和多剖面动态组合条件下间接对抗等价原理。设系统构成可划分为 $L_0, L_1, L_2, \cdots, L_n$ 的层次结构，且 $L_0 \subset L_1 \subset L_2 \subset \cdots \subset L_n$，如在 L_i 层子系统受到信息攻击，采取某措施时可允许在 L_i 层性能有所下降，但支持在 L_{i+j} 层采取有效措施，使得在高层次的对抗获胜，从而在更大范围获胜。因此，对抗一方绕开某层次的直接对抗而选择更高、更核心层进行更有效的间接式对抗称为间接对抗等价原理。

（三）系统层次方法

在信息安全对抗问题的运行斗争中，基础层次和系统层次原理在应用中，你中有我，我中有你，往往相互交织相辅相成地起作用，而不是单条孤立地起作用，重要的是利用这些原理观察、分析掌握问题的本征性质，进而解决问题。人们称达到某种目的所遵循的重要路径和各种办法为"方法"。"方法"的产生是按照事物机理、规律找出具体的一些实现路径和办法，因此对应产生办法的"原理"集——它是"方法"的基础。在信息安全与对抗领域，重要的是如何按照实际情况运用诸原理灵活地创造解决问题的各种方法。

（1）反其道而行之相反相成战略核心方法。本方法具有指导思维方式和起核心机理的作用，"相反相成"部分往往巧妙地利用各种因素（包括对方"力量"），形成有效对抗方法。

（2）反其道而行之相反相成方法与"信息存在的相对性原理""广义时空间及时间维信息多层次交织表征及测度有限原定理"相结合形成的方法。

（3）反其道而行之相反相成方法与争夺制对抗信息权及快速建立系统对策响应原理相结合形成的方法。

（4）反其道而行之相反相成方法与争夺制对抗信息权及快速建立系统对策响应原理、技术核心措施转移构成串行链结构而形成脆弱性原理相结合形成的方法。

（5）反其道而行之相反相成方法与变换、对称变换与不对称变换应用原理相结合形成的方法。

（6）共其道而行之相成相反重要实用方法。"相成相反"展开为：某方在某层次某过程对于某事相成；某方在某层次某过程对于某事相反。前后两个"某方"不一定为同一方。在实际对抗过程中，对抗双方都会应用"共其道而行之相成相反"方法。

（7）针对复合式攻击的各个击破对抗方法。复合攻击指攻击方组织多层次、多剖面时间、空间攻击的一种攻击模式，其特点是除在每一层次、剖面的攻击奏效都产生信息系统安全问题外，实施中还体现在对对方所采取对抗措施再形成新的附加攻击，这是一种自动形成连环攻击的严重攻击。对抗复合攻击可利用对方攻击次序差异（时间、空间）各个击破，或使对抗攻击措施中不提供形成附加攻击的因素等。

4.3　网络空间安全大数据基础资源

本部分将介绍网络安全大数据基础资源及部分网络安全相关的公开数据集。其中，基础资源包含个人数据、行业数据、安全流量数据、安全日志数据和安全舆情数据等。公开应用数据集包含 KDD CUP、ISOT、ECML-PKDD、CSIC、CTU−13、DREBIN 以及 AMD 等。

4.3.1　用户数据

用户数据是指能够单独或者与其他信息结合识别特定自然人身份、反映特定自然人活动情况的各种信息数据。包括用户账号数据和用户行为数据。

用户账号数据包括用户名、姓名、出生日期、身份证件号码、住址、通信联系方式、通信记录和内容、账号密码、财产信息、征信信息、住宿信息、健康生理信息等。具体来说为邮箱账号及密码、网购账号及密码等。

用户行为数据即人类的网络社会行为。包括聊天、购物、搜索等产生的日志、图片、音频、视频等规模巨大、类型多样的存储在各类介质上的数据，如通话记录、网购记录、个人浏览偏好、网站浏览痕迹、IP 地址、软件使用痕迹及地理位置等。

4.3.2　行业数据

行业数据指在经济发展中产生的相关数据，包括安防数据、环保数据、城管数据、交通数据、养老数据、医疗数据、社区数据、教育数据、能源数据、计生数据、社保数据等。本部分将介绍其中的互联网医疗数据和互联网金融数据。

（一）互联网医疗数据

互联网医疗数据的来源和范围多样化，即便经过脱敏处理难以识别特定个人身份，该信息的集合很有可能被认定是与国家安全、经济发展，以及社会公共利益密切相关的重要数据。在新颁布的国家标准《信息安全与技术　数据出境安全评估指南》中与医疗行业相关的重要数据主要包括人口健康数据和药品数据两类。

其中，人口健康数据包括：

（1）在药品和避孕药具不良反应报告和监测过程中获取的个人隐私、患者和报告者信息；

（2）突发公共卫生事件与传染病疫情监测过程中获取的传染病病人及其家属、密切接触者的个人隐私和相关疾病、流行病学信息等；

（3）医疗机构和健康管理服务机构保管的个人电子病历、健康档案等各类诊疗、健康数据信息；

（4）人体器官移植医疗服务中人体器官捐献者、接受者和人体器官移植手术申请人的个人信息；

（5）人类辅助生殖技术服务中精子、卵子捐献者和使用者以及人类辅助生殖技术服务申请人的个人信息；

（6）计划生育服务过程中涉及的个人隐私；

（7）个人和家族的遗传信息；

（8）生命登记信息。

药品数据包括：

（1）涉及国家战略安全的药品在药品审批过程中提交的药品实验数据，例如在动物模型上进行的药理、毒理、稳定性、药代动力学等试验数据，在人体中进行的临床试验数据，以及与药品的生产流程、生产设施有关的试验数据；

（2）第二类、第三类医疗器械临床试验数据/报告；

（3）药品安全重大（紧急）信息，包括事件发生时间、地点、当前状况、危害程度、先期处置、发展趋势、事件进展、后续应对措施、调查详情、原因分析。

（二）互联网金融数据

互联网金融是传统金融行业与互联网相结合的新型领域。互联网"开放、平等、协作、分享"的精神向传统金融业渗透，使传统金融业务透明度更强、参与度更高、协作性更好、中间成本更低、操作更便捷。互联网金融数据主要包括交易数据、文本数据以及金融服务或产品供给数据。

（1）交易数据。互联网金融是传统金融向电子信息化方向的发展，互联网金融的主要活动离不开用户交易。互联网金融企业为用户交易提供了互联网平台媒介及相关金融服务。为保证交易安全、提高企业的服务质量以及便于回溯和取证，系统会记录用户通过互联网平台交易的过程，如支付、转账信息。长期积累的交易数据不仅可以用来分析用户的交易偏好，也可用来侦测用户的异常交易行为，为防止交易风险提供依据。

（2）文本数据。作为信息传递的平台，互联网中存在大量的评价、留言、沟通交流信息，这些信息体现了民众的舆论动向。金融运行的基础为信用与预期，这种特征使其更容易受社会信用与预期舆情的影响。金融舆情能够通过一定的作用机理对互联网金融运行产生现实的影响，如果不能及时关注和应对小的金融舆情，则有可能酿成大的金融危机事件。

（3）金融服务或产品供给数据。包括国家宏观经济运行情况、物价水平、进出口、行业发展状况等。

（三）互联网基础资源数据

互联网基础资源大数据包括互联网基础资源在注册、解析与应用支撑等各环节中所产生的各类数据（如域名注册信息、IP 地址、自治系统号码等），以及相关的互联网物理设施数据与互联网应用数据。

域名、IP 地址及其服务系统作为互联网重要的基础资源，提供关键的互联网核心服务，其相关的系统实现了互联网资源寻址功能，是互联网的"中枢神经系统"和关键基础设施。加强对域名、IP 地址等互联网基础资源的管理，提升互联网关键信息基础设施服务能力、技术创新能力和安全保障能力，是我国《"十三五"国家信息化规划》的重要组成部分。

近年来，伴随着全球域名、IP 地址、自治系统（Autonomous System，AS）号码的数量增多，而且在使用过程中又产生大量相关数据，互联网基础资源大数据已颇具规模，对互联网乃至整个经济社会发展的重要性日益凸显。

4.3.3　流量日志数据

流量日志数据为单位时间内网络上传输的信息量，即两个终端之间拥有相同通信五元组信息（源 IP 地址、源端口、目的 IP 地址、目的端口和传输层协议）的连续数据包数据。

流量日志包括操作系统日志及 access log 访问日志、WAF 日志、HIDS 日志等。操作系统安全日志包含当前主机中正在执行的命令、当前主机登录的用户、登录操作的 IP 地址等信息。access log 访问日志中包含有正常用户及异常用户的网页请求访问日志。

流量日志数据的特征主要分为三类：基于报文头部、基于网络流和基于连接图的网络流量特征。基于报文头部的网络流量特征一般包含 IP 地址、端口地址等。基于网络流的网络流量特征主要使用与网络流量相关的统计数据作为特征，如包长、包到达间隔等，可进一步分成单流特征和多流特征。单流特征即只使用组成该网络流的所有报文集合的统计特征作为该网络流量的特征。包括包到达时间、报文大小、报文大小的均值/方差、网络流所包含的数据报文数量等。多流特征是针对具有某些相同特性的多条网络流量共同形成的一些统计特征。基于连接图的网络流量特征是使用图特征与网络流量特征相结合作为网络流量的特征。

4.3.4　网络舆情数据

安全舆情大数据是指微博、微信、微视频、网络论坛、新闻网站等网络载体上，包含民众观点、态度的数据环境，既包括文本、图片、音频、视频等用户生产内容数据，又包括关注、@、点赞、分享、转发、搜索等用户行为数据。舆情大数据具有大数据的一般特征，如海量、多源、异构、高速等，同时也具有其特殊性。

舆情大数据的主要特征是：

（1）社会网络化。融合了时间、空间、社会身份、社会关系、社会理性、社会情感等属性。这些属性通过组合、叠加，使舆情大数据具有多维度、多层次、复杂关联的社会网络属性。

（2）实时交互。随时间不断动态更新，海量、高频次的实时交互使得舆情大数据在意见表达、观点辨析、情感碰撞的过程中，呈现出重要的民意情报价值。

（3）多媒体。包含大量文本、图片、音频、视频等非结构化数据，这使其对事件现象、特征、规律的描述能力更强。

安全舆情数据是社会安全事件情报感知的基础，舆情大数据的社会网络属性，是基于舆情大数据进行社会安全事件情报感知的基本理论依据。在事初阶段，情报感知能够线上线下数据融合分析与情报预警，实现交互式决策指挥，防止社会安全事件的爆发式演化和次生衍生事件，在事后阶段，情报感知能够对同类事件复发进行预测与预警。

4.3.5　应用数据集

本部分将介绍网络空间安全大数据的部分公开数据集，可应用在计算机网络入侵检测、僵尸网络检测、恶意软件检测等领域。

（一）KDD Cup

1998 年美国国防高级研究计划局（DARPA）和空军研究实验室（AFRL）共同赞助了MIT 林肯实验室第一批标准数据，用于评估计算机网络入侵检测系统。KDD Cup 1999 是从

MIT 林肯实验室收集的数据的一部分，包括 tcpdump 和 BSM 列表文件。该数据集基于 DARPA 的 98 IDS 评估程序中捕获的数据，由 Stolfo 等人编制。此外，该数据集被视为入侵检测系统评估的基准数据。这些数据包括四类主要的攻击：拒绝服务（DoS）、用户到根（U2R）、远程到本地攻击（R2L）和探测攻击。数据集中有 3 个内容特征和 38 个数字特征。这些特征包括各个 TCP 连接的基本特征、由领域知识建议的连接内的内容特征和使用 2 s 时间窗口计算的流量特征。KDD 99 是评价异常检测方法性能最常用的数据集之一。

（二）ISOT

ISOT（Information Security 和 Object Technology）数据集由埃里克森实验室和匈牙利的流量实验室 Ericson Research 联合开发，是公开可用的各种僵尸网络和包含 1 675 424 条总流量的普通数据集的组合。对于 ISOT 中的恶意流量，它从 Storm 和 Waledac 僵尸网络组成的蜜网项目的法语章节中收集。数据集中的非恶意流量，除了包括 HTTP 网页浏览和 Azureus bittorent 客户端的流量外，还包含许多类型应用程序的常规流量。

（三）ECML-PKDD

ECML-PKDD 数据集是为 2007 年欧洲机器学习和知识发现会议创建的。ECML-PKDD 发现挑战赛是与第 18 届欧洲机器学习会议（ECML）同时举行的数据挖掘竞赛。数据集由 context、class 和 query 三个主要部分组成，包括运行在 Web 服务器上的操作系统、请求所针对的 HTTP 服务器、服务器是否理解 XPATH 技术、Web 服务器上是否有 LDAP 数据库、Web 服务器上是否有 SQL 数据库等。

（四）CSIC

CSIC 数据集由 CSIC 信息安全研究所（西班牙国家研究委员会）自动生成和开发。该数据集可用于测试 Web 攻击保护系统。这些数据包括 6 000 个正常请求和 25 000 多个异常请求，HTTP 请求被标记为正常或异常。异常请求是应用层攻击的一个综合领域。在这个数据集中，有三种类型的攻击：静态、动态和无意的非法请求。其中，动态攻击包含 SQL 注入、CRLF 注入、跨站点脚本、缓冲区溢出等。静态攻击包括过时的文件、URL 重写中的会话 ID、配置文件、默认文件等。无意的非法请求为没有恶意，但是它们不遵循 Web 应用程序的正常行为，并且没有与正常参数值相同的结构（例如，由字母组成的电话号码）。

（五）CTU-13

CTU-13 数据集由捷克技术大学开发，是在非虚构的网络环境中捕获 13 个不同恶意软件的组合。该数据集的目的是捕获真实的混合僵尸网络流量。受感染的主机生成僵尸网络流量，验证正常的主机生成正常流量。CTU-13 数据集包括 13 个不同僵尸网络样本的捕获，也称为场景。所有场景中的每一个都是用一个特定的恶意软件执行的，该恶意软件使用各种协议并执行多种操作。该数据集是布拉格 CTU 大学于 2011 在捷克共和国建立的最大的、更被标记为现有数据集的数据集之一。

（六）DREBIN

DREBIN 数据集由 MobileSandbox 项目提供，包含来自 179 个不同恶意软件家族的 5 560 个应用程序。样品收集于 2010 年 8 月至 2012 年 10 月，数据集中的恶意软件来自 Google 游戏商店、中国市场、俄罗斯市场等。更重要的是，它没有被标记为广告软件的样本，因为它处于恶意软件和良性功能之间的模糊地带。

（七）AMD

AMD 数据集包含了 2010—2016 年的 24 650 个恶意软件样本，分为 135 个恶意软件类型和 71 个恶意软件家族。它提供了 Android 当前状况的最新恶意软件，包含 3 个组成部分：独立、重新打包和库。AMD 通过手动分析提供了恶意软件行为的详细描述，制作了详细的手动分析结果文档，并报告了对 Android 恶意软件当前状况的观察结果。

4.4　网络空间大数据安全分析

本部分将介绍安全事件关联分析技术、网络异常检测分析技术、数据内容安全分析技术、网络安全态势感知分析技术以及大数据安全分析应用案例。

安全事件关联分析通过各个安全事件之间和安全事件与运行环境上下文之间的有效关联，把这些原来相对孤立的数据进行过滤、聚合、去伪存真，发掘隐藏在这些数据背后的真正联系，为管理员提供更完整、更可信、可读性更好、更有价值的信息。网络异常检测分析通过对正常的行为数据建立正常行为模型，假设入侵者的行为异于正常者的行为模式，比较检测模型与正常模型，发现被检测数据与正常行为模型的区别，从而实现对网络异常的检测。数据内容安全分析通过对网络中的违规异常信息进行分析识别，从而确保网络内容安全。网络安全态势感知技术是各项安全分析技术的综合体，主要包括态势理解、态势评估、态势预测以及态势可视化等步骤，为用户决策提供全方位的情报支持。

大数据安全分析应用案例包含棱镜计划、爱因斯坦计划和以色列大数据反恐。[69]

4.4.1　安全事件关联分析

安全事件关联分析就是通过对各个安全事件之间和安全事件与运行环境上下文之间的有效关联分析，将相对孤立的数据进行过滤、聚合、去伪存真，发掘隐藏在这些数据背后的真正联系，提供更完整、更可信、可读性更好、更有价值的信息。下面介绍 3 种基于关联分析的安全事件分析方法：先决条件分析方法、相似度分析方法及时间序列分析方法。

（一）先决条件分析

基于先决条件的关联方法是指通过对较早发生安全事件的行为的结果和较晚发生安全事件的行为的先决条件进行比较，对两个安全事件进行关联。入侵的先决条件指一次入侵取得成功的必需条件，结果指一次攻击成功后所产生的结果，可以是攻击者所获得的信息，也可以是受害者所受到的破坏。超级报警类用来表示一种报警类型的先决条件及结果。下面以超级报警类的不同定义来介绍基于先决条件分析的关联方法。

定义 1：给定一个超级报警类——一个三元组（事实，先决条件，结果）。其中事实是一系列属性的集合，每一个属性关联到一个阈值，包括在报警中（或检测攻击时）已知或已获得的所有信息。先决条件是一系列谓词逻辑连接，描述了攻击成功所必须具备的条件，它的变量都存在于事实中。结果是一系列谓词逻辑连接，描述了攻击成功后所获得的信息，它的变量也存在于事实中。

定义 2：给定一个超级报警类 $T=$（事实,先决条件,结果）。其先决条件集合表示为 $P(T)$，结果集合表示为 $C(T)$，在先决条件集或者结果集中表示了所有谓词，它们的变量由 h 元组中的相应属性值来替换。例如，对一个超报警类 T 的实例 h，其先决条件集合表

示为 P （h），结果集合表示为 C （h），其中的每一个元素通过 h 中相应元组的时间戳关联起来。

定义 3：对于两个超级报警类 h_1 和 h_2，如果存在 $p \in p(h_2)$，并且 $c \in C(h_1)$，对于所有的 $c \in C$，c.结束时间 $< p$.开始时间，并且在 C 中的谓词都蕴含 p，则 h_1 是为 h_2 做准备的报警，这种准备关系的确定有利于发现超级报警类间的因果关系。很明显，如果攻击 h_1 产生的结果对于攻击 h_2 的进行提供了很大的方便，则 h_1 是为 h_2 做准备的。

（二）相似度分析

基于相似度的关联方法是一种可用于实时的安全事件关联分析方法。该方法通过计算属性值的概率相似度，得到报警信息之间的概率相似度，从而对报警信息进行关联。对相似报警（来自相同的源或目的地址的报警）进行关联时非常有效，不需要事先了解各个报警的关联信息，自动通过关键属性值对报警信息进行关联，自动生成关联序列，融合来自不同类型的报警器的报警信息。并且通过设定概率最小匹配标准，可以防止在不重要属性上的欺骗而造成的错误关联。

基于相似度的关联方法通过以下几个步骤对事件进行关联：首先，计算事件不同属性之间的相似度，相似度的值在 0 到 1 之间，事件的属性包括攻击源地址、攻击源端口、攻击者地址、攻击者端口、攻击的类型以及时间戳等。对于事件的每一种属性，都定义了一个与之对应的相似度计算函数。该函数返回一个在 0 到 1 之间的相似度，当相似度为 1 时，表示一个确定的匹配。其次，当新的事件到来时，会与已存在的所有事件线程的相应属性值进行比较，计算它们之间的相似度。事件之间的相似度定义为不同的属性相似度的加权平均值，用公式可以表示为：

$$\mathrm{SIM}(X,Y) = \frac{\sum_j S_j \mathrm{SIM}(X_j, Y_j)}{\sum_j S_j}$$

式中：X 表示已存在的事件线程，Y 表示新的事件，j 表示事件属性的索引值，S_j 表示属性 j 的相似度期望，X_j, Y_j 表示在事件 X 和 Y 中属性 j 的值。

最后，将事件与事件线程相似度最大并超过设定阈值的安全事件融合到安全事件线程中，若不超过设定阈值，则生成一个新的安全事件线程。在融合过程中，将针对安全事件的不同属性，生成一张表格，以存储被融合的信息。

（三）时间序列分析

基于时间序列分析的关联算法通过已经收到的历史报警信息来建立关于报警事件的预测模型，然后通过训练出的预测模型去计算其与哪个正处于关联过程中的攻击序列最接近，从而完成整个事件关联的工作。

该算法首先定义时间间隔 T，然后把该时间间隔划分成 N 份，并利用聚类方法把发生在时间段 i 内的报警事件聚合成事件 A_i，从而产生报警事件集合 $\{A_1, \cdots A_i, \cdots A_n\}$。把事件 A_i（$1 \leqslant i \leqslant n$）定义为时间序列分析中的时间序列变量，然后引入 AR 模型：

$$y(k) = \sum_{r=1}^{p} \theta_r y(k-i) + e_0(k)$$

并利用公式 $g = \dfrac{(R_0 - R_1)/p}{R_1/(T - 2p - 1)} - F(P, T - 2P - 1)$ 进行计算，其中，$R_0 = \sum\limits_{k=1}^{r} e_0^2(k), R_1 = \sum\limits_{k=1}^{r} e_1^2(k)$

计算新发生的报警事件所对应事件序列变量 $y(k)$ 和最近发生的报警事件所对应的时间序列变量 $x(k)$ 之间的 g 值，如果 $y(k)$ 与 $x(k)$ 之间的 g 值最大，则 $y(k)$ 所对应的报警事件与 $x(k)$ 所对应的报警事件具有最大的关联可能性，从而完成事件关联的整个工作。

4.4.2　网络异常检测分析

异常检测一般都基于一个假设：包含攻击意图的网络行为异于正常主体的活动。因此，网络异常检测目标旨在发现网络数据中不符合正常网络行为的主体。本部分将从社交网络异常检测、工控网络异常检测和通信网络异常检测来介绍网络异常检测分析技术。

（一）社交网络异常检测

社交网络异常检测的目标是检测异常用户，如虚假广告投放、网络欺诈、僵尸粉攻击、重复发布敏感信息等，保护普通用户的权益，保障社交网络的稳定与安全。社交网络异常用户账号的创建、维护和发挥作用是一个动态过程，包括创建、发展和应用阶段。根据其不同阶段的不同表现形式，可以将异常用户分为僵尸用户，Spammer、Sybil 用户以及被劫持用户。

僵尸用户是指由攻击者通过自动化工具创建的虚假账号，能够模拟正常用户发布消息、添加好友等操作。通常僵尸用户在批量被创建的过程中有相似的命名规则。Spammer 是攻击者创建的用于发布广告、钓鱼、色情等 url 信息的虚假用户，或通过恶意互粉、添加好友、点赞等行为改变社交网络中的信誉等恶意行为的虚假用户。该类用户具有较为明显的行为特征。它们利用在线社交网络大规模传播有害信息，干扰平台的正常使用，威胁着互联网安全。Sybil 用户也称女巫攻击者，该类用户制造大量非法虚假身份，即女巫节点，女巫节点通过与其他节点频繁交互提升自身在整个网络中的影响力，从而更方便地在社交网络中发起欺骗社交个体、干扰社交个体中继选择、拦截和篡改数据等攻击行为。被劫持用户通常原本是社交网络正常用户，拥有正常的行为模式以及大量好友，攻击者通过多种方式盗取账号，从而进行恶意行为。

社交网络异常检测的方法主要分为基于网络连接图模型和基于节点特征的分析方法。基于网络连接图模型的分析方法主要根据异常用户与正常用户具有不同的拓扑结构，找到图的异常结构或节点，从而检测出异常用户。基于节点特征的分析方法对社交网络的节点提取包括注册属性、发布内容、活动行为、连接关系等在内的一类或几类特征，构建多维特征向量，综合分析社交网络用户的不同属性，再运用监督学习或无监督学习等方式进行异常用户的检测。

本部分以基于 GCN 的社交网络 Spammer 检测方法为例（见图 4.1），介绍一种基于节点特征的社交网络异常检测模型。该方法首先对社交账号的个人信息如性别、年龄、ID、匿名天数等社交数据进行数据处理；然后将处理后的社交数据输入网络表示学习算法提取网络局部结构信息，得到网络节点的特征向量；最后，将含有网络局部结构的特征向量输入重正则化技术条件下的 GCN 算法，检测出是否存在 Spammer。

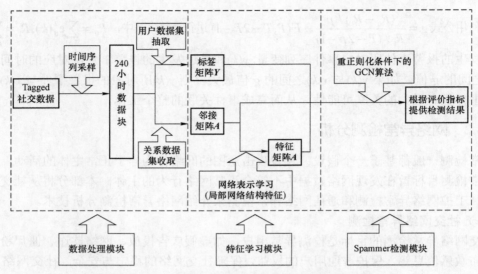

图 4.1 基于 GCN 的社交网络 Spammer 检测方法

（二）工业控制网络异常检测

工业控制网络异常检测的目标是通过对工业生产设备网络流量的监控和分析，实现对异常攻击行为的发现，保障工业控制系统和国家关键基础设施的安全。工业控制网络异常检测的主要方法有规则匹配、机器学习、遗传算法等。下面以机器学习技术为例简述工控网络异常检测的一般过程。

基于机器学习技术的工控网络异常检测原理如图 4.2 所示。训练数据包括利用攻击样本进行模拟攻击、调研已知存在攻击行为的网络数据流量和不存在攻击行为的安全数据流量。通过数据预处理、特征提取和 LSTM 模型训练的过程可得到网络攻击事件识别模型。

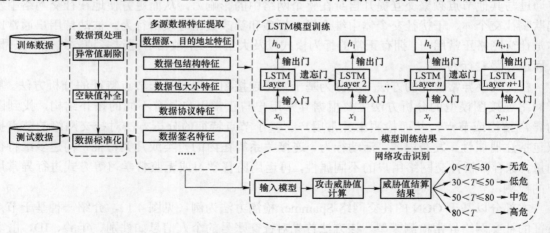

图 4.2 基于机器学习技术的工控网络异常检测原理

在实际应用中，首先通过数据采集装置采集工控设备运行过程中的实时网络数据，并将得到的原始网络数据进行预处理、特征提取等模块的处理以得到数值化的特征向量；然后，将向量输入之前训练好的识别模型中，根据模型输出结果计算出攻击威胁值得分；最后，根据模型的输出得分对当前网络环境是否存在网络攻击进行实时识别，同时对网络所面临的威胁程度给予分级评估，为工控网络安全防护决策提供信息支持。

（三）通信网络异常检测

通信网络异常检测的目标是监控通信网络，检测通信网络攻击行为，实现对通信网络的保护，建立通信网络的安全防御体系，保障通信系统和国家关键基础设施的安全。

通信网络异常检测的方法主要有基于规则的方法、基于统计的方法以及基于机器学习的方法。基于规则的方法是通过人工分析进而建立一个描述正常访问行为的规则集，从而实现异常检测。基于统计的方法是对正常通信网络数据，如 url 参数值长度的均值和标准差、参数的个数、参数的字符分布、url 的访问频率等进行数值化的特征提取、分析、建模，从而依据统计学方法建立数学模型实现通信网络异常检测。然而，以上两种方法都需要大量人工参与和丰富的专家知识，难以实现自动检测。而基于机器学习的方法是对通信网络数据进行特征提取，然后利用机器学习模型对通信网络数据进行分类，最终自动得到通信网络为异常或正常的检测结果。因此，本部分以基于机器学习的通信网络异常检测方法为例介绍通信网络异常检测。

基于机器学习的通信网络异常检测方法示意图如图 4.3 所示。该方法首先通过过滤器、防火墙和流量监控采集通信网络数据（如数据包报头、标头字段等）；其次，对采集到的数据进行异常值筛选、降维和标准化等预处理；再次，利用预处理后的数据训练分类器；最后，利用训练好的分类器对通信网络进行检测，得出通信网络是否为异常的检测结果。

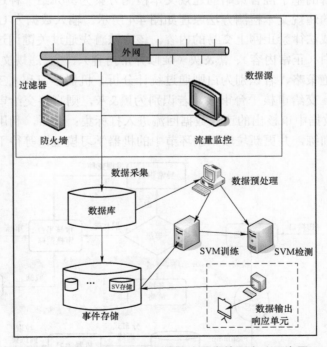

图 4.3　基于机器学习的通信网络异常检测方法示意图

4.4.3 数据内容安全分析

数据内容安全分析是指通过技术手段对网络内容进行分级、分类、过滤等，分析煽动颠覆国家政权、煽动民族宗教仇恨和恐怖主义以及色情暴力血腥等违法违规内容，从而维护政治意识形态安全、规范信息传播秩序、保障积极健康的网络生态环境。数据内容安全分析主要分为两种技术途径：传统的基于人工审核的内容分析方法和基于人工智能技术的内容分析方法。随着大数据时代的到来，数据内容具有即时性、海量性和多态性等特点，基于人工智能的内容安全分析技术成了主流。本部分将从基于人工智能技术的违规文本检测和敏感图像检测两个部分介绍数据内容安全分析技术。

（一）违规文本检测

违规文本指带有敏感政治倾向（或反执政党倾向）、暴力倾向、不健康色彩和不文明的文本。违规文本检测的目标是通过技术手段从网络传输的海量文本内容中准确识别出违规文本，对违规文本进行监管，从而净化网络环境，保障社会安定团结。

现有的违规文本检测方法有基于关键词过滤方法、基于关键词文法过滤方法、基于机器学习方法以及融合关键词与机器学习的混合方法。基于关键词过滤方法效率高，但是由于分词歧义问题导致误检测，泛化能力较弱，词库的维护成本高。基于关键词文法过滤模式考虑了关键词的上下文，相比关键词过滤拥有了一定的消除歧义能力，但是关键词文法需要人工总结归纳，同时，不断涌现的变种使挖掘拦截文法的人力成本不可控。基于机器学习方法在实际应用中也难以应对变种问题。而融合关键词与机器学习的检测方法可以有效避免上述问题，因此，本部分将以腾讯云天御的基于混合策略的违规文本检测方案为例介绍一种违规文本检测方法。

基于混合策略的违规文本检测方法原理如图 4.4 所示。输入数据为 UGC 评论文本数据，包含违法违规词汇或法律禁止网上交易的内容。该方法首先通过关键词过滤和机器学习模型将输入数据识别为白（正常内容）、黑&灰（疑似异常内容）、黑（违规文本）；然后，若识别为黑则使用业务拒绝策略，若识别为白则通过统计分析、机器学习和人工辅助的方式进行异常识别、发掘变种，交给审核平台审核，若识别为黑&灰，则直接交给审核平台审核；接下来，将白和黑&灰数据中审核出的违规数据回流进入打标集；最后，利用该打标集对机器学习模型进行分布式训练，并更新垃圾识别环节中的机器学习模型，等待下一次检测。

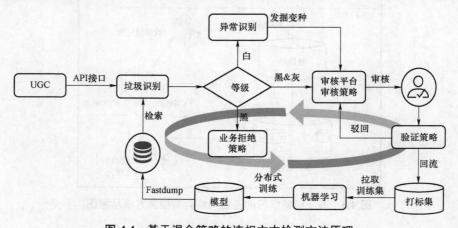

图 4.4　基于混合策略的违规文本检测方法原理

其中，FastText 文本分类算法为基于混合策略的违规文本检测方法中使用的机器学习算法。该算法使用了层次 Softmax 方法对标签进行编码，缩小了模型预测目标的数量。同时，FastText 通过建立用于表征类别的树形结构，使频繁出现类别的树形结构的深度小于不频繁出现类别的树形结构的深度，提高了计算效率。

（二）敏感图像检测

敏感图像不仅包含爆炸火灾图像、暴乱图像、血腥图像、军事武器图像、杀人图像、尸体图像、暴恐人物图像以及警察部队图像、隐私图像等图像，还包含嵌入了攻击党和政府的标语和谣言、分裂组织的标语口号、违法广告信息等违法不良信息的文本图像。敏感图像检测的目标是通过技术手段从网络传输的海量图像内容中准确识别出敏感图像，对敏感图像进行监管，从而净化网络环境，保障社会安定团结。

敏感图像检测主要分为基于传统肤色算法的检测方法和基于深度学习的检测方法。基于肤色算法的检测方法通过计算图像中的肤色区域的面积比例，并设定阈值确定该图像是否是敏感图像。但是由于背景颜色、光照条件、图像质量的影响，此类方法容易出现误判和漏判，而深度学习可以模拟人类通过网络进行视觉感知的方法，通过层层构建网络自动学习更多的隐藏特征，获得目标的整体感知。因此，本部分将以隐私人物图像检测及过滤系统为例介绍基于深度学习的敏感图像检测方法。

隐私人物图像检测及过滤系统如图 4.5 所示。整个系统包括三个阶段，分别是训练阶段、检测阶段和决策阶段。

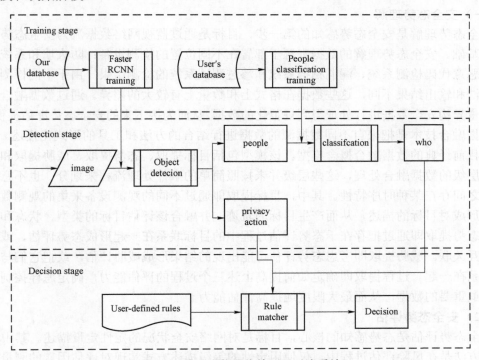

图 4.5　隐私人物图像检测及过滤系统

在训练阶段，首先将进行亲吻、拥抱、牵手等隐私行为的隐私人物图像数据按照 1:1 的比例分为训练集和测试集。然后将训练集用来训练 Faster RCNN 模型来检测隐私行为和隐私人物图像，并测试用来验证模型的准确性。

在检测阶段，要充分利用训练阶段得到的模型检测图像中的隐私行为（亲吻、拥抱、牵手等）和其可能性得分。可能性得分是 0 到 1 之间的小数，分数设置为"高"[0.66,1]、"中"[0.33,0.66]和"低"[0,0.33]三个等级，分别代表高置信度检测目标、中等置信度检测目标以及不确定是否成功检测到目标。

在决策阶段，首先在预先定义的隐私规则中匹配隐私人物及其隐私行为并得到返回图像隐私级别。然后综合返回的图像隐私级别和隐私行为类别可能性得分，提供用户能否共享图像的决策建议。

4.4.4 安全态势感知分析

网络安全态势是由各种网络设备运行状况、网络行为以及用户行为等因素所构成的整个网络当前状态和未来变化趋势。网络安全态势感知是指通过综合分析网络安全要素评估网络安全状况及预测其发展趋势，以可视化的方式展现给用户，便于用户做出相应的决策。

完整的网络安全态势感知过程分为四个阶段，即网络安全理解、网络安全态势评估、网络安全态势预测和网络安全态势可视化。涵盖以下几个方面：① 提取网络环境下态势感知的所需要素，为态势分析做准备；② 分析并确定事件产生的深层次原因，这是一个对网络安全态势的评估过程；③ 对未来安全事件预测进行动态预测，例如已知 T 时刻发生的事件，预测 $T+1, T+2, \ldots, T+n$ 时刻的事件；④ 形成最终的态势报告和可视化图形。

（一）安全态势理解

安全态势理解是安全态势感知的第一步，目标是通过监视网络数据流为安全态势评估奠定数据基础。安全态势理解的数据来源于部署在不同位置的检测设备：防火墙和系统的报警日志、恶意代码检测系统、漏洞扫描系统和渗透测试系统的检测结果。由于不同检测设备的检测方法和输出结果不同，这些数据在格式上和数量上有较大的差异。通过数据融合技术可以对海量异构安全数据进行处理得到规范化的数据，从而为接下来的安全态势评估提供支持。

数据融合技术是把来自不同数据源的数据进行结合的方法和工具的形式化描述。图 4.6 所示是目前经典的数据融合概念模型。该模型包括目标提取、态势提取、威胁提取和过程提取四个层级的数据融合处理，这些层级并未按照简单的事件处理流程来划分，也不意味着各个层级之间存在某种时序特性。其中，目标提取即通过不同的观测设备采集的观测数据，联合起来形成对目标的描述，从而产生目标的轨迹，并融合该评估目标的类型、状态和位置等属性。态势提取即通过把存在于态势评估过程中的目标联系在一起形成态势评估，或把目标评估相互关联。威胁提取即考虑态势评估可能出现的结果形成威胁评估，或把它们与存在的威胁联系在一起。过程提取即确定如何提高上述三个过程的评估能力，确定怎样控制传感器来获取最重要的数据，从而最大限度地提高评估能力。

（二）安全态势评估

安全态势评估是态势感知的核心，目标是对网络安全状况的定性定量描述。其中，定性的评估方法是在风险评估过程中，仅使用定性的等级描述方式实现对评估因素的测量。定量的评估方法指对评估因素的测量通过数值体现，并且根据上述因素的测量值，利用一定的算法得到最终的风险值。定量的评估方法主要可以分为如下四个步骤：

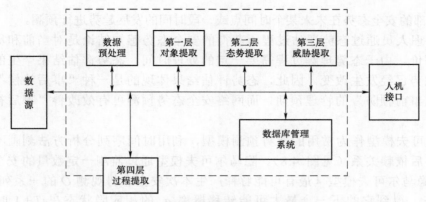

图 4.6　数据融合技术原理示意图

（1）确定关键资产及其价值，即确定所需要保护的对象，包括有形资产和无形资产；

（2）分析并量化资产所面临的威胁，分析可能对资产造成损失的潜在事件，确定威胁可能发生的概率及潜在损失的大小；

（3）分析并量化系统脆弱点，即分析可能被威胁利用而造成损失的漏洞和安全隐患，确定脆弱点可能被利用的概率；

（4）风险计算，即根据上述量化值，通过公式得到最终的量化风险值。

图 4.7 展示了一种多层次的态势评估框架。包括专题层次、要素层次和整体层次三个层次。每个层次分别从不同的角度、不同的粒度对网络安全态势进行评估。其中，专题层次是对影响网络安全状况各个具体因素的评估，分为资产评估、威胁评估、脆弱性评估和安全事件评估四个角度，每个角度根据评估的范围不同分为三个粒度。以威胁评估为例，包括对单个威胁的评估、对某一类威胁的评估和整个网络威胁状况的评估。要素层次是对网络在安全要素的各个方面达成程度的评估、描述网络在安全要素各个方面的损失情况，分为保密性评估、完整性评估、可用性评估三个角度。整体层次是对网络的安全状况的综合评估。

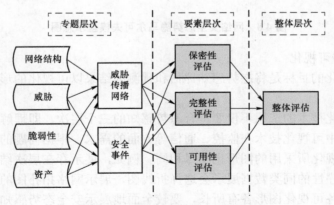

图 4.7　多层次安全态势评估框架

（三）安全态势预测

安全态势预测是安全态势感知的最高层，目标是基于过去和当前的态势评估结果，对网络整体或局部的安全态势在未来某个时间点或一段时间的发展趋势进行预测。

网络管理人员通过态势评估过程所获得的安全态势感知结论是对当前和历史网络安全状况的评价。由于态势理解过程需要一定的处理时间，态势评估结果产生的同时，网络的安全态势已经发生改变。因此，态势评估结果体现的是一种"事后补偿"措施，而无法达到"事前预防"的管理预期，而网络安全态势预测可有效改善"事后补偿"机制的不足。

隐马尔可夫模型作为常用的态势预测模型，利用时间序列分析方法刻画不同时刻安全态势的前后依赖关系（见图 4.8）。隐马尔可夫模型通过监测一定数量的安全态势观测序列，寻找隐马尔可夫模型 λ 最有可能解释产生本次安全态势观测 O 的一系列隐状态 Q。基于隐状态，得到它的下一个最大可能转移概率 a_{ij} 的相应隐状态在 $T+1$ 时刻的安全态势。

基于隐马尔可夫的安全态势预测方法，首先收集内外部状态数据，训练隐马尔可夫模型。然后利用已训练好的隐马尔可夫模型对网络安全态势进行预测，为管理员提供决策服务。

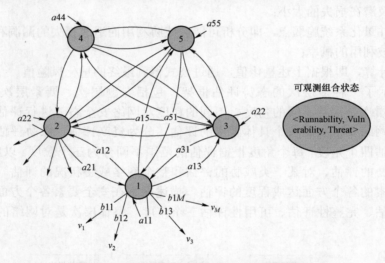

图 4.8　网络安全态势隐马尔可夫模型示意图

（四）安全态势可视化

安全态势可视化的目标是将态势感知评估和预测的结果以可视化的形式展现给用户，使用户做出决策处理。

安全态势可视化技术的选用不仅要符合态势感知的三个层次，即理解、评估和预测，同时要满足信息保障中可视化技术在监控、通信等方面的需求。根据问题的不同及想要展示的侧重点的不同，可视化所采用的图形也不尽相同。例如，展示存在层次结构的数据时会优先选择树图，具有时序性的同类数据展示会选择折线图，展示网络拓扑图的时候，节点连接图则是更好的选择。各可视化图形各有所长，要较全面地展示安全态势感知的状况，一般都会有两种或以上的可视化图形结合。以下将对安全可视化中采用的图形分类方法的优劣分别做一个归纳，如表 4.1 所示。

表 4.1 可视化图形分类总结

可视化	优势	劣势
简单图表（饼状图、条形图、折线图）	简单易懂，表达很直观，能够直接对显示数值进行比较，在具有时序特点的网络监控数据方面应用很广	展示的数据维度和数据量都很有限，对大型的安全数据可视化有很大的限制
堆叠图（饼状图、条形图、折线图）	相较简单图表，能够展示的维度增加了，能够展示更多的信息	会导致图表的混乱，不容易读懂
箱型图	通常是用来看一个数据维度的平均值，在识别异常值方面有一定的优越性	展示的数据量有限，只能看到最大值、最小值和平均值，不能看到较精确的数据
散点图	在不考虑时间的情况下比较大量数据点时，很适合用来判断变量之间是否存在某种关联或总结坐标点的分布模式，且点越多越好，可显示大规模网络日志数据	数据量过大时易导致点线重叠带来的部分信息丢失
直方图	能够直观展示数值分布的形状，有利于对不同时间某一端口或 IP 的流量值进行比较	适合连续数据，条状表示一组连续值而不是单个值，只能展示不同时间段的数值，不能展示某一精确时间的数值
平行坐标轴	能较好地展示数据信息间的相关性，针对分布式协同攻击、僵尸网络分布、拒绝服务攻击等具有较好的效果	数据太多而显得杂乱，针对海量数据信息的分析能力弱
节点链接图	用来展示一个维度和多个维度之间的数值关系，对网络整体拓扑的展示很有优势，能帮助快速识别异常集群	节点过多会导致图形难以辨认，而把某些节点结合起来合成一组，作为一个节点显示出来，会有信息丢失
径向坐标图（环形图，雷达图，星图）	在描述 3W（what，where，when）模型时具有很好的图形表现力和多样的交互空间，是事件关联可视化的主要研究方法	数据太多时容易产生混淆
热力图	能够较好展示 IP 及端口的网络流量，对蠕虫病毒的传播展示效果良好	信息显示太单一，不能得到精确的数值，用颜色显示时，数量太大、颜色太相近时容易造成混乱
网格图	在以主机和端口为对象的可视化流量异常检测方面很有优势	能够展示的信息相对较少较单一
地图	有较强的空间感，对带有位置的数据信息有很好的展示效果，能够看到较大范围的数据分布	数据信息展示太少，必须配合其他可视化共同展示
树图	可以展示基于层次的关系，很容易就能够进行不同数据维度的展示，很好地展示出网络攻击图（一种可视化漏洞关联影响的技术）中的所有攻击途径，以评估网络的安全性	空间利用率相对较低，太占空间

网络安全态势感知可视化系统中的可视化图形种类和数量繁多，本部分仅以雷达图为例，介绍可视化图形在网络安全态势感知中的应用。雷达图易读易交互且具有紧凑的布局，在对3W(what,where,when)模型进行描述时具有多样的交互空间和很好的图形表现力，因此常用来进行安全态势感知的可视化分析。雷达图算法的实现主要包括了三个过程：数据库中（类型，时间，资源）属性的检索、使用三个外部函数投影这些值以及展示的映射使用了一个通用的Γ函数。以安全日志作为数据为例，详细算法如下：

① 提取一条记录的三个属性，即维度信息，生成方程式（1），选取一条日志记录中的时间信息，发生安全事件的设备以及安全事件类型分别针对 when、where、what。

$$\overrightarrow{e} = (when, where, what, \dots) \tag{1}$$

② 把三个属性值转换为对应的几何数值，生成方程式（2），θ 表示把安全事件类型转换为雷达图中圆环的弧度，ρ 表示把不同时间转换为一圈圈同心圆环，χ 表示把设备的位置转换为一个坐标值放到圆中。

$$\theta: what \rightarrow angle$$
$$\rho: when \rightarrow ring \tag{2}$$
$$\chi: where \rightarrow (x, y)$$

③ 定义两个函数 f 和 g 来完成方程式（1）到（2）的如下映射，利用以上两个函数绘制出雷达图，不同颜色的弧形环代表不同类型的安全事件，圆环中的灰色圆环代表不同的时间，最内环表示最早的时间，包含所有设备的节点连接图则位于圆心早圆环的空白部分，根据坐标值确定设备的位置。

$$f: (type, time) \rightarrow (angle, ring)$$
$$g: (node) \rightarrow (x, y)$$

④ 导入含有 what、where、when 属性的数据，通过函数 f 找到点 $P0$ 点，即某时刻产生了某种类型的安全事件。

$$P0 = (\theta(what), \rho(when))$$

⑤ 通过函数 g 把 where 属性转换为坐标值，标记为点 $P1$，即某设备的位置。

$$P1 = (where)$$

⑥ 结合方程式（1）和（2），定义投影函数（3），当 when = 0 时，点 $P0$、$P1$ 相连，通过投影函数在雷达图中绘制出直线 $P0P1$，表示某时刻某设备产生了某种类型的安全事件。由于连接线都只与最内环相连，设置 when = 0 可以找到某类型安全事件最初是发生在哪台设备上；Num[$P0$]++ 是用来记录某时刻发生此类安全事件的次数。

$$\Gamma(what, when, where) = \begin{cases} \overline{P0P1} & \\ Num[P0]++, 0 < \rho(when) \end{cases}, when = 0 \tag{3}$$

4.4.5　安全分析应用案例

本部分将介绍部分大数据安全分析的应用案例，包括棱镜计划、爱因斯坦计划，以及以色列大数据反恐等案例。

（一）棱镜计划

棱镜计划（PRISM）是一项由美国国家安全局（NSA）自 2007 年起开始实施的绝密电子

监听计划，其正式名号为 US-984XN（见图 4.9）。该计划可以通过对各项网络关键基础设施的掌控完成大数据的收集，并通过不同的算法对海量数据进行逻辑关联，以完成社会群体社会行为变化趋势的监控和特定目标人群的定位等目标。根据报道，泄露的文件中描述棱镜计划能够对即时通信和既存资料进行深度的监听。许可的监听对象包括任何在美国以外地区使用参与计划公司服务的客户，或是任何与国外人士通信的美国公民。美国国家安全局在棱镜计划中可以获得的数据：电子邮件、视频和语音交谈、影片、照片、VoIP 交谈内容、档案传输、登入通知，以及社交网络细节。综合情报文件"总统每日简报"中在 2012 年的 1 477 个计划中使用了来自棱镜计划的资料。

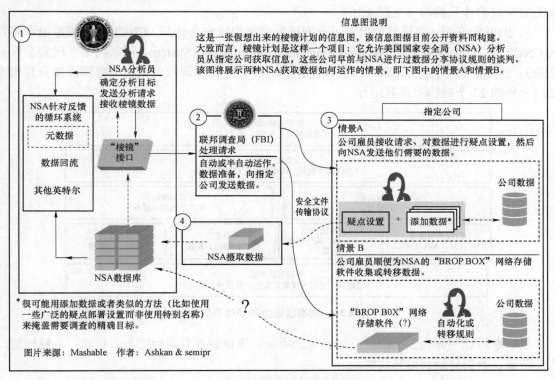

图 4.9　棱镜计划运行信息图

棱镜计划依赖于硬件基础和软件基础。硬件基础以九大巨头网络公司，如微软、苹果、Google、Facebook、YouTube、AOL 提供的客户端操作系统、电子邮件功能、即时通信、网络接入服务等功能为支撑，为用户提供服务的同时也为当局提供了获取情报的便利。所有的不同服务器上的数据都要通过路由器来传送,而思科的路由器拥有监控窃听这些数据的功能。当局也能通过思科的路由器神不知鬼不觉地获得微软等服务器中心的数据。软件基础即以数据库、Hadoop 基础架构和机器学习为助手，帮助当局快速分析处理数据，在大型的数据方面更能体现出它的优势，极大地缩短了获取数据结构的时间。

棱镜计划涉及政府、海关、邮政、金融、铁路、民航、医疗、军警等要害部门的网络建设，以及电信运营商的网络基础建设。一旦发生战争美国可以控制目标国家所有接入互联网的电脑，瘫痪目标国家的金融、通信、交通运输等关键系统。

美国多棱镜项目系统的披露虽属偶然，却也是在各国意料之中。风波带来的是我国必须尽快完成网络战部队全面建设，专施防御的部队已经不能适应战争形态的变化了，各国已经把网络战纳入了"兵不血刃"的进攻力量，我国也必须从实战出发去建设我们的网络战力量。

（二）爱因斯坦计划

爱因斯坦计划是美国联邦政府主导的一个网络安全自动监测项目，由国土安全部（DHS）下属的美国计算机应急响应小组（US-CERT）开发。该计划的目标是以 DFI、DPI 和 DCI 技术为抓手，以大数据技术为依托，以威胁情报为核心，实现对美国联邦政府互联网出口网络威胁的持续监测、预警与响应，以提升联邦政府网络的态势感知能力和可生存性，奠定国家级的安全防护体系架构（见图 4.10）。

从 2009 年开始，美国政府启动了全面国家网络空间安全计划（CNCI），爱因斯坦计划并入 CNCI，并改名为 NCPS（National Cybersecurity Protection System，国家网络空间安全保护系统），但是依然称为爱因斯坦计划。目前，NCPS 已经在美国政府机构中除国防部及其相关部门之外的 23 个机构中部署运行。

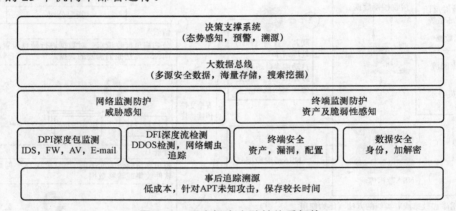

图 4.10　国家级安全防护体系架构

爱因斯坦计划分为三个阶段，如表 4.2 所示。该计划具有四种能力，包括：入侵检测、入侵防御、数据分析和信息共享。

表 4.2　爱因斯坦计划阶段时间表

代号	部署时间	目标	描述
爱因斯坦 1	2003	入侵检测	通过在政府机构的互联网出口部署传感器，形成一套自动化采集、关联和分析传感器抓取的网络流量信息的流程
爱因斯坦 2	2009	入侵检测	通过对联邦政府机构互联网连接进行监测，将预置的已知恶意行为的签名与其进行匹配，实现对恶意行为的识别，向 US-CERT 发出告警
爱因斯坦 3	2013	入侵检测 入侵防御	通过 ISP 部署入侵防御和基于威胁的决策判定机制，利用 DHS 开发的恶意网络行为指示器来进行恶意行为识别，实现对进出联邦政府机构的恶意流量自动阻断

爱因斯坦 1 计划始于 2003 年，其目标是利用网络流量数据的 DFI（深度包检测）技术来进行异常行为的检测与总体趋势分析。通过在政府机构的互联网出口部署传感器，形成一套自动化采集、关联和分析传感器抓取的网络流量信息的流程。

爱因斯坦 2 计划始于 2008 年，其目标是利用 IDS 技术对 TCP/IP 通信的数据包进行 DPI（深度包检测），来发现攻击和入侵等恶意行为。爱因斯坦 2 计划是爱因斯坦 1 计划的增强，在原来对异常行为分析的基础上，增加了对恶意行为的分析能力，本质上依然是入侵检测系统。爱因斯坦 2 计划通过扫描所有互联网流量以及政府电脑（包括私人通信部分）的副本数据，发现可能用于获取或伤害政府电脑系统的恶意计算机代码的特征。当爱因斯坦 2 系统标记出具有恶意代码特征的通信数据，它就会自动获取并存储整个消息，如电子邮件的内容。被识别出来和存储的信息随后会受到计算机网络防御部门政府官员的审查。所有这一切工作都是在没有法院以及任何外部行政部门进行监督保证的情况下进行的。

爱因斯坦 3 计划始于 2013 年，其目标是通过 ISP 部署入侵防御和基于威胁的决策判定机制，利用 DHS 开发的恶意网络行为指示器来进行恶意行为识别，实现对进出联邦政府机构的恶意流量自动阻断。爱因斯坦 3 计划是入侵检测能力的爱因斯坦 2 系统的补充。前国土安全部长 Chertoff 表示，如果爱因斯坦 2 系统是"一个在路边拿着测速雷达的警察，他们可以提前用电话警告有人醉酒或超速驾驶"；那么爱因斯坦 3 系统则是一位可以"逮捕疑犯"和"阻止攻击"的警察。国土安全部在爱因斯坦 3 计划中扮演了重要的角色，它与私营的网络和通信公司之间有密切的合作关系，经常会互相分享信息。这些公司的硬件和软件构成了互联网的骨干以及互联网的连接节点。

（三）以色列大数据反恐

以色列自建国至今，一直在对付各种各样的恐怖主义浪潮。近十年来，随着第二次巴勒斯坦人起义的结束和针对巴勒斯坦人的隔离墙的修建，以色列境内恐怖袭击数量大幅减少，主要威胁来自邻国反以武装（如真主党和哈马斯）的袭击，以及"基地"组织、"伊斯兰国"等国际恐怖主义分子的威胁。[69]

以色列大数据反恐的目标是利用大数据分析来追踪和预防恐怖分子的行动。通过搜集网络信息、监听电话以及截获政府、组织甚至个人的电子邮件，利用大数据技术进行挖掘分析与比对，提炼成十分有用的行动性情报线索，为情报分析员做出判断提供支持。

在以色列大数据反恐进程中，网络实时监控软件和基于位置的搜索运算是两个典型的应用。网络实时监控软件可以利用数据地图和链接分析，实时监控 Facebook 和 Twitter 等社交媒体动态，每分钟能看 30 万个帖子，谁发了帖、谁点了赞，找出最活跃的成员，追踪他们的地理位置，看他们去什么地方参与具体行动等。所有的操作均不用黑客入侵，一切都是利用大数据在公开网络上获取和挖掘出的信息。基于位置的搜索运算可以用来分析数码数据。这种运算的工作方式像一个电脑化的福尔摩斯，它从电话记录、电子邮件和信用卡支付等提取信息，将这些信息简化成一套可变数。运算结果是一张可能性地图，用来预测某一个潜在恐怖分子未来的活动和实时追踪恐怖分子可能的位置。

在加沙战争中，以军和辛贝特用大数据技术追踪定位哈马斯几名头目。以情报机构搜集到的海量杂乱无序看似无关的视频文件、图片、文字和讲话，通过大数据技术挖掘分析与比对，提炼成十分有用的行动性情报线索，提交给高级别的情报分析员，最终由以色列军方采用这些情报来追踪和击杀哈马斯领导人。以色列在加沙地带进行了一系列针对哈马斯军事组织高级领导人的"定点清除"，大都是依靠大数据技术。

2014 年年初，以色列借助网络监控手段，成功抓获三名企图在美国驻特拉维夫大使馆和耶路撒冷会议中心制造自杀式爆炸袭击的恐怖分子。被捕的三人中有一人是"基地"组织成员，他利用一个网络论坛宣传"全球圣战"，将另外两人招募进袭击计划。这个论坛早就被"网络旅"长期密切监视，因此以色列根据三人在网络论坛上留下的线索信息成功将其抓获。

4.5 网络空间大数据安全防护

大数据在当前学术界和产业界扮演着至关重要的角色，它被认为是对我们生活、工作和思维方式产生影响的重大变革。然而，大数据在安全和个人隐私方面也存在许多安全风险，由此所引起的隐私泄露不仅给个人和企业带来困扰，同时伴随而来的虚假信息也将给会基于大数据安全分析技术的分析结果带来严重的偏差。因此，大数据安全及其防护技术在网络空间安全研究中有着至关重要的地位。本部分首先介绍了大数据所面临的主要威胁，然后介绍了大数据安全防护技术，最后以一些互联公司的大数据安全建设为案例了解数据安全防护技术在真实案例中的落地应用。

4.5.1 大数据的威胁与攻击

大数据和机器学习等技术的结合为网络空间所面临的安全问题带来新的解决方案和思路。与此同时，大数据本身所面临的严峻的安全威胁也构成了网络空间安全重要的一环。大数据的威胁与攻击主要有大数据平台安全威胁、大数据基础设施安全、机器学习模型攻击威胁以及高级持续性攻击威胁。[70]

（一）数据平台安全威胁

大数据平台安全是对大数据平台传输、存储、运算等资源和功能的安全保障，包括传输交换安全、存储安全、计算安全、平台管理安全以及平台基础设施安全。传输交换安全是指保障与外部系统交换数据过程的安全可控，需要采用接口鉴权等机制，对外部系统的合法性进行验证，采用通道加密等手段保障传输过程的机密性和完整性。存储安全是指对平台中的数据设置备份与恢复机制，并采用数据访问控制机制来防止数据的越权访问。计算组件应提供相应的身份认证和访问控制机制，确保只有合法的用户或应用程序才能发起数据处理请求。平台管理安全包括平台组件的安全配置、资源安全调度、补丁管理、安全审计等内容。此外，平台软硬件基础设施的物理安全、网络安全、虚拟化安全等是大数据平台安全运行的基础。

大数据平台系统架构如图 4.11 所示，其面临的安全威胁主要来自三个方面。一是各类新型软件、硬件、协议的并入带来的未知安全漏洞。随着大数据平台的不断扩展，以云计算等为特点的新型软硬件系统的并入所带来的新的安全漏洞成为大数据平台安全性的重要威胁。同时，现有的安全防护技术，无法对新技术的未知漏洞进行实时监控。二是大数据平台自身安全保障机制薄弱。以 Hadoop 为参考框架的大数据平台，其自身就存在安全威胁。如身份认证、权限控制、安全审计等不健全，降低了网络安全水平。三是以分布式计算、存储为特征的计算模式模糊了安全边界。大数据平台底层协议相对复杂，加之开放性存储和计算框架，使得网络安全边界难以界定，也给大数据安全带来威胁。

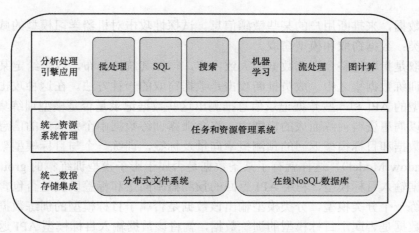

图 4.11　大数据平台系统架构

（二）基础设施安全威胁

大数据基础设施的安全威胁是大数据安全威胁的重要组成成分。大数据的收集、存储和分析均依赖相关的基础软件和硬件设施。大数据基础设施包括存储设备、计算设备、一体机和其他基础软件（如虚拟化软件）等。这些基础设施的安全威胁主要包括如下五类：

（1）非授权访问；

（2）信息泄漏和丢失；

（3）网络基础设施传输过程中被破坏数据的完整性；

（4）拒绝服务攻击；

（5）网络病毒传播。

（三）模型攻击安全威胁

机器学习模型通过大数据训练学习所得，针对机器学习模型的攻击也是数据安全主要威胁之一。现有的大多数机器学习模型都是针对一个非常弱的威胁模型设计实现的，没有更多地考虑攻击者。尽管在面对自然的输入时，这些模型能有非常完美的表现，但在现实环境下这些机器学习模型会遇到大量的恶意用户甚至是攻击者。

机器学习模型攻击威胁指的是当模型被训练（学习阶段）或者模型进行预测（推理阶段）时，攻击者也有不同程度的能力对模型的输入、输出做出恶意的修改或者是通过某种手段访问模型的内部构件，窃取模型的参数，从而破坏模型的保密性、完整性和可用性。针对机器学习模型的攻击威胁有试探性攻击和对抗样本攻击等。

（1）试探性攻击。

如今，机器学习已经形成了一个商业模式，各大 IT 公司，如 Google、亚马逊、微软都推出了机器学习平台，这种机器学习即服务的模式为那些不具备训练能力的数据持有者基于自己的数据，针对特定的应用场景训练自己的预测模型提供了便利。他们可以基于自己的数据，利用平台上的计算资源和机器学习即服务提供的模型或算法训练自己的预测模型，然后对外开发自己的预测接口，按需收费。尽管机器学习即服务给用户提供了极大的便利，但同时也将数据持有者的隐私数据暴露在了攻击者的试探性攻击之下。

试探性攻击，即通过一定的方法窃取模型，或是通过某种手段恢复一部分训练机器学习模型所用的数据，来推断用户的某些敏感信息。试探性攻击对机器学习模型的威胁总体来讲可以分为两类：数据窃取和模型窃取。

数据窃取是指取得整个训练数据的大致内容，得知其统计分布，或是给定某条数据，测试它是否在训练数据集之中。成员推断攻击是数据窃取的一种方法。在这种攻击中，攻击者可以通过模型的 API 和一些数据记录信息推测出这些数据记录是否是模型训练集的一部分，如果运用在以病患资料训练而成的模型中，将会泄露训练数据中个别病患的信息。该方法首先利用训练数据和目标模型返回的预测概率向量及标签，训练一个与目标模型架构相似的影子模型（Shadow Model），这样就有了某条数据是否属于影子模型训练集的 ground truth；然后将这些数据输入目标模型，利用 API 返回的预测概率向量和标签以及是否包含在训练集中这一标签训练一个分类模型，分类模型输出该数据是否属于目标模型的训练数据；如果将来要判断某条数据是否属于目标模型的训练数据，就将该数据输入目标模型 API 返回的预测概率向量和标签，送入训练好的分类模型。

模型窃取是指在黑箱条件下，取得模型内部的参数或是构造出与目标模型相近似的替代模型。攻击者在没有任何关于该模型的先验知识（训练数据、模型参数、模型类型等）的情况下，只利用公共访问接口对该模型的黑盒访问，从而构造出和目标模型相似度非常高的模型。目前模型萃取主要为方程求解方法（见图 4.12）。方程求解方法针对逻辑回归、支持向量机、神经网络算法。由于这些算法的模型为函数映射，模型的输入是函数的输入，输出的置信度是函数的直接输出，而且该函数由一系列参数组成，因此，利用置信度和输入数据构造方程，然后求解函数的参数就可以得到与目标模型相近的模型。

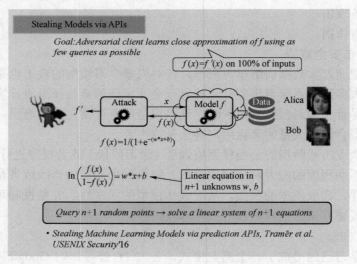

图 4.12　基于方程求解方法的模型窃取示意图

（2）对抗样本攻击。

目前机器学习技术被广泛应用在人机交互、推荐系统、安全防护等各个领域。具体场景包括语音、图像识别、信用评估、防止欺诈、过滤恶意邮件、抵抗恶意代码攻击、网络攻击等。攻击者也试图通过各种手段绕过，或直接对机器学习模型进行攻击达到对抗目的。

对抗样本攻击是指攻击者通过对数据源的细微修改，设计出一种有针对性的数值型向量，达到用户感知不到而让机器学习模型接收该数据后做出错误判断的目的。例如，通过机器学习模型，图 4.13 中最左侧的图片可以被成功地识别为一只熊猫，对这张图片添加细微的噪声之后得到最右侧的图片，而这张图片就会被错误地识别为一只长臂猿，而且置信度还非常高。虽然对于人而言，这种细微的扰动是人眼难以分辨的，但这种扰动足以改变模型的预测结果。

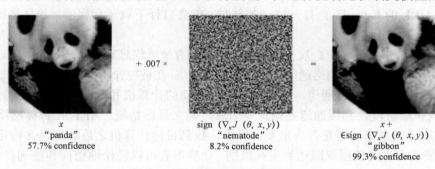

x
"panda"
57.7% confidence

sign $(\nabla_x J (\theta, x, y))$
"nematode"
8.2% confidence

$x +$
ϵsign $(\nabla_x J (\theta, x, y))$
"gibbon"
99.3% confidence

图 4.13　对抗样本攻击示意图

对抗性攻击首先构造对抗样例，然后将该对抗样例如正常数据一样输入机器学习模型，最后得到欺骗的识别结果。在构造对抗样例的过程中，根据攻击者掌握机器学习模型信息的多少，可以分为白盒攻击和黑盒攻击。

白盒攻击是指攻击者分析待攻击的目标模型，得到模型中使用的参数，从而构造对抗样例。黑盒攻击是指攻击者不清楚机器学习系统所使用的算法和参数，整个目标模型对攻击者来讲就是一个黑箱。攻击者首先给定输入和观察输出，然后根据输入和观察输出训练一个跟目标模型无限近似的模型，最后攻击者利用近似模型产生让目标模型分类出错的对抗样例。

（四）高级持续性攻击威胁

高级持续性威胁攻击，简称 APT 攻击，也被称为定向威胁攻击，它是指利用各种先进的攻击手段，对高价值目标进行的有组织、长期持续性的网络攻击行为。[71] APT 攻击需要长期经营与策划，才可能取得成功，因此具有极强的隐蔽性和针对性。它往往不会追求短期的经济收益和单纯的系统破坏，而是专注于步步为营的系统入侵。

（1）APT 攻击方法。

APT 攻击通常通过以下六种途径入侵到目标网络中：

① 通过 SQL 注入等攻击手段突破面向外网的 Web Server；

② 通过被入侵的 Web Server 做跳板，对内网的其他服务器或桌面终端进行扫描，并为进一步入侵做准备；

③ 通过密码爆破或者发送欺诈邮件，获取管理员账号，并最终突破 AD 服务器或核心开发环境；

④ 被攻击者的私人邮箱自动发送邮件副本给攻击者；

⑤ 通过植入恶意软件，如木马、后门、Downloader 等恶意软件，回传大量的敏感文件（WORD、PPT、PDF、CAD 文件等）；

⑥ 通过高层主管邮件，发送带有恶意程序的附件，诱骗员工点击并入侵内网终端。

APT 的攻击方法可以分为五个阶段：

① 情报搜集阶段。攻击者使用技术和社会工程学手段收集大量关于系统业务流程和使

用情况等关键信息，通过整理和分析，得出系统可能存在的安全弱点。同时收集漏洞、编制木马程序、制订攻击计划，为下一阶段的攻击做准备。

② 进入阶段。APT 攻击通过 0day 漏洞，使用搜集到的大量信息，攻击既定的目标主机，将恶意程序发送到目标主机上，然后诱使用户运行该恶意程序。另一种方法是向既定目标发送含有恶意 URL 的 E-mail，当打开这一邮件时，就会自行下载恶意程序，并且执行程序，以达到目的。

③ 命令与控制阶段。APT 攻击通过搜寻是否存有敏感信息来确定是否为重要计算机，找到目标计算机之后就会通过网络通信协议与之建立通信，在被控计算机和 C&C 服务器之间建立一个穿过内网防火墙的秘密通道，并且确认入侵成功的计算机和 C&C 服务器保持通信。

④ 横向扩展阶段。利用通道寻找重要信息，确立目标系统，APT 在目标网络中通过搜寻是否存有敏感信息来确定是否为重要计算机，找到目标计算机之后利用包含特定算法的技巧和工具，使攻击者的使用权限达到更高级别，让攻击者可以轻松地访问和控制目标计算机。

⑤ 资料挖掘与传输阶段。攻击者利用高级规避技术将数据向指定机器或外网传输，传输的方法有很多，例如可以伪装成可信数据、DNS 流量等。

（2）APT 攻击威胁。

APT 攻击对大数据安全的威胁为利用多种攻击手段，包括各种最先进的手段和社会工程学等方法，逐步获取进入国家的重要基础设施和单位内部的权限，包括能源、电力、金融、国防等关系到国计民生或国家核心利益的网络基础设施，导致大数据泄露，威胁国家安全。

目前信息系统的安全正面临严峻的挑战，网络空间大数据攻击事件层出不穷。2011 年 4 月，索尼的 PSN 网络平台遭到黑客的入侵，超过 7 000 万用户资料外泄。2012 年 4 月，美国中情局网站遭到黑客攻击，被迫宕机数小时，部分内部法庭文件被曝光。大数据时代手机、社交网络等互联设备中的大数据可从时空和社会情境两个维度对人进行双重锁定，给用户隐私安全带来极大隐患。

针对大数据的高级持续性攻击主要呈现以下技术特点：

① 攻击者往往使用恶意网站，用钓鱼的方式诱使目标上钩。

② 攻击者也经常采用恶意邮件的方式攻击受害者，并且这些邮件都被包装成合法的发件人，且邮件附件中隐含的恶意代码往往都是 0day 漏洞，传统的邮件内容分析也难以奏效。

③ 某些攻击是直接通过对目标公网网站的 SQL 注入方式实现的。

④ 攻击者控制受害机器的过程中，往往使用 SSL 连接，导致现有的大部分内容检测系统无法分析传输的内容，同时也缺乏对可疑连接的分析能力。

4.5.2 大数据安全防护技术

由于网络空间大数据的威胁，从隐私保护、信任、访问控制等角度出发，涌现了各种大数据安全与隐私保护的相关技术。[72] 基于大数据安全威胁的防护技术，包括可信计算技术、访问控制技术、匿名化隐私保护技术、联邦学习技术和身份认证技术等。

（一）可信计算

可信计算技术是指在计算机运算的同时进行安全防护，使计算结果与预期一样，计算过程可测可控，不被干扰。简单来说，就是一种运算与防护并存的主动免疫的新计算模式，具有身份识别、状态度量、保密存储等功能。

可信计算技术的核心是可信平台模块（Trusted Platform Modules，TPM）——一个具备系列安全功能的处理器，其主要系统架构如图 4.14 所示。

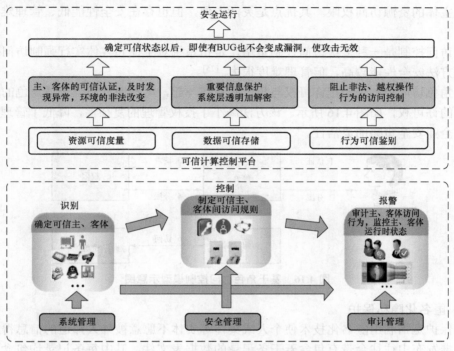

图 4.14　可信平台模块系统架构

可信计算技术目前较为成熟地应用于可信支付终端，例如银联电子支付，在系统终端嵌入可信计算模块（Trusted Cryptography Module，TCM），与后台服务器完成认证后，支持用户使用银联卡完成网上支付、账户查询等功能，利用 TCM 保证支付过程安全可信。[73] 系统在 2008 年度"金融电子展"亮相后，获得极大关注。

（二）访问控制

访问控制技术是指按用户身份及其所归属的某项定义组来限制用户对某些信息项的访问，或限制其对某些控制功能的使用。[74] 该技术的三要素为主体、客体、控制策略，技术原理示意如图 4.15 所示。

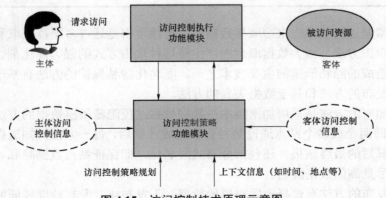

图 4.15　访问控制技术原理示意图

访问控制技术可分为自主访问控制、强制访问控制和基于角色访问控制三种。

自主访问控制是指基于访问控制表，即在客体上附加一个主体明细表，由资源所有者来决定其他主体的资源访问权限。其优点是灵活方便，但也存在安全性能低、管理难度较大等缺点。

强制访问控制是一种多级访问控制策略，是指系统对主体和客体实行强制访问控制。该访问控制方法安全性能较高，但管理难度很大。[75]

基于角色访问控制是指把许可权与角色联系在一起，用户通过充当合适角色的成员而获得该角色的许可权，如图 4.16 所示。该方法减小了授权管理的复杂性，降低了管理开销，有效提高了企业安全策略的灵活性。

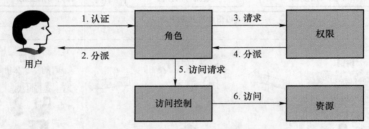

图 4.16　基于角色访问控制模型示意图

（三）匿名化隐私保护

隐私保护是指利用匿名化技术使个人或集体等实体不愿意被外人知道的信息得到应有的保护。数据发布中往往会带有包含若干条记录的数据表文件，其中每条记录均包含个体的属性，这些属性的集合称为微数据集，[76] 其具体信息如表 4.3 所示。

表 4.3　微数据集属性表

属性	内容
标志符	唯一标识个体身份，如身份证号、姓名等
准标志符	与其他数据表进行链接以标识个体身份，如性别、出生日期
敏感属性	发布时需要保密的属性，如薪金、信仰等
非敏感属性	可以公开的属性，又称普通属性

攻击者通常通过链接攻击来窃取微数据集，链接攻击是通过多渠道获取和整合信息来获取隐私数据的攻击方法，而大数据概念的产生是这种攻击方式的强力催化剂。匿名化是防止因链接攻击所造成的隐私泄露的主要技术之一。匿名化隐私保护的方法有基于数据加密的方法、基于限制发布的方法和基于数据失真的方法。

基于数据加密的方法是采用加密技术在数据挖掘过程隐藏敏感数据的方法，包括安全多方计算 SMC，即两个或多个站点通过某种协议完成计算后，每一方都只知道自己的输入数据和所有数据计算后的最终结果；还包括分布式匿名化，即保证站点数据隐私、收集足够的信息实现利用率尽量高的数据匿名。

基于限制发布的方法有选择地发布原始数据、不发布或者发布精度较低的敏感数据，实现隐私保护。当前这类技术的研究集中于"数据匿名化"，保证对敏感数据及隐私的披露风险在可容忍范围内，包括 K-anonymity、L-diversity、T-closeness。

其中，比较典型的基于限制发布方法的隐私保护模型是 Samarati 和 Sweeney 2002 年提出的 K-anonymity。为应对去匿名化攻击，k-匿名要求发布的数据中每一条记录都要与其他至少 $k-1$ 条记录不可区分（称为一个等价类）。当攻击者获得 k-匿名处理后的数据时，将至少得到 k 个不同人的记录，进而无法做出准确的判断。参数 k 表示隐私保护的强度，k 值越大，隐私保护的强度越强，但丢失的信息越多，数据的可用性越低。但是，美国康奈尔大学的 Machanavajjhala 等人在 2006 年发现了 K-anonymity 的缺陷，即严重依赖于预先定义的泛化层或属性域上的全序关系，使匿名结果产生很高的信息损失，导致隐私泄露。例如，攻击者获得的 K-anonymity 数据，如果被攻击者所在的等价类中都是艾滋病病人，那么攻击者很容易做出被攻击者肯定患有艾滋病的判断。为了防止一致性攻击，新的隐私保护模型 L-diversity 改进了 K-anonymity，保证任意一个等价类中的敏感属性都至少有 1 个不同的值。实验结果表明，该方法可减少信息损失，提高发布数据的可用性。T-Closeness 在 L-diversity 的基础上，要求所有等价类中敏感属性的分布尽量接近该属性的全局分布。

然而，基于限制发布的隐私保护方法不断地被改进，但同时又有新的攻击方法出现，K-anonymity 的传统隐私保护模型陷入一个无休止的循环中。从根本上来说，传统隐私保护模型的缺陷在于对攻击者的背景知识和攻击模型都给出了过多的假设。但这些假设在现实中往往并不完全成立，因此总是能够找到各种各样的攻击方法来进行攻击。直到基于数据失真的差分隐私技术的出现，这一问题才得到较好的解决。

基于数据失真的方法通过添加噪声等，使敏感数据失真，但同时保持某些数据或数据属性不变，仍然可以保持某些统计方面的性质。此方法包括随机化、阻塞与凝聚以及差分隐私保护三种类型。其中，随机化即对原始数据加入随机噪声，然后发布扰动后数据。阻塞是指不发布某些特定数据的方法，凝聚是指原始数据记录分组存储统计信息的方法。差分隐私保护是指通过添加噪声的方法，确保删除或者添加一个数据集中的记录并不会影响分析的结果。因此，即使攻击者得到了两个仅相差一条记录的数据集，通过分析两者产生的结果都是相同的，也无法推断出隐藏的那一条记录的信息。该方法是微软研究院的 Dwork 在 2006 年提出的一种新的隐私保护模型。该方法能够解决传统隐私保护模型的两大缺陷：① 定义了一个相当严格的攻击模型，不关心攻击者拥有多少背景知识，即使攻击者已掌握除某一条记录之外的所有记录信息（即最大背景知识假设），该记录的隐私也无法被披露；② 对隐私保护水平给出了严谨的定义和量化评估方法。正是由于差分隐私的诸多优势，其一出现便迅速取代传统隐私保护模型，成为当前隐私研究的热点，并引起了理论计算机科学、数据库、数据挖掘和机器学习等多个领域的关注。

（四）联邦学习

联邦学习是多个客户端（如移动设备或整个组织）在一个中央服务器（如服务提供商）下协作式地训练模型的机器学习框架，该框架保证训练数据去中心化。联邦学习通过收集局部数据并使用最小化原则，可以大大降低使用传统中心化机器学习方法所带来的一些系统性隐私风险和成本，是一种大规模部署保护隐私的解决方法。

联邦学习的典型工作流程如下：

① 问题识别：模型工程师找出使用联邦学习需解决的问题。

② 客户端设置：如有需要，将客户端（如在手机上运行的 App）设置为在本地存储必要的训练数据（尽管时间和数量都存在限制）。在很多案例中，App 已经存储了数据（如文本短信 App 必须存储文本信息，照片管理 App 存储照片）。但是，在另一些案例中，还需要保留额外的数据或元数据（如用户交互数据），以便为监督学习任务提供标签。

③ 模拟原型开发（可选）：模型工程师可能为模型架构开发原型，并用代理数据集（Proxy Dataset）在联邦学习模拟环境中测试学习超参数。

④ 联邦模型训练：启动多个联邦训练任务来训练模型的不同变体，或者使用不同的优化超参数。

⑤ （联邦）模型评估：在任务经过充分训练后（通常需要数天），分析模型并选择优秀的候选模型。分析可能包括在数据中心的标准数据集上计算得到的度量，或者模型在留出客户端上评估本地客户端数据的联邦评估结果。

⑥ 部署：最后，在选择好模型之后，就要进入标准的模型部署流程了，该流程包括手动质量保证、实时 A/B 测试（在一些模型上使用新模型，在另一些模型上使用之前的模型，然后对比其性能）以及分阶段部署（Staged Rollout，这样可以在发现较差行为时及时回退，以免影响过多用户）。模型的特定安装流程由应用的所有者设置，通常独立于模型训练过程。也就是说，对使用联邦学习或传统数据中心方法训练得到的模型，都可以同样地使用该步骤。

（五）身份认证

身份认证是指信息系统或网络中确认操作者身份的过程。传统的认证技术通过用户所知的口令或者持有凭证来鉴别用户；基于大数据的认证技术则通过收集用户行为和设备行为数据，对这些数据分析，获得用户行为和设备行为的特征，进而确定其身份。

认证技术具备安全性较强的特点，攻击者很难模拟用户行为通过认证，同时该方法实施时用户负担很小，且能更好地支持各系统认证机制的统一。但该方法也存在相应的缺点：初始阶段认证缺乏大量数据，导致认证分析不准确，且收集信息过程中可能涉及用户隐私。

在真实世界，对用户的身份认证基本方法可以分为三种：

① 基于信息秘密的身份认证，根据你所知道的信息来证明你的身份，如静态密码等。

② 基于信任物体的身份认证，根据你所拥有的东西来证明你的身份，如动态令牌、智能卡等。

③ 基于生物特征的身份认证，直接根据独一无二的身体特征来证明你的身份，如指纹、虹膜、语音、人脸等。

在网络世界，认证方法与真实世界一致。有时为了达到更高的身份认证安全性，在某些场景中，会从上面三种中挑选两种混合使用，即所谓的双因素认证。双因素身份认证的应用领域十分广泛，它可以应用于银行、证券、网游、电子商务、电子政务、网络教育、企业信息化等领域，可以保护多种类型的应用系统，如主机、各种网络设备以及各种使用计算机、手机、电话、数字电视等。

双因素身份认证可以普及到用户日常网站、论坛的登录中，用户日常网站、论坛在采用双因素身份认证方式时，可以采用网站、论坛原来的登录密码作为一个认证因素，再将动态令牌等作为另外一个认证因素，构成双因素认证机制。通过采用双因素身份认证，可以为日常网站、论坛的登录提供更高安全级别的保障。

下面以几种典型的身份认证技术为例认识常见的基于身份认知的大数据安全防护技术。

（1）静态密码。

静态密码是最传统的身份认证技术，"账号+密码"身份验证方式中提及的密码为静态密码，是由用户自己设定的一串静态数据，静态密码一旦设定之后，除非用户更改，否则将保持不变。在网络登录时输入正确的密码，计算机就认为操作者是合法用户。实际上，许多用户为了防止忘记密码，经常采用诸如生日、电话号码等容易被猜测的字符串作为密码，或者把密码抄在纸上放在一个自认为安全的地方，这样很容易造成密码泄露。如果密码是静态的数据，在验证过程中存在被木马从内存中获取或恶意截获的风险。因此，静态密码机制无论是使用还是部署都非常简单，但从安全性上讲，容易被偷看、猜测、字典攻击、暴力破解、窃取、监听、重放攻击、木马攻击等。

为了从一定程度上提高静态密码的安全性，用户可以定期对密码进行更改，但是这又导致了静态密码在使用和管理上的困难，特别是当一个用户有几个甚至几十个密码需要处理时，非常容易造成密码记错和密码遗忘等问题，而且也很难要求所有的用户都能够严格执行定期修改密码的操作，即使用户定期修改，密码也会有相当一段时间是固定的。从总体上来说，静态密码的缺点和不足主要表现在以下几个方面：

① 静态密码的易用性和安全性互相排斥，两者不能兼顾。简单容易记忆的密码安全性弱，复杂的静态密码安全性高但是不易记忆和维护。

② 静态密码安全性低，容易遭受各种形式的安全攻击。

③ 静态密码的风险成本高，一旦泄密将可能造成最大限度的损失，而且在发生损失以前，通常不知道静态密码已经泄露。

④ 静态密码的使用和维护不便——特别是当一个用户有几个甚至十几个静态密码需要使用和维护时。静态密码遗忘及遗忘以后所进行的挂失、重置等操作通常需要花费不少的时间和精力，非常影响正常的使用感受。

因此，静态密码机制虽然使用和部署非常简单，但从安全性上讲，静态密码属于单因素的身份认证方式，已无法满足互联网对于身份认证安全性的需求。

（2）动态令牌。

动态令牌是用于产生动态口令的身份认证终端设备，它需要配合后台认证系统进行使用。动态口令也称一次性口令。动态口令是变动的口令，其变动来源于产生口令的运算因子的变化，比如时间、次数、交易金额、对方账号、交易流水号等信息。动态口令的产生因子一般都采用多运算因子：其一为令牌的种子密钥，它是代表用户身份的识别码，是固定不变的；其二为变动因子，正是这些变动因子的不断变化，才产生了不断变动的动态口令。

动态令牌简单易用，且由于口令不断变化（口令用过之后立即作废），所以安全性较静态口令有较大幅度的提高。它有多种形态，如硬件令牌、软件令牌、手机令牌、短信令牌等，且应用范围十分广泛——它可以广泛应用于银行、证券、网游、电子商务、电子政务、网络教育、企业信息化等领域，可以保护多种类型的应用系统，如主机、各种网络设备，以及各种使用计算机、手机、电话、数字电视等作为操作终端的应用系统。

（3）数字签名。

数字签名（又称公钥数字签名）是附加在数据单元上的一些数据，或是对数据单元所作的密码变换。这种数据或变换允许数据单元的接收者用以确认数据单元的来源和数据单元的完整性并保护数据，防止被人（例如接收者）进行伪造。它是对电子形式的消息进行签名的一种方法，一个签名消息能在一个通信网络中传输。一套数字签名通常定义两种互补的运算，一个用于签名，另一个用于验证。

基于公钥密码体制和私钥密码体制都可以获得数字签名，目前主要是基于公钥密码体制的数字签名。包括普通数字签名和特殊数字签名。普通数字签名算法有 RSA、ElGamal、Fiat-Shamir、Guillou-Quisquarter、Schnorr、Ong-Schnorr-Shamir 数字签名算法，椭圆曲线数字签名算法和有限自动机数字签名算法等。特殊数字签名有盲签名、代理签名、群签名、不可否认签名、公平盲签名、门限签名、具有消息恢复功能的签名等，它与具体应用环境密切相关。数字签名的应用涉及法律问题，美国联邦政府基于有限域上的离散对数问题制定了自己的数字签名标准。

数字签名在网络环境中有着重要作用：

① 防冒充（伪造）。私有密钥只有签名者自己知道，所以其他人不可能构造出正确的签名结果数据。

② 可鉴别身份。在网络环境中，接收方必须能够鉴别发送方所宣称的身份。

③ 防篡改（防破坏信息的完整性）。数字签名中，签名与原有文件已经形成了一个混合的整体数据，不可能被篡改，从而保证了数据的完整性。

④ 防重放。在数字签名中，如果采用了对签名报文添加流水号、时间戳等技术，可以防止重放攻击。

⑤ 防抵赖。在数字签名体制中，要求接收者返回一个自己签名的表示收到的报文，给对方或者第三方，抑或引入第三方机制，双方均不可抵赖。

⑥ 机密性（保密性）。数字签名可以加密要签名的消息。

4.5.3　大数据安全建设案例

（一）360 公司大数据安全

为了帮助企业快速实现基于大数据的应用，360 企业安全集团研制 360 网神安全大数据平台，支持 PB 至 EB 级别大数据的应用。为了保障该平台的大数据安全，公司积极参照各类标准规范开展工作。

360 网神安全大数据平台是一个集成了多个开源系统的开放平台，包括数据接入、数据存储、数据计算、数据分析、数据应用、数据运维管理、安全防护等功能模块（见图 4.17），其安全体系建设能够帮助企业快速构建海量数据分析应用的专业化产品，挖掘大数据的价值的同时全方位保护数据安全。

360 网神安全大数据平台从系统、网络、数据、应用等各方面采取安全防护措施来综合保障大数据安全，包括行为审计、数据安全、认证授权、操作系统安全、网络安全、技术设施安全等方面。

（1）行为审计。所有实体在平台上的行为都会被详尽地记录，作为审计记录，并以加密形式进行保存。对审计数据进行分析能够实现实体行为挖掘、异常行为发现等安全功能。这些工作参考了 GB/T 18794.7—2003、GB/T 17143.8—1997 等标准。

（2）数据安全。所有保存至本平台的数据均采用加密保存，根据数据类型的不同采用不同的加密方式。加密的数据在本平台内部使用时，能够实现透明加解密，不影响数据分析和数据挖掘等工作。这方面的工作遵守国家有关部门的规定和技术要求，如保密管理局颁发的有关标准。

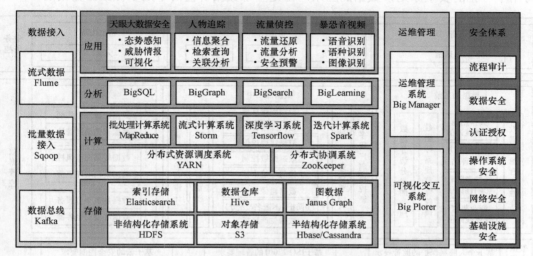

图 4.17　360 网神安全大数据平台系统架构

（3）认证授权。认证授权贯穿于本平台每一个环节，包括但不限于数据的获取、数据存储、数据计算、用户操作等方面。认证授权采用国际通用的 RBAC 模型，实现用户组、用户、角色、权限的细粒度管控。采用 Kerberos 进行账户信息安全认证，提供单点登录功能，能够实现用户的统一管理以及认证。

（4）操作系统安全。这主要包括操作内核安全加固、操作系统补丁更新、操作系统权限控制、操作系统端口管理、操作系统运行程序检测等，参考了 GB/T 20272—2006《信息安全技术操作系统安全技术要求》。

（5）网络安全。在部署之前，根据客户实际情况进行网络规划，使网络具有隔离性、保密性、稳定性等特点。平台的网络划分成两个层面，包括业务层面与管理层面，两个层面之间采用物理隔离。在运营过程中，对网络安全事件及时进行处置，参考了 GB/T 28517—2012、GB/T 32924—2016 和 GB/T 25068 系列标准等。

（6）基础设施安全。综合采用防病毒、边界防护、入侵防护、态势感知、威胁情报等手段，保障平台各类设备的安全。这些工作分别参考了 GB/T 20281—2015、GB/T 31505—2015、GB/T 20275—2013 等标准。

（7）360 企业安全集团也积极参与了大数据安全有关标准的制修订工作，是 GB/T 35274—2017《信息安全技术大数据服务安全能力要求》和多个即将发布的大数据安全标准的编制单位，平台研制人员及时将这些标准的有关要求落实到产品的研制和运营管理工作中。

（二）阿里巴巴大数据安全

为了保障整个数据业务链路的合规与安全，阿里巴巴提供面向电商行业提供的大数据平台，从业务、数据和生态三个层面来保障和应对其数据在消费者隐私保护、商业秘密保护等方面的安全风险与挑战，具体如图 4.18 所示。

首先，在业务模式设计上，大数据安全平台依据电商自身的业务特性和其数据权属关系的边界，建立了以私域数据为基础的店铺内服务闭环、以公域数据为基础的平台内渠道闭环和价值闭环,从而确保了业务整体对数据的授权边界是合理清晰的,对数据的处理逻辑是基于可用不可见的安全原则,数据的应用产出是基于数据价值而不是以裸数据输出的。

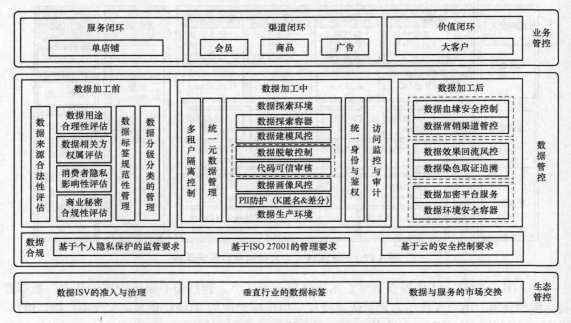

图 4.18　阿里巴巴大数据安全体系架构图

　　其次,此大数据安全平台基于数据业务链路构建了全面的数据管控体系,包括:数据加工前、数据加工中、数据加工后、数据合规等方面的数据安全管控。在数据合规层,参考了《GB/T 35273—2017 个人信息安全规范》《GB/T 35274—2017 信息安全技术大数据服务安全能力要求》《GB/T 31168—2014 信息安全技术云计算服务安全能力要求》,以及 ISO 27001 系列标准进行实施。通过遵循这些标准,实现了对个人隐私信息的保护,保障了云服务的安全控制,保障了大数据服务的安全性,同时符合了国家的监管要求。[77]

　　最后,通过对数据 ISV 的准入准出、基于垂直化行业的标签体系建立以及数据生态的市场管理机制建立,确保业务和安全间找到有效的平衡点。

　　阿里巴巴安全防御在不断的实践和自我提升的过程中,形成了包括独具特色的大数据安全管理理念以及大数据安全能力成熟度模型。

　　在大数据安全管理理念上,阿里巴巴建立了一套标准的大数据采集、计算存储、服务和应用的架构方案。伴随着大数据体系架构的建设,阿里巴巴同步逐渐形成了以数据为中心的大数据安全管理理念。围绕数据生命周期对组织机构的数据进行安全保障,通过遵照标准,有效地控制了数据安全风险,提升了公司自身及生态伙伴的数据安全能力,促进了生态内的数据资源的流通与共享,更大地发挥了数据的价值。

　　另外,基于长期在内部业务形成的及在外部组织机构学习了解的大数据安全实践经验,阿里巴巴提炼形成了大数据安全能力成熟度模型,如图 4.19 所示。该模型可用于对当前大数据安全能力的有效评估,并为阿里巴巴后期的大数据安全工作开展提供了明确的提升路线。

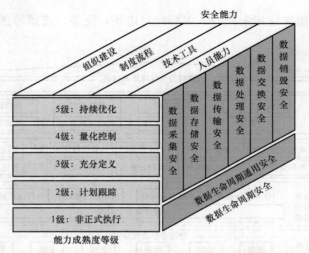

图 4.19　阿里巴巴大数据安全能力成熟度模型示意图

全国信息安全标准化技术委员会大数据安全特别工作组正在制定《数据安全能力成熟度模型》的国家标准。目前阿里巴巴的大数据安全实践，遵循了正在制定的《数据安全能力成熟度模型》的标准。阿里巴巴已完成在内部业务、生态圈、行业领域多家组织机构的落地推广，实现在各行各业 30 多家企业的试点落地，很好地帮助这些企业提升自身的数据安全保护能力。

（三）中国移动大数据安全

中国移动在长期业务过程中沉淀了大量客户信息、生产数据和管理数据，这些数据具备规模大、类型多、精准度高等特点。[78] 同时，数据的集中管理、数据对外开放、设备虚拟化等新技术新业态特点给大数据业务发展带来了新的安全挑战。

中国移动自 2015 年以来逐步加强大数据安全保障体系建设，体系框架涵盖安全策略、安全管理、安全运营、安全技术、合规评测、服务支撑六大体系，涉及大数据安全采集、传输、存储、使用、共享、销毁六大过程。[78] 同时，通过推进"大数据安全防护"手段建设，积极开展"大数据安全应用"试点研究，全方位保护大数据的保密性、完整性、可用性和可追溯性，保障大数据环境安全可管、可控、可信。

通过两年多的运行，大数据安全保障体系在实现公司数据开放共享、数据有效利用，同时又保障数据安全方面发挥了不可替代的作用。相关成果已推到成为国际、国家、行业标准，力争成为国内和国际最佳实践。其大数据安全保障体系框架如图 4.20 所示。

下面将从七个方面来介绍中国移动大数据安全框架的功能和特点。

（1）安全策略体系从顶层设计层面明确了安全保障工作总体要求及方向指南，全面把握大数据安全工作的对象、提出安全管控的基本原则及核心策略、建立健全大数据安全内部管理流程、持续强化大数据对外合作管理力度。相应的管理制度有《大数据安全风险防控工作指引》《大数据安全保障总体策略》等。

（2）安全管理体系是通过管理制度建设，明确运营方安全主体责任，落实安全管理措施，相关制度包括第三方合作管理、内部安全管理、数据分类分级管理、应急响应机制、资产设施保护和认证授权管理等安全管理规范要求。相应的管理制度有《大数据安全管理要求》《大数据安全管控分类分级实施指南》等，主要针对市场、业务、支撑等部门对数据与平台系统进行安全管理。

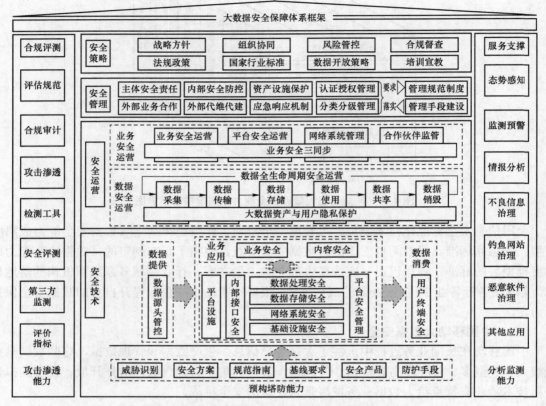

图 4.20　中国移动大数据安全保障体系框架图

（3）安全运营体系是通过定义运营角色，明确运营机构安全职责，实现对大数据业务及数据的全流程、全周期安全管理。体系设计涵盖业务安全运营、数据安全运营、安全应急管控等。相应的管理制度有《大数据安全运营要求》等，主要针对业务部门、系统建设和支撑部门等进行规范执行。

（4）安全技术体系是公司开展大数据安全防护建设相关要求和实施方法。体系设计涵盖数量流转各环节数据安全防护通用技术要求、大数据平台各类基础设施及应用组件安全基线配置能力要求、基于数据防护通用要求和平台基线要求设计实现的大数据平台安全防护体系架构、敏感数据安全脱敏实施技术指南等。相应的企业标准有《大数据安全防护通用技术要求》《大数据平台安全基线要求》《大数据安全防护技术实施指南》《大数据安全脱敏实施指南》等，主要针对系统建设部门、运维部门等在系统规划、建设、运营、验收等场景规范应用。

（5）安全合规评测体系包括安全运营管理合规评测和安全技术合规评测方法、评测手段和评测流程。其建设目标是持续优化安全评估能力，实现对大数据业务各环节风险点的全面评估，保障安全管理制度及技术要求的有效落实。相应的企业标准有《大数据安全技术合规测评方法》等，主要针对安全管理部门、系统建设部门在安全验收、检查自查等场景应用。

（6）大数据服务支撑体系是基于大数据资源为信息安全保障提供支撑服务，开展大数据在安全领域的研究及推广应用，为公司信息安全治理提供新型技术手段，并支撑对外安全服务，实现数据增值。

（7）基于中国移动的企业安全标准实践经验，国家标准在安全技术方面，特别是在大数据相关产品安全技术要求等方面比较欠缺，比如，大数据基础软件产品是大数据平台建设的核心部分，属于"大数据操作系统"，在其开发、选型、采购、建设等环节，急需统一的安全要求，建议推进研制大数据基础软件安全功能要求相关国家标准。同时，在大数据安全评测、大数据安全应用等方面，也有必要研制配套的国家标准。

4.6　小　　结

本章介绍了网络空间安全的认知基础、网络空间安全大数据资源、网络空间安全大数据分析技术、网络空间大数据安全防护技术。

4.2 节介绍了大数据和网络空间安全的基础认知。首先，以信息网络的基本概念为出发点，对网络空间和网络空间安全的基础概念进行了定义。然后，分别阐述了网络安全定义的基本概念以及信息安全对抗的基础理论，为后面小节的内容奠定基础。

4.3 节介绍了网络空间中大数据基础资源。介绍了用户数据、行业数据、流量日志数据、网络舆情数据等大数据资源以及部分和网络安全场景相关的公开数据集。

4.4 节系统介绍了网络空间大数据分析技术。首先介绍了安全事件关联分析、网络异常检测分析、数据内容安全分析、安全态势感知分析在内的几种常见的大数据安全分析技术；然后以恶意代码检测、工控网络恶意行为检测等为代表阐述了大数据分析技术运行于网络安全的实际案例建设情况。

4.5 节介绍了网络空间中大数据安全防护问题。目前大数据技术已广泛运用在网络空间安全建设中，但大数据本身的安全也是一项值得关注的安全问题。本部分首先介绍了大数据所面临的具体安全威胁；然后介绍了针对安全威胁现有的主流防护技术（如匿名化隐私保护和联邦学习等）；最后介绍了 360 企业以及阿里巴巴等互联网公司的大数据安全建设实例。

4.7　习　　题

（1）陈述复杂网络三大主要特征。

（2）简述网络空间以及网络空间安全的基本概念。

（3）与信息系统相关联的信息安全问题主要有哪几种类型？

（4）陈述信息安全与对抗理论的六大基础层次原理、六大系统层次原理的内涵，以及两者之间的关系。

（5）列举网络空间中常见的大数据资源，并简述其涉及的主要内容及特征。

（6）什么是异常检测？异常检测技术在网络安全问题中主要的应用场景有哪些？

（7）请设计一种用于违规文字内容检测的分析系统（假设已经有足够具有标签的正常文本和违规文本语料），主要阐述方法的框架原理以及其所涉及的关键技术。

（8）简述网络安全态势感知的定义和内涵，并概括网络安全态势感知过程中的核心步骤。

（9）列举三种常见的针对大数据的攻击技术，并简要阐述其攻击原理。

（10）什么是联邦学习？简述联邦学习的一般流程。

（11）针对大数据安全，简述三种常见的安全防护技术及其防护原理。

（12）从信息安全对抗基础理论出发，分析网络空间大数据安全分析技术和网络空间安全中大数据安全问题两者之间的关系。

第5章
大数据与自然语言处理

5.1 引 言

近年来，大数据体量的飙升主要源于人们的日常生活，特别是互联网公司的服务。据国际数据公司（IDC）的数字宇宙研究报告称，2011 年全球被创建和复制的数据总量超过 1.8 ZB，其中 75% 来自个人，在这些数据中，文本数据是数据量最大的一类。例如，用户每天使用的微信所产生的聊天消息或朋友圈消息，以新浪微博为代表的社交媒体产生的话题消息或评论消息，这些由用户产生的原创文本内容每日以亿级的数据量产生。如果人们期望从这些文本数据中挖掘黄金信息，获得政治和经济性的价值，则离不开自然语言处理技术。

在大数据时代，文本数据通常具有以下特征：① 获取海量的文本数据比之前更加容易，如下载公开的基础资源，爬取论坛、获取 Twitter 数据等，都可以得到大量的文本数据。② 海量的文本数据具有更丰富的多样性，绝大部分的文本数据都是以非结构化的形式出现，形式和风格也是千变万化，同一件事情由不同的网民描述会形成不重复的文本数据。③ 文本数据包含的信息更新更加及时，在一些新事物出现时，微博、朋友圈往往是最先能够反映出变化的地方，这些地方的文本数据往往能够实时反映社会现状。

大数据时代的文本数据特性促进了自然语言处理技术的发展，同时也带来了不少挑战：① 数据量大不一定代表数据价值增大，相反，很多时候意味着信息垃圾泛滥；② 文本数据的多样化同时也意味着缺乏先验知识，传统自然语言处理主要针对结构化或半结构化的数据展开，结构化的知识使我们在进行数据分析前就已经对数据有了一定程度的理解；③ 实时数据的产生使数据分析从离线转向了在线，新的自然语言处理技术需要应用到大数据实时处理框架。总之，海量的文本数据为自然语言处理技术提供了丰富的数据基础，同时也带来新的问题和挑战，因此研究自然语言处理技术，并将其与大数据分析技术结合，使之适应大数据时代，具有重要的价值。

本章将从自然语言处理认知基础、自然语言处理大数据基础资源、自然语言处理大数据分析技术和自然语言处理大数据应用案例四大方面展开介绍讨论。认知基础一节将覆盖自然语言处理的背景意义、研究现状概述及基本理论方法和目前面临的挑战，基础资源一节将对目前存在的语料库、语言知识库、知识图谱等资源进行统计说明介绍，分析技术一节将覆盖目前自然语言处理基本任务及其实现方法以及在大数据时代各个任务是如何实现的，应用案例一节将列举目前大数据与自然语言处理结合的典型案例。最后，小结部分总结了各部分内容的重要结论。

5.2 自然语言处理认知基础

5.2.1 研究简史

早期的自然语言处理研究带有鲜明的经验主义色彩。

1913 年，俄国科学家 A.Markov，使用手工查频的方法，统计了普希金长诗《欧根·奥涅金》中的元音和辅音的出现频率，提出了马尔可夫随机过程理论，建立了马尔可夫模型，他的研究建立在对于俄语的元音和辅音的统计数据的基础之上，采用的方法主要是基于统计的经验主义方法。

1948 年，美国科学家 Shannon 把离散马尔可夫过程的概率模型应用于描述语言的自动机。他把通过诸如通信信道或声学语音此类的媒介传输语言的行为比喻为"噪声信道"（Noisy Channel）或者"解码"（Decoding）。他还借用热力学的术语"熵"（Entropy）作为测量信道的信息能力或者语言的信息量的一种方法，并采用手工方法来统计英语字母的概率，使用概率技术首次测定了英语字母的零阶熵值为 4.03 比特。

这种基于统计的经验主义倾向到了 Noam Chomsky 那里出现了重大的转向。1956 年，Noam Chomsky 从 Shannon 的工作中吸取了有限状态马尔可夫过程的思想，把有限状态自动机作为一种工具来刻画语言的语法，并且把有限状态语言定义为由有限状态语法生成的语言，建立了自然语言的有限状态模型。这些早期的研究工作产生了新的研究领域——"形式语言理论"（Formal Language Theory），为自然语言和形式语言找到了一种统一的数学描述理论，形式语言理论也成为计算机科学最重要的理论基石之一。

20 世纪 60 年代末到 70 年代，转换生成语法作为自然语言的形式化描述方法为计算机处理自然语言提供了有力的武器，有力地推动了自然语言处理的研究和发展，它的研究途径在一定程度上克服了传统语言学的某些弊病，推动了语言学理论和方法论的进步，但它认为统计只能解释语言的表面现象，不能解释语言的内在规则或生成机制，远离了早期自然语言处理的经验主义的途径。这种转换生成语法的研究途径实际上全盘继承了理性主义的哲学思潮。

自 20 世纪 50 年代末期到 60 年代中期，自然语言处理中的经验主义逐渐兴盛起来。

在 20 世纪 50 年代后期，贝叶斯方法（Bayesian Method）开始被应用于解决最优字符识别的问题。1964 年，Mosteller 和 Wallace 用贝叶斯方法成功地解决了《联邦主义论文集》（*The Federalist Papers*）中匿名文章原作者的分布问题，显示出经验主义方法的优越性。

20 世纪 50 年代建立了世界上第一个联机语料库——布朗美国英语语料库（Brown Corpus）。随着语料库的出现，使用统计方法从语料库中自动地获取语言知识，成为自然语言处理研究的一个重要方面。

20 世纪 60 年代，统计方法在语音识别算法的研制中取得成功，其中特别重要的是隐马尔可夫模型（Hidden Markov Model）和噪声信道与解码模型（Noisy Channel Model and Decoding Model）。不过，在 20 世纪 60 年代至 80 年代初期，自然语言处理领域的主流方法仍然是基于规则的理性主义方法，经验主义方法并没有受到特别的重视。这种情况在 20 世纪 80 年代初期发生了变化。自然语言处理研究者对过去的研究历史进行了反思，发现过去被忽视的有限状态模型和经验主义方法仍然有其合理的内核，人们开始注意到基于规则的理性主义方法的缺陷。

在 20 世纪 90 年代的最后 5 年（1994—1999），自然语言处理的研究出现了空前繁荣的局面。概率和数据驱动的方法几乎成为自然语言处理的标准方法，统计方法已经渗透到了机器翻译、文本分类、信息检索、问答系统、信息抽取、语言知识挖掘等自然语言处理的应用系统中去，基于统计的经验主义方法逐渐成为自然语言处理研究的主流。

自 2008 年以来，借鉴了在图像与语音领域的识别方法，人们开始逐渐引入深度学习来做自然语言处理研究，由最初的词向量到 2013 年的 word2vec，将深度学习与自然语言处理的结合推向了高潮，并在机器翻译、问答系统、阅读理解等领域取得了一定的成功。随后，RNN、GRU 和 LSTM 出现并成为自然语言处理中最常用的方法。2018 年，Google 公司发布 BERT 模型引发了新的高潮，[79]在自然语言处理领域刷新了 11 项纪录，受到了工业界及学术界的广泛关注。

5.2.2　基本概念

自然语言处理（Natural Language Processing，NLP）也称自然语言理解（Natural Language Understanding，NLU），它从人工智能研究开始就作为一个重要研究内容，是探索人类理解自然语言这一智能行为的基本方法。

宗成庆在 1996 年出版的《自然语言的计算机处理》中说："自然语言处理就是利用计算机对人类特有的书面形式和口头形式的语言进行各种类型处理和加工的技术。"[80]

美国计算机科学家 Bill Manaris 给自然语言处理的定义为："自然语言处理是研究人与人交际中以及人与计算机交际中的语言问题的一门学科。自然语言处理要研制表示语言能力（Linguistic Competence）和语言应用（Linguistic Performance）的模型，建立计算框架来实现这样的语言模型，提出相应的方法来不断地完善这样的语言模型，根据这样的语言模型设计各种实用系统，并探讨这些实用系统的评测技术。"

5.2.3　基本方法

在自然语言处理中，同时存在着基于统计的经验主义方法、基于规则的理性主义方法以及基于深度学习的方法。

基于统计的经验主义方法（Statistic-Based Approach）使用概率或随机的方法来研究语言，建立语言的概率模型，适合于处理浅层次的语言现象和近距离的依存关系，多使用归纳法而很少使用演绎法。

在自然语言处理中，在基于统计的方法的基础上发展起来的技术有隐马尔可夫模型、最大熵模型、n 元语法、概率上下文无关语法、噪声信道理论、贝叶斯方法、最小编辑距离算法、Viterbi 算法、A 搜索算法、双向搜索算法、加权自动机、支持向量机等。

基于规则的理性主义方法（Rule-Based Approach），又叫作符号主义的方法（Symbolic Approach）。基本根据是"物理符号系统假设"（Physical Symbol System Hypothesis），这种假设主张人类的智能行为可以使用物理符号系统来模拟，物理符号系统包含一些物理符号的模式（Pattern），这些模式可以用来构建各种符号表达式以表示符号的结构。适合于处理深层次的语言现象和长距离依存关系，多使用演绎法（Deduction），很少使用归纳法（Induction）。

自然语言处理中，在基于规则的方法的基础上发展起来的技术有有限状态转移网络、有限状态转录机、递归转移网络、扩充转移网络、短语结构语法、自底向上剖析、自顶向下剖析、左角分析法、Earley 算法、CYK 算法、富田算法、复杂特征分析法、合一运算、依存语法、一阶谓词演算、语义网络、框架网络等。

基于深度学习的方法（Deep Learning Approach）使用神经网络来解决自然语言处理问题，使用嵌入层（Embedding Layer）将离散的符号映射为相对低维的连续向量，从而使神经网络用于自然语言处理中。

在自然语言处理中，在基于深度学习的方法的基础上发展起来的技术有卷积神经网络、循环神经网络、递归神经网络、注意力机制、强化学习、深度生成模型、记忆增强模型等。

在许多自然语言处理任务中，常采取将深度学习与基于规则、统计的方法相融合的方法，使得优势互补以达到最好的效果。

5.2.4　面临困难

目前自然语言处理主要面临两大困难，第一是大规模语料数据的建设，第二是语义分析技术的完善。

在大规模语料库的建设方面，由于自然语言处理技术以统计机器学习为基础，因此需要大规模语料库，但由于人工构建语料库费时费力，因此数据共享是促进研究发展必不可少的首要环节。另外，任何一个语料库都难以囊括一个领域的所有实例，同时语料库的标注粒度难以把握，类别划分过粗无法全面细致地描述语言，而类别划分过细则使得标注信息过于庞大，降低了标注效率，并带来了数据稀疏问题。最后，由于人工标注语料库的工作困难，因此目前有一部分研究者致力于利用大量无标记数据或部分标注数据解决具体问题，即半监督学习，但该方面的研究还不甚成熟。

在语义分析技术的完善方面，目前的语义分析技术方法主要有两种，一种是基于知识或语义学规则的语义分析方法，另一种是基于统计学的语义分析方法。但上述两种方法仍然难以精确地表示自然语言的语义，基于知识或语义学规则的语义分析方法无法覆盖全部语言现象，且推理过程复杂，无法处理不确定性事件，难以建立一个准确的知识和语义规则；而基于统计学的方法由于依赖于大规模语料库，因此语料库的优劣对模型性能有着较大的影响。

5.3　自然语言处理大数据基础资源

5.3.1　基础语料库

在统计自然语言处理方法中，一般需要收集一些文本作为统计模型建立的基础，这些文本称为语料（Corpus）。经过筛选、加工和标注等处理的大批量语料构成的数据库叫作语料库（Corpus Base）。由于统计方法通常以大规模语料库为基础，因此，又称为基于语料（Corpusbased）的自然语言处理方法。

（一）LDC 中文树库

LDC 中文树库（Chinese Tree Bank，CTB）[①]是由美国宾夕法尼亚大学（UPenn）负责开发，并通过语言数据联盟（LDC）发布的中文句法树库，该树库收集的语料取材于新华社和香港新闻等媒体，第 7 版由 2 400 个文本文件构成，含 45 000 个句子、110 万个词、165 万个汉字。文件由 GBK 和 UTF−8 两种编码格式存储。

（二）BFS−CTC 语料库

汉语句义结构标注语料库（Beijing Forest Studio-Chinese Tagged Corpus，BFS-CTC）[81]是北京森林工作室建设的一个汉语句义结构标注语料库。

在标注内容方面，基于句义结构模型的定义标注了句义结构句型层、描述层、对象层和细节层中所包含的各个要素及其组合关系，包括句义类型、谓词及其时态、语义格类型等信息，并且提供了词法和短语结构句法信息，便于词法、句法、句义的对照分析研究；在语料库组织结构方面，该语料库包括四个部分，即原始句子库、词法标注库、句法标注库和句义结构标注库，可根据研究的需要，在词法、句法、句义结构标注的基础上进行深加工，在核心标注库的基础上添加更多具有针对性的扩展标注库，利用句子的唯一 ID 号进行识别和使用。在语料来源和规模方面，原始数据全部来自新闻语料，经过人工收集、整理，合理覆盖了主谓句、非主谓句、把字句等六种主要句式类型，规模已达到 50 000 句。

BFS-CTC 基于现代汉语语义学，提供了多层次的句义结构标注信息，在兼容现有标注规范的情况下进行了词法和语法标注，其基本形式如图 5.1 所示。BFS 标注的词法、句法及句义既可以单独使用也可综合使用，可用于自然语言处理多方面的研究。

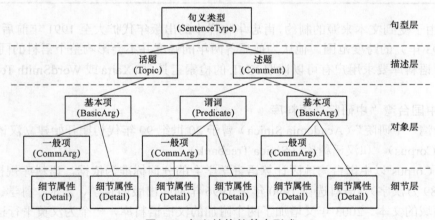

图 5.1　句义结构的基本形式

（三）兰开斯特汉语语料库

兰开斯特汉语语料库（The Lancaster Corpus of Mandarin Chinese，LCMC）是在 Tony McEnery 教授指导下，由他的学生肖中华博士历时半年多于 2003 年 6 月初步建设完成的现代汉语平衡语料库。

该语料库项目由兰开斯特大学语言学系承担，起初由英国经社研究委员会资助项目 Contrasting Tense and Aspect in English and Chinese 设立，筹建的动因主要是：尽管已经有很

---

① http://www.cis.upenn.edu/~chinese/ctb.html

多汉语语料库存在，却没有一个完全免费对公众开放的平衡的汉语语料库。因此最初的设想是将其建成同 FLOB 和 FROWN 对等的现代汉语语料库，有助于我们从事基于语料库的汉语单语或汉英（英汉）双语的对比研究。

LCMC 语料库是严格按照 Freiburg-LOB Corpus of British English（即 FLOB）模式编制的汉语书面语语料库，只是在两个方面做了微调。

第一，FLOB 的取样范畴中，肖忠华将 FLOB 中第 N 类样本的"西部和历险小说"改成"武侠小说"。取样范畴如表 5.1 的展示。

表 5.1　LCMC 取样范畴

代码	取样类型	代码	取样类型
A	新闻报道	J	学术、科技
B	社论	K	一般小说
C	新闻评论	L	侦探小说
D	宗教	M	科幻小说
E	技术、商贸	N	武侠小说
F	通俗社会生活	P	爱情小说
G	传记和杂文	R	幽默
H	其他：报告和公文等		

第二，由于受到文本来源的制约，肖忠华将样本的出版年代扩大至 1991 年前后各两年（即 1989 到 1993 年）的跨度范围。他认为前后各两年的幅度并不会影响整个语料的同质性。

LCMC 语料库要求用户有可以读取 XML 的检索工具，如 Xaira 或 WordSmith Tools version 4.0。

（四）中国台湾"中研院"语料库

中国台湾"中研院"（Academia Sinica）曾于 20 世纪 90 年代初期开始建立汉语平衡语料库（Sinica Corpus）[①] 和汉语树库（Sinica Treebank）[②]。

Sinica Corpus 以中国台湾地区计算语言学学会的分词标准为依据，语料库规模约为 520 万词（约 789 万汉字），语料选自 1990 年至 1996 年期间出版的哲学、艺术、科学、生活、社会和文学领域的文本。2003 年又增加了两个附加的汉语语料库，一个为汉英平行语料库，含 2 373 个汉英平行对照文本，均发表于 1976 年至 2000 年，大约有 10.3 万个汉英句对、320 万个英语词汇、530 万个汉语词汇；另外一个附件语料库为北京大学计算语言学研究所开发的现代汉语语料库，规模约为 8 500 万汉字，收集的篇章均发表于 1919 年之后。Sinica Treebank 3.0 版本规模达到了 61 087 个句子树，约 36 万个汉语词汇。其中，1 000 个句子树可以公开下载用于科学研究。SinicaTreebank 的结构框架基于中心驱动的原则（Head-Driven Principle），即一个句子或短语由中心成分和它的参数或附件构成，中心部分（Head）定义短语类和与其

---

① http://www.sinica.edu.tw/SinicaCorpus/s

② http://godel.iis.sinica.edu.tw/CKIP/engversion/treebank.htm

他成分之间的关系。

（五）BYU-BNC 语料库

英国国家语料库（BYU-BNC：British National Corpus，以下简称 BNC 语料库）是世界上最具代表性的当代英语语料库之一，它是由英国牛津出版社、朗文出版公司、钱伯斯－哈洛普出版公司、牛津大学计算服务中心、兰卡斯特大学英语计算机中心以及大英图书馆等联合开发建立的大型语料库，于 1994 年完成。

该语料库书面语与口语并重，其光盘版词量超过 1 亿，其中书面语语料库 9 000 余万词、口语语料库 1 000 余万词。在应用方面，该语料库既可用其配套的新版 SARA 检索软件，也可支持多种通用检索软件，并可直接进行在线检索。

（六）命题库

命题库（PropBank）、名词化树库（NomBank）[1]和语篇树库（Penn Discourse Tree Bank，PDTB）[2]均为宾夕法尼亚树库（Penn Tree Bank）的扩展。

命题库起初是在宾夕法尼亚英语树库（Penn English Treebank）的基础上增加语义信息后构建的"命题库"，其基本观点认为：树库仅提供句子的句法结构信息，对于计算机理解人类语言是不够的。因此，PropBank 的目标是对原树库中的句法节点标注上特定的论元标记（Argument Label），使其保持语义角色的相似性。PropBank 最初实现了对宾夕法尼亚英语树库中动词词义（Sense）及每个词义相关论元信息的标注，标注方案是 2000 年由美国宾夕法尼亚大学（UPenn）、BNN、MITRE[3]和纽约大学的相关研究组共同讨论制定的。后来 PropBank 又扩展了汉语命题的标注。汉语 PropBank 2.0 版从汉语树库 6.0 版中选取了 50 万词的树结构句子进行谓词论元标注，包含 81 009 个动词实例（11 171 个动词）、14 525 个名称实例（1 421 个名词）。

（七）布拉格依存树库

布拉格依存树库（Prague Dependency Treebank，PDT）[4]是由捷克布拉格查尔斯大学（Charles University in Prague）数学物理学院与应用语言学研究所（Institute of Formal and Applied Linguistics，Faculty of Mathematics and Physics）[5]组织开发的语料库，目前已经建成三个语料库：捷克语依存树库、捷克语－英语依存树库和阿拉伯语依存树库。

布拉格依存树库包含三个层次：

（1）形态层（Morphological Layer）：PDT 的最低层，包含全部的形态信息标注。

（2）分析层（Analytic Layer）：PDT 的中间层，主要是依存关系中的表层句法信息标注，层次概念上接近于 Penn Treebank 中的句法标注。

（3）深层语法层（Tectogrammatical Layer）：PDT 的最高层，表达句子的深层语法结构。深层语法树结构（Tectogrammatical Tree Structure，TGTS）只包含那些句子中对应有实际含义的词（实意词）（Autosemantic Word）节点（例如，没有介词节点），满足投射性条件（Condition of Projectivity），即没有交叉边，每个节点被指定一个算符，如 ACTOR、PATIENT、ORIGIN 等。

---

① http://nlp.cs.nyu.edu/meyers/NomBank.html

② http://www.seas.upenn.edu/~pdtb

③ http://www.mitre.org/

④ http://www.elsnet.org/nps/0040.html

⑤ http://ufal.mff.cuni.cz/

捷克语依存树库的语料主要来自捷克国家语料库的报纸新闻领域，语料库规模约为 150 万词汇。

5.3.2　语言知识库

语言知识库在自然处理和语言学研究中具有重要的用途，无论是词汇知识库、句法规则库，还是语法信息库、语义概念库等各类语言知识资源，都是自然语言处理系统赖以建立的重要基础，甚至是不可或缺的基础。长期以来，国内外众多自然语言处理专家和语言学家为建立语言知识库付出了巨大心血，取得了一批优秀成果。本部分对几项具有代表性的研究成果做简要介绍。

语言知识库比语料库包含更广泛的内容。概括来讲，语言知识库可以分为两种不同的类型：一类是词典、规则库、语义概念库等，其中的语言知识表示是显性的，可采用形式化结构描述；另一类语言知识存在于语料库之中，每个语言单位的出现，其范畴、意义和用法都是确定的。语料库的主体是文本，即语句的集合，每个语句都是线性的非结构化的文字序列，其中包含的知识都是隐性的。语料加工的目的就是要把隐性的知识显性化，以便于机器学习和引用。

（一）WordNet

WordNet 是由美国普林斯顿大学（Princeton University）认知科学实验室（Cognitive Science Laboratory[①]）George A.Miller 领导的研究组开发的英语机读词汇知识库，是一种传统的词典信息与计算机技术以及心理语言学的研究成果有机结合的产物。从 1985 年开始，知识工程 WordNet 全面展开，经发展成为国际上非常有影响力的英语词汇知识资源库。

WordNet 是一个按语义关系网络组织的巨大词库，多种词汇关系和语义关系被用来表示词汇知识的组织方式。词形式（Word Form）和词义（Word Meaning）是 WordNet 源文件中可见的两个基本构件，词形式以规范的词形表示，词义以同义词集合（Synset）表示。词汇关系是两个词形式之间的关系，而语义关系是两个词义之间的关系。

WordNet 将名词、动词、形容词、副词都组织到同义词集合（Synset）中，并且进一步根据句法类和其他组织原则分配到不同的源文件中。副词保存在一个文件中，名词和动词根据语义类组织到不同的文件中。形容词分为两个文件（descriptive 形容词和 relational 形容词）。在 WordNet 2.0 版中包含：大约 114 648 个名词、79 689 个同义词集合（Synset），其中许多都是搭配型词（Collocation）；21 436 个形容词，18 563 个形容词同义词集合；11 306 个动词，13 508 个动词同义词集合；4 669 个副词，3 664 个副词同义词集合[②]。

（二）FrameNet

FrameNet 是在框架语义学（Frame Semantics）基础上建立的一项新兴的在线知识库，[82] 该框架网络词典不仅提供了单词的释义、标注例句及多种索引方式，而且说明了词目词的句法特征，给出了词目词的配价结构。

在 FrameNet 中，词根据不同义项被切分为词汇单元（Lexical Unit，LU）。理论上，一个多义词的每个词义属于不同的语义框架；框架是组织词汇语义知识的基本手段。[83]具有相同

---

① http://wordnet.princeton.edu/man/wnstats.7WN

② http://wordnet.princeton.edu/man/wnstats.7WN

语义的词汇单元被分配在同一框架中，词汇单元的词义是通过其所属框架来描述的；语义框架类似于剧本的概念结构，由若干框架元素组成，用于描述一个特定的情形类型（Type of Situation）、对象（Object）、事件（Event）和事件参与者（Participants）及其道具（Props）。

FrameNet 的开发在词典学、自然语言处理及语义研究等方面都有实用意义。

（三）EDR 电子词典

EDR 电子词典（EDR Electronic Dictionary）由日本电子词典研究院（Japan Electronic Dictionary Research Institute，EDR）负责构建，[84]由 11 个子词典（Sub-Dictionary）组成，包括概念词典、词典和双语词典等。其开发项目由日本关键技术中心（Japan Key Technology Center）和包括富士通、NEC、东芝、日立、夏普、OKI、松下等在内的八个日本计算机制造商资助，历时九个财政年度（1986 年至 1994 年）。日本电子词典研究院于 2002 年 3 月 31 日解散，而 EDR 词典由日本通信研究所（Communications Research Laboratory，CRL）继续提供。

EDR 有五类词典，包括单语词典（Word Dictionary）、日英双语词典（Bilingual Dictionary）、概念词典（Concept Dictionary）、日语和英语同现词典（Co-occurrence Dictionary）和技术术语词典（Technical Terminology Dictionary），另外还包括 EDR 语料库（EDR Corpus）。EDR 的层次及其子词典如图 5.2 所示。

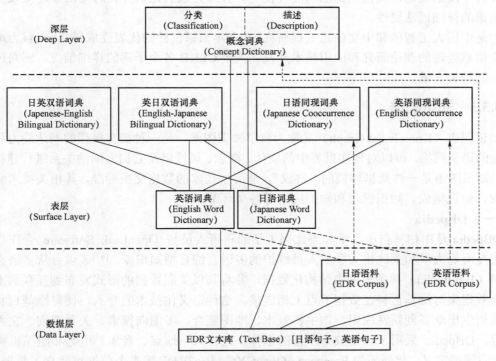

图 5.2　EDR 的层次及其子词典

（四）知网

知网（HowNet）由机器翻译专家董振东和董强组织创建，是一个以汉语和英语的词语所代表的概念为描述对象，以揭示概念与概念之间以及概念所具有的属性之间的关系为基本内容的常识知识库。[85]

知网作为一个知识系统，着力反映的是概念的共性和个性，通过对各种概念关系的标注，将这种知识网络系统教给计算机，从而实现知识的可计算性。

在知网中，义原作为一个很重要的概念，是最基本的、不易于再分割其意义的最小单位。知网的建设方法的一个重要特点是采用自下而上的归纳方法，通过对全部的基本义原进行观察分析并形成义原的标注集，再用更多的概念对标注集进行考核，据此建立完善的标注集。

知网是一个具有丰富内容和严密逻辑的语言知识系统，可以广泛地应用于词汇语义相似性计算、词汇语义消歧、名词实体识别和文本分类等许多方面。有关知网的详细情况，请参阅知网主页（http://www.keenage.com）和其他相关论著。

（五）北京大学综合型语言知识库

北京大学综合型语言知识库（The Comprehensive Language Knowledge Base，CLKB）由北京大学计算语言学研究所（ICL/PKU）俞士汶教授领导建立，涵盖了词、词组、句子、篇章各单位和词法、句法、语义各层面，从汉语向多语言辐射，从通用领域深入专业领域。

CLKB 是目前国际上规模最大且获得广泛认可的汉语语言知识资源，主要包括现代汉语语法信息词典、汉语短语结构规则库、现代汉语多级加工语料库、多语言概念词典、平行语料库、多领域语库。其中，现代汉语语法信息词典是一部面向语言信息处理的大型电子词典，收录 8 万个汉语词语，在依据语法功能（优势）分布完成的词语分类的基础上，又按类描述每个词语的详细语法属性。

它是中国人工智能和中文信息处理研究 50 多年来原创性的代表性成果之一，有力地支持了中文信息处理的理论研究和应用技术开发。关于 CLKB 各个子库的详细情况，感兴趣的读者可参阅相关文献。

5.3.3 知识图谱

知识图谱（Knowledge Graph）又称为科学知识图谱，是一种拥有极强的表达能力和建模灵活性的语义网络，可以对现实世界中的实体、概念、属性以及它们之间的关系进行建模。[86]另外，知识图谱是一种数据建模的"协议"，是衍生技术的数据交换标准，其相关技术涵盖知识抽取、知识集成、知识管理和知识应用等各个环节。

（一）DBpedia

DBpedia 是由柏林自由大学和莱比锡大学的科研人员与 OpenLink Software 合作启动，现在由曼海姆大学和莱比锡大学的人员维护的多语言综合型知识库。[87]该项目从多语言的维基百科（Wikipedia）词条里抽取结构化数据，并将其以关联数据的形式发布到互联网上，可使其他数据集与维基百科在数据节点上相链接。这种语义化技术的介入，使得维基百科简单快速地衍生出众多创新性应用，如手机版本、地图整合、多面向搜索、关系查询、文件分类标注等。DBpedia 采用了一个较为严格的本体，包含人、地点、音乐、电影和组织机构、物种、疾病等类定义，此外还与 Freebase、OpenCYC、Bio2RDF 等多个数据集建立了数据链接。DBpedia 采用 RDF 语义数据模型，截止到 2014 年年底，DBpedia 的事实三元组超过了 30 亿条，由此成为世界上最大的多领域知识本体之一。

DBpedia 支持三种通用的关联数据获取方式，可以通过 Pubby 关联数据界面、关联数据浏览器和各种爬虫来获取，同时支持 SPARQL 服务和 RDF 文件下载，并提供了丰富的用户界面和功能来促进 DBpedia 数据的多样化使用。

（二）Freebase

Freebase 是同 DBpedia 十分相似的项目，它们都是从 Wikipedia 抽取结构化数据并发布 RDF。但 Freebase 是完全结构化的数据库，且数据来源不局限于 Wikipedia，另外导入了数量众多的专业数据集，并提供先进的数据查询和录入机制，相比 DBpedia 数据更全面，功能更为强大。Freebase 数据的导入和使用都需遵守 Creative Commons Attribution License[①]。

Freebase 的主要数据来源包括维基百科 Wikipedia、世界名人数据库 NNDB、开放音乐数据库 MusicBrainz，以及社区用户的贡献等，另外还有个人用户通过页面逐条手工编辑来增加数据。截止到 2014 年年底，Freebase 已经包含了 6 800 万个实体，10 亿条关系信息，超过 24 亿条事实三元组信息。[87]在 2015 年 6 月，Freebase 整体移入 WikiData，在 2016 年，Google 宣布将 Freebase 的数据和 API 服务都迁移至 Wikidata，并正式关闭了 Freebase。

（三）YAGO

YAGO 是由德国马普研究所于 2007 年开始研制的链接数据库，针对当时的应用仅使用单一源背景知识的情况，建立了一个高质量、高覆盖的多源背景知识的知识库。由专家构建的 WordNet 拥有极高的准确率的本体知识，但知识覆盖度仅限于一些常见的概念或实体；相比之下，维基百科蕴含丰富的实体知识，但其提供的概念的层次结构、标签结构并不精确，直接用于本体构建并不适合。YAGO 主要集成了来自 Wikipedia、WordNet 和 GeoNames 的数据，将 WordNet 的词汇定义与 Wikipedia 的分类体系进行了融合集成，使得 YAGO 具有更加丰富的实体分类体系。YAGO 还考虑了时间和空间知识，为很多知识条目增加了时间和空间维度的属性描述。

截止到 2018 年，YAGO 包含了超过 1 000 万的实体以及超过 1.2 亿条三元组知识，是 IBM Watson 的后端知识库之一。[87]

（四）Knowledge Vault

Knowledge Vault 是 Google 公司于 2012 年 5 月 16 日提出，用于增强 Google 搜索引擎的功能和提高搜索结果质量的一种技术，另外还能结构化与主题相关的信息。

基于机器学习，Knowledge Vault 不仅能够从多个来源（文本、表格数据、页面结构以及人工标注）中提取数据，而且可以根据所有可用数据推断事实及关系。由于网络中包含大量的错误数据，因此框架依赖于现有的知识库（如 Freebase）。[88]

（五）搜狗知立方

搜狗知立方是搜狗公司为了让用户获取信息更加简单而发布的全新的知识库搜索引擎，是国内搜索引擎行业中首家知识库搜索产品。

知立方主要通过将海量的互联网碎片信息整合，对搜索结果进行重新优化计算，把最核心的信息展现给用户。与传统的"关键词搜索"不同，知立方不是单纯地抓取网页数据，而是引入"语义理解"技术，试图理解用户的搜索意图，然后将搜索结果准确地传递给用户。

知立方能够智能分析用户的查询意图，基于推理与计算能力，直接给出用户想要的答案；通过对全网页面的分析和挖掘，保证了知识库数据的准确性；另外，能够给出完整的知识体系，使得用户更加全方位地了解知识点。

---

① http://wiki.freebase.com/wiki/Freebase_license

5.4　自然语言处理大数据分析技术

大数据时代改变了基于数理统计的传统数据科学，促进了数据分析方法的创新，从机器学习和多层神经网络演化而来的深度学习是当前大数据处理与分析的研究前沿。从机器学习到深度学习，经历了早期的符号归纳机器学习、统计机器学习、神经网络和 20 世纪末开始的数据挖掘的研究和实践，人们发现深度学习可以挖掘大数据的潜在价值。深度学习横跨计算机科学、工程技术和统计学等多个学科并应用于政治、金融、天文、地理以及社会生活等广泛的领域。深度学习的优点在于模型的表达能力强，能够处理具有高维稀疏特征的数据，而自然语言处理所面临的挑战亟待引入深度学习的思想、方法和技术进行及时有效的解决。

如何将深度学习应用于自然语言处理，发现大数据背后的潜在价值成为业界关注的热点。自然语言处理作为计算机科学与人工智能交叉领域中的重要研究方向，综合了语言学、计算机科学、逻辑学、心理学以及人工智能等学科的知识与成功。

基于现代汉语句义学（属于语言学范畴）的句义模型属于基础性应用研究。句义模型研究的技术路线包括了对应用基础部分和应用部分的规划，如图 5.3 所示。句义模型的直接应用是指通过对句子进行句义分析，得到句义的模型表达形式，最大限度地获取句义的信息，然后直接利用句义模型的表达形式进行应用。直接运用句义模型的场合主要是那些需要直接模拟人的交流过程的应用，例如问答系统、人机对话、机器翻译等。在这些应用中，仅仅依靠某些方面的语言特征并不能完全满足应用的要求，需要利用句义模型让计算机来模拟人的理解方式。

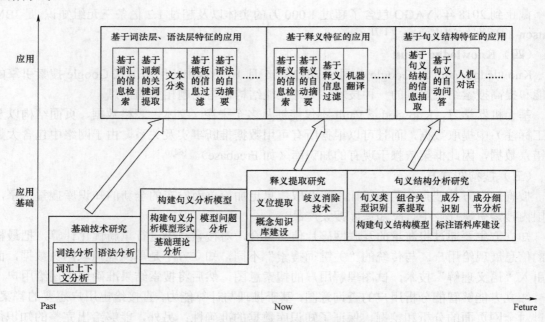

图 5.3　句义模型研究的技术路线示意图

互联网高速发展，舆情的传播方式也发生着巨大的变化，互联网已经成为政府倾听民意的重要渠道，同时也成为人民群众发表言论的主要平台。而互联网环境错综复杂，如何正确引导言论、如何有效监测和评估所面临的风险，然后及时采取应对措施就显得尤为关键。因此关于舆情态势感知和线索发现方向的自然语言处理应用成为热点，包括：命名实体识别、热点话题抽取、实体关系抽取、事件抽取、事件摘要、情感分析等。自然语言处理技术框图如图 5.4 所示。

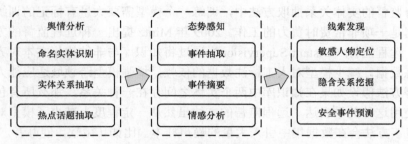

图 5.4　自然语言处理技术框图

下面针对当前大数据分析技术如何应用在实体关系抽取、命名实体识别、情感分类、文本摘要、机器翻译和自动问答这六个方面进行详细介绍。

5.4.1　实体关系抽取

（一）任务定义

实体关系抽取作为信息抽取领域的重要研究课题，其主要目的是抽取句子中实体对之间的语义关系，即在实体识别的基础上确定无结构文本中实体对之间的关系类别，并形成三元组，即＜实体 1，关系，实体 2＞。例如，给定句子："清华大学坐落于北京近邻"以及实体"清华大学"与"北京"，模型可以通过语义得到"位于"的关系，并最终抽取出三元组＜清华大学，位于，北京＞。

1998 年，美国国防高级研究计划局（Defense Advanced Research Project Agency，DARPA）资助的最后一届消息理解会议（Message Understanding Conference，MUC）首次引入了实体关系抽取任务。MUC 中的模板关系（Template Relation）是对实体关系的最早描述。

1999 年，美国国家标准技术研究院（Nationalinstitute of Standards and Technology，NIST）组织了自动内容抽取（Automatic Content Extraction，ACE）评测，其中的一项重要评测任务就是实体关系识别。

MUC、ACE 评测会议的实体关系抽取涉及的关系类型局限于命名实体（包括人名、地名、组织机构名等）之间的少数几种类型的实体关系，如雇佣关系、地理位置关系、人—社会组织关系等。SemEval（Semantic Evaluation）是继 MUC、ACE 后信息抽取领域又一重要评测会议，该会议吸引了大量的院校和研究机构参与测评。SemEval—2007 的评测任务 4 定义了 7 种普通名词或名词短语之间的实体关系，但其提供的英文语料库规模较小。随后，SemEval—2010 的评测任务 8 对其进行了丰富和完善，将实体关系类型扩充到 9 种，分别是：Component-Whole、Instrument-Agency、Member-Collection、Cause-Effect、Entity-Destination、Content-Container、Message-Topic、Product-Producer 和 Entity-Origin。考虑到句子实例中实体对的先后顺序问题，引入"Other"类对不属于前述关系类型的实例进行描述，共生成 19 种实体关系。SemEval—2010 评测引发了普通名词或名词短语间实体关系抽取研究的新高潮。

（二）方法概述

实体关系抽取任务根据使用方法的不同，可以分为基于远程监督的关系抽取方法和实体与关系的联合抽取方法等。

（1）基于远程监督的关系抽取方法。

在基于有监督的实体关系抽取方法中，训练一个模型需要大量有标记的训练数据，然而标记训练数据是一项非常费时费力的工作。2009 年 Mintz 提出一种远程监督的方法来自动生成训练数据。远程监督（Distant Supervision）通过将知识库与非结构化文本对齐的方法自动构建大量训练数据，减少模型对人工标注数据的依赖，增强模型跨领域适应能力。

远程监督方法假设如果在知识库中两个实体之间存在一种关系，那么所有包含这两个实体的句子都使用这种关系表达。远程监督的方法虽然从一定程度上减少了模型对人工标注数据的依赖，但该方法会在数据集中引入大量的噪声样本。比如（微软，创办者，比尔·盖茨）是知识库中的一种关系三元组。句子"比尔·盖茨转向慈善事业与微软在美国和欧盟的反托拉斯问题有关"中含有"微软"和"比尔·盖茨"这两个实体，根据远程监督的方法会将这个句子中的实体对之间的关系类型表示为"创办者"。但是该句子无法表达这两个实体具有这种关系类型。

大部分的研究都在多示例学习（Multi Instance Learning，MIL）框架下处理远程监督方法带来的噪声样本的问题。多示例学习方法可以被描述为：假设训练数据集中的每个数据是一个包（Bag），每个包都是一个示例（Instance）的集合，每个包都有一个训练标记，而包中的示例是没有标记的；如果包中至少存在一个正标记的示例，则包被赋予正标记；而对于一个有负标记的包，其中所有的示例均为负标记。

处理远程监督中的噪声数据是困难的，因为通常缺乏明确的监督来捕捉噪声。2015 年，曾道建等为解决远程监督带来的噪声问题，将远程监督关系抽取问题看作一个多示例学习问题。针对数据标注错误问题，该方法采用多示例学习的方式从训练集中抽取置信度高的训练样例来训练模型。借助多示例学习，虽然可以有效地减少噪声的影响，但是该方法存在两个问题：① 多示例学习选取每个包中置信度最高的样例作为正样例进行训练，在过滤噪声的同时也丢失了很多有用的监督信息；② 多示例学习中由于基于"至少一个"假设（包内至少有一个示例是正示例），所以包的关系类型可能就是错的。

2016 年，林衍凯等针对曾道建的方法中存在的第一个问题，提出一种基于注意力机制（Attention Mechanism）的模型。该模型首先使用 PCNN 对包中的每个句子编码，得到句子向量；再通过计算每个句子向量和包关系向量的相似度来赋予该句子向量在包内的权重；最后通过对包内的各个句子进行加权求和，从而达到充分利用包内的有效示例，同时减少噪声的目的。

2017 年，纪国良等针对多示例学习存在的问题，提出一个句子水平的注意力模型，与林衍凯提出的方法的主要不同点在于注意力权值的计算方法。该方法首先利用"实体－实体＝关系"的方法表示实体间关系；然后利用卷积神经网络捕获实体描述页面特征，丰富实体表示；最后通过计算实体间关系与句子间的相似度赋予句子不同的权重。从而达到充分利用包内的有效示例，同时减少噪声的目的。

2017 年罗炳峰等人提出用一个噪声矩阵来拟合噪声的分布，即给噪声建模，通过矩阵相乘的方法来消除噪声的影响。构造了两种转移矩阵："动态转换矩阵"和"全局转移矩阵"，并且"动态转换矩阵"比"全局转移矩阵"要好。训练的过程中引入了课程学习的方法，通过这种方法训练模型可以加入一些先验知识到模型中去。

2018 年，杜金华等发现传统的一维注意力模型不足以在选择有效示例时学习不同的上下文来预测实体对的关系。传统的注意力模型只能学到句子的一个方面的权重的概率分布，无法学到多个方面的分布。在 MIL 框架下提出了一种新颖的多层结构的自注意（Self-attention）机制用于关系抽取，但是该方法忽略了包内的所有示例都是噪声样本这种情况。

2018 年，秦鹏达等尝试使用一种深度强化学习框架和生成式对抗网络在没有任何监督信息的情况下自动识别每个关系类型实例集中的噪声样本。

2018 年，Yuan Changsen 等使用余弦相似度计算每个句子和最好句子之间的相似性，相似性越高，这个句子的权重越大，相反权重越低。该方法首先根据 MIL 的至少一个假设得到最好的句子 S；然后将包中的每个句子和 S 进行相似度计算，得到每个句子的权重；最后加权求和得到包的特征表示。另外发现，随着句子的增长，语句中会包含一些对目标关系无用的单词，并且这些单词都远离实体。为了解决这个问题，该方法假设实体与词的关系随着实体与词的距离变化而变化。

2018 年，Yuan Yujin 等提出一种跨关系跨包选择注意力模型，该方法仍然是在 MIL 框架下构建句子包。该方法通过考虑关系之间的相关性来改善句子级别的注意力，并且在带有注意力层的包级别上进行选择，第一个注意力试图减少嘈杂或不匹配句子的影响，第二个注意力集中在高质量的包上。

（2）实体与关系的联合抽取方法。

传统的实体关系抽取方法是一种流水线（Pipelined）的方法。该方法首先进行命名实体识别，然后对识别出来的实体进行两两组合，再进行关系分类，最后把存在实体关系的三元组作为输出。但是该方法存在三个问题：① 错误传播，实体识别模块的错误会影响到关系分类的性能。② 忽视了两个子任务之间存在的联系。③ 产生了没必要的冗余信息。由于对识别出来的实体进行两两配对，然后再进行关系分类，那些没有关系的实体对会带来多余信息，提高错误率。

针对流水线方法存在的问题，联合学习的方法被引入实体关系抽取领域，该方法大致可以分为两类：① 基于参数共享的联合抽取方法；② 其他的联合抽取方法等。

2016 年，Makoto Miwa 等人利用共享神经网络底层表达来进行联合学习。首先，词嵌入层读入输入句子；然后，使用 Bi-LSTM（Bi-directional Long Short-Term Memory）层来对输入句子进行编码；最后，分别使用一个神经网络来进行命名实体识别（NER）和一个 Bi-LSTM 来进行关系分类（RC）。相比现在主流的 NER 模型 Bi-LSTM+CRF 模型，该方法将前一个预测标签进行了标签嵌入（Label Embedding），再传入当前解码中来代替条件随机场层，以解决 NER 中的标签依赖问题。在训练时两个任务都会通过后向传播算法更新共享参数，从而实现两个子任务之间的依赖。2017 年，Zheng 等人也是类似的思想，通过参数共享来联合学习。只是该模型在 NER 和 RC 的解码模型上有所区别，NER 使用一个 LSTM 进行解码，使用一个卷积神经网络（CNN）进行关系分类。在进行关系分类的时候，需要先根据 NER 预测的结果对实体进行配对，然后将实体之间的文本使用一个 CNN 进行关系分类。该模型主要是通过底层的模型参数共享，在训练时两个任务都会通过后向传播算法来更新共享参数，从而实现两个子任务之间的依赖。2017 年，李飞等人也将类似的思想应用在了生物医药领域的关系抽取任务上。

以上三种方法都是采用参数共享法来实现联合学习，但是该方法存在两个问题：① 参数共享的方法其实还是有两个子任务，只是这两个子任务之间通过参数共享有了交互；② 在训练时还是需要先进行 NER，再根据 NER 的预测信息进行两两匹配来进行关系分类，仍然会产生没有关系的实体对这种冗余信息。

2017 年，Zheng.S 等人提出了一种新的标注策略来进行关系抽取，该方法使用一种新的标注策略把原来涉及序列标注任务和分类任务的关系抽取完全变成了一个序列标注问题。通过一个端到端的神经网络模型直接得到关系实体三元组。但是，该方法并不能处理实体关系重叠的情况。2018 年，Zhou.Y 等人在 Zheng.S 等人（2017）提出的序列标注模式上建模，在模型中引入了预训练的实体特征，并且使用注意力机制从编码层的输出去选择重要的信息。

2017 年，Arzoo Katiyar 等人也提出一种联合模型，该模型在解析句子中每一个词时，同时输出实体标签和关系标签。在特征部分只使用了词嵌入，没有用位置和依存树等其他特征。该网络架构是一个输入层，两个输出层：一个输出层用来输出实体标签，一个输出层用来输出关系标签。

2018 年，Zeng 等人提出一种带有复制机制（Copy Mechanism）的端到端模型来完成实体和关系的联合抽取任务。该模型包括编码器和解码器两个模块。使用两种不同的解码策略：① 使用一个唯一的解码器去产生所有的三元组；② 使用多个分离的解码器，每个解码器分别产生一个三元组。该模型可以有效地处理关系重叠的情况。

2019 年，Takanobu 等人采用层次强化学习框架完成实体和关系的联合抽取任务，该框架被分解为两级强化学习策略的层次结构，分别用于关系抽取和实体识别。

（三）基于端到端的实体关系联合抽取方法

2016 年，Makoto Miwa 等人提出了一种端到端的神经网络模型，用于抽取实体和实体间的关系。该方法同时考虑了句子的词序信息（Word Sequence）和依存句法树（Dependency Tree）的子结构信息，这两部分信息都是利用双向 LSTM 建模，并将两个模型堆叠起来，使得在关系抽取中可以利用实体相关的信息。在训练过程中使用了实体预训练（Entity-Pretrain）和安排取样（Scheduled Sampling）等方法进一步提升关系抽取性能。

传统的方法是将实体关系抽取看成两个子任务（实体抽取以及实体关系抽取）组成的 pipeline 任务。实体抽取其实就是命名实体识别（Named Entity Recognition），实体关系抽取主要是关系分类。实体识别是比较传统的任务，比较多的方法是 LSTM-RNN，最先进的方法是在双向 LSTM-RNN 的基础上加一层 CRF 层，可以同时做词性标注（Part-of-Speech tag，POS）和命名实体识别（NER）。传统的关系分类方法主要是基于特征/核（Feature/Kernel）的方法。另外还有一些基于神经网络模型的方法被提出，包括：① 基于嵌入方法；② 基于 CNN 的方法；③ 基于 RNN 的方法。但是，基于 RNN 的方法没有同时考虑单词序列和依存树信息。

总体上来说，该模型主要包括三个类型的表示层：第一类是嵌入层，用于表示词、词性标注、依存类型和实体；第二类是序列层，用于表示词序列，这一层是一个双向 LSTM-RNN；第三类是依存层，在依存树上表示两个目标词（实体）之间的关系。该神经网络模型的结构如图 5.5 所示。

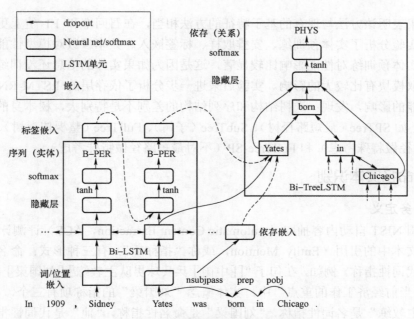

图 5.5　依存层神经网络模型的结构

其中，嵌入层包括多个：词和词性标注的嵌入作为 RNN 的输入，实体的嵌入是序列层的输出，依存类型作为依存层的输入。序列层主要描述句子的上下文信息和实体，通过一个双向 LSTM-RNN 表示句子序列信息。

实体识别层本质上是一个序列标注任务，文中实体的标记（Tag）采用 BILOU（Begin、Inside、Last、Outside 和 Unit）编码模式，每个标记表示实体的类型和一个词在实体中的位置。实体识别通过隐藏层和 Softmax 输出层实现。在解码过程中，会利用一个已经预测的词的标签去预测下一个词的标签。解码层的输入是序列层的输出和上一个标签的嵌入向量结果的连接。

依存层用于描述依存树中一对目标词之间的关系，这一层主要关注这对目标词在依存树上的最短路径。该方法采用了双向树结构的 LSTM-RNN 来抓住目标词对周围的依存结构，信息可以从根节点传到叶节点，也可从叶节点传到根节点。

关系分类层：① 对于两个带有 L 或 U 标签（BILOU 模式）的词，可以构建一个候选的关系；② NN 为每一个候选关系预测一个关系标签，并带有方向（除了负关系，Negative Relation）。

模型训练过程主要采用了以下优化方法：主要通过 BPTT 和 Adam 更新模型参数，包括权重、偏差和嵌入；还使用了梯度剪切（Gradient Clipping）、参数平均（Parameter Averaging）和 L2 正则化；还将 dropout 应用于嵌入层和最终隐藏层，以进行实体检测和关系分类。此外，该模型还采用了两个增强技术，包括安排取样（Scheduled Sampling）和实体预训练（Entity Pretraining）。

实验采用了 ACE04 和 ACE05 两个数据集用于端到端的关系抽取，每个数据集包含 7 个实体类型和 6～7 个关系类型。采用 SemEval—2010 Task 8 数据集做关系分类，该数据集包含 9 类名词之间的关系、8 000 个句子用作训练、2 717 个句子用作测试。

实验结果表明该方法与现有的基于特征的方法相当，在召回率和 F1 值上更优，在准确率上稍弱。实验分析了实体预训练、安排取样、标签嵌入、共享参数对模型性能的影响。实验结果表明实体预训练对性能影响比较显著，这是因为如果实体的信息还没训练好，会对后面的关系抽取模块有比较大的影响。实验后来进一步分析了依存层的 LSTM-RNN 的结构对关系抽取性能的影响，发现：选树结构和序列结构的差别不是特别大，树本身的结构对性能影响比较大，如 SPTree（最短路径树）、SubTree（子树）、FullTree（整棵依存树）、SubTree-SP（不对最短路径做特殊考虑）和 FullTree-SP（不对最短路径做特殊考虑）。

5.4.2　命名实体识别

（一）任务定义

根据美国 NIST 自动内容抽取（Automatic Content Extraction，ACE）评测计划[①]的解释，实体概念在文本中的引用（Entity Mention，或称"指称项"）有三种形式：命名性指称、名词性指称和代词性指称。例如，在句子"[[中国]乒乓球男队主教练][刘国梁]出席了会议，[他]指出了当前经济工作的重点"中，实体概念"刘国梁"的指称项有三个，其中，"中国乒乓球男队主教练"是名词性指称，"刘国梁"是命名性指称，"他"是代词性指称。

在 MUC-6 中首次使用了命名实体（Named Entity）这一术语，由于当时关注的焦点是信息抽取（Information Extraction）问题，即从报章等非结构化文本中抽取关于公司活动和国防相关活动的结构化信息，而人名、地名、组织机构名、时间和数字表达（包括时间、日期、货币量和百分数等）是结构化信息的关键内容，因此，MUC-6 组织的一项评测任务就是从文本中识别这些实体指称及其类别，即命名实体识别和分类（Named Entity Recognition and Classification，NERC）任务。确定地讲，就是识别这些实体指称的边界和类别。[79]

（二）方法概述

实际上，最早从事命名实体识别的一项工作是 Lisa F.Rau 开展的从文本中识别和抽取公司名称的研究，后来也有一些关于专有名词识别的相关研究，但都没有引起太多的关注。MUC-6 首次组织的命名实体识别和分类评测任务以及后来出现的一系列评测极大地推动了这一技术的快速发展。除了 MUC 会议以外，其他相关的评测会议还有 CoNLL（Conference on Computational Natural Language Learning）、ACE 和 IEER（Information Extraction-Entity Recognition Evaluation）等。

在 MUC-6 组织 NERC 任务之前，主要关注的是人名、地名和组织机构名这三类专有名词的识别。自 MUC-6 起，地名被进一步细化为城市、州和国家。后来也有人将人名进一步细分为政治家、艺人等小类。

在 CoNLL 组织的评测任务中扩大了专有名词的范围，包含了产品名的识别。在其他一些研究工作中也曾涉及电影名、书名、项目名、研究领域名称、电子邮件地址和电话号码等。尤其值得关注的是，很多学者对生物信息学领域的专用名词（如蛋白质、DNA、RNA 等）及其关系识别做了大量研究工作。甚至在有些研究中并不限定"实体"的类型，而是将其看作开放域的 NERC，把"命名实体"的类别按层次化结构划分，试图涵盖在报章中出现较高

---

① http://www.itl.nist.gov/iad/mig/tests/ace/

频率的名字和严格的指称词，类别总数达到约 200 种。本部分主要关注人名、地名和组织机构名这三类专有名词的识别方法。

与自然语言处理研究的其他任务一样，早期的命名实体识别方法大都是基于规则的。系统的实现代价较高，而且其可移植性受到一定的限制。

自 20 世纪 90 年代后期以来，尤其是进入 21 世纪以后，基于大规模语料库的统计方法逐渐成为自然语言处理的主流，一大批机器学习方法被成功地应用于自然语言处理的各个方面。根据使用的机器学习方法的不同，我们可以粗略地将基于机器学习的命名实体识别方法划分为如下四种：监督学习方法、半监督学习方法/弱监督学习方法、无监督学习方法和混合方法。我们对这些方法进行了简要归纳，如表 5.2 所示。

表 5.2 基于统计模型的命名实体识别方法归纳

类型	采用的模型或方法	代表工作
监督学习方法	隐马尔可夫模型或语言模型	Liu et al; Zhang et al.；Sun et al.；Zhou and Su；Bikel et al.
	最大熵模型	Tsai et al.；Borthwick；Mikheev et al.
	支持向量机	Yi et al.；Asahara and Matsumoto
	条件随机场	Leaman and Gonzalez；Finkel et al.；McCallum and Li
	决策树	Isozaki；Paliouras et al.；Sekine et al.
半监督学习方法/弱监督学习方法	利用标注的小数据集（种子数据）学习	Singh et al.；Nadeau；Collins；Collins and Singer
无监督学习方法	利用词汇资源（如 WordNet）等进行上下文聚类	Etzioni et al.；Shinyama and Sekine
混合方法	几种模型相结合或利用统计方法和人工总结的知识库	Liu et al.；Finkel and Manning；Zhou；Wu et al.；Jansche and Abney

有些命名实体识别工具已经公开发布在网上，供人们自由下载使用。其中，Stanford NER 是美国斯坦福大学自然语言处理研究组开发的基于条件随机场模型的命名实体识别系统（Stanford Named Entity Recognizer），该系统参数是基于 CoNLL、MUC−6、MUC−7 和 ACE 命名实体语料训练出来的[①]。

BANNER 是美国亚利桑那州立大学开发的面向生物医学领域的英语命名实体识别系统，其基本模型也是条件随机场[②]。

MALLET 是美国麻省大学（UMASS）阿姆斯特（Amherst）分校开发的一个统计自然语言处理开源软件包，包括文本分类、聚类、主题建模和信息抽取等功能，在其序列标注工具的应用中能够实现命名实体识别。该系统是利用隐马尔可夫模型、最大熵和条件随机场等模型实现的有限状态转换机[③]。

---

① https://nlp.stanford.edu/software/CRF-NER.shtml

② http://banner.sourceforge.net/

③ http://mallet.cs.umass.edu

以上几个命名实体识别或抽取系统都是针对英语文本进行的。微软亚洲研究院和上海交通大学的赵海分别开发了汉语命名实体识别系统，并在网上开放共享。微软亚洲研究院发布的 S-MSRSeg 汉语分词与命名实体识别工具是基于 Gao 等人的工作实现的[①]。赵海开发的 BaseNER 未切分中文文本的命名实体识别工具是基于 CRF++模型实现的，使用 n 元语法特征设置进行参数训练[②]。

基于大规模语料库的统计方法依赖大量人工标记好的文本作为训练数据，理论上用于训练的数据规模越大，命名实体识别效果越好。然而，当数据规模大到一定程度，包括对数据进行存储、传输和运算在内的一系列自动化能力也需要相应地提升。因此，大数据驱动下的命名实体识别方法应运而生。大数据为现有的命名实体识别方法带来了新的技术，包括大规模并行处理数据库、数据挖掘、分布式文件系统、分布式数据库、云计算平台、互联网和可扩展的存储系统。在这些技术的帮助下，命名实体识别方法可以突破实验条件的约束，满足现实社会的需求，真正创造社会价值。

（三）基于深度神经网络的序列标记方法

通常来说，命名实体识别任务需要从给定的非结构化文本中确定命名实体的边界和类别。根据语种，非结构化文本等价于字（针对中文、日文等）或单词（针对英文、德文等）序列。针对命名实体识别研究，通常赋予语料中每一个字或单词一个对应的标签，此时命名实体识别任务成为指定标签类别的序列标记任务。

当前，基于深度神经网络的序列标记方法成为主流研究方向。与传统机器学习方法相似，基于深度神经网络的序列标记方法利用深度神经网络实现了自动特征提取和选择过程，然后将特征向量输入给分类器，确定最终的类别（标签）。传统机器学习方法需要研究人员针对数据执行特征工程，但此过程需要花费大量的人力和时间；深度神经网络的出现解决了这一难题。然而，目前的深度神经网络可解释性较差，人类难以从参数中获得启发性的知识。

百度的 Huang 等人于 2015 年使用了一系列基于长短时记忆（Long Short-Term Memory，LSTM）的模型来处理序列标记任务。这些模型包括 LSTM 网络、双向 LSTM（Bidirectional LSTM，BI-LSTM）网络、使用条件随机场（Conditional Random Field，CRF）的 LSTM-CRF 模型以及 BI-LSTM-CRF 模型。他们的工作第一次将 BI-LSTM-CRF 模型应用到序列标记任务中。得益于 BI-LSTM 的结构，整个 BI-LSTM-CRF 模型可以同时有效使用过去和未来的输入特征；得益于 CRF 模型，句子级别的标签信息也得到利用。实验表明，除了命名实体识别任务外，BI-LSTM-CRF 模型还在词性（part-of-speech，POS）标注、组块（chunking）分析等任务上取得了良好的效果。

Huang 等人的模型中包含了三个基本模型：LSTM、BI-LSTM 和 CRF。其中，LSTM 是循环神经网络（Recurrent Neural Networks，RNN）的高级形式。人类的思想具有持久性，即不会从零开始进行思考，必然会借助已有的知识来处理当前存在的问题。比如，在阅读文章的过程中，需要根据已经读过的内容来理解当前阅读的文字。用流水线生产方式作比喻，输入的原材料经过一系列连续的加工步骤才能变成产品进行销售，每一个步骤都依赖前一个步

[①] https://www.microsoft.com/en-us/download/details.aspx?id=52522&from=http%3A%2F%2Fresearch.microsoft.com%2Fen-us%2Fdownloads%2F7a2bb7ee-35e6-40d7-a3f1-0b743a56b424%2Fdefault.aspx

[②] http://bcmi.sjtu.edu.cn/~zhaohai/index.ch.html

骤。如果认为这些单独的步骤是一样的，就可以将其简化为需要重复执行的行动单元。这就是神经网络模型中的基本 RNN 神经元，用数学形式表示为：

$$h_t = f(W[x_t, h_{t-1}])$$

其中，x_t 为 t 时刻由外界到 RNN 神经元的输入，h_{t-1} 是前一时刻 RNN 神经元的内部状态，W 是参数矩阵，$f(\bullet)$ 为一个非线性函数，被称为激活函数。经过运算后得到的 h_t 即为 t 时刻 RNN 神经元的内部状态。

LSTM 的基本思想与 RNN 相同，然而它的结构更加复杂，可以学习长期依赖信息。一个 LSTM 神经元中有三个门，除了类似 RNN 神经元的内部状态外，还有一个细胞状态。这三个门分别是输入门、遗忘门和输出门，用于保护和控制细胞状态。输入门、遗忘门和输出门都是非线性函数，其中输入门确定什么样的新信息被存放在细胞状态中；遗忘门决定从细胞状态中丢弃什么信息；而输出门在更新了旧细胞状态后，基于当前细胞状态，确定输出什么值（LSTM 神经元的内部状态）。

将 LSTM 处理序列输入的过程视为从头到尾的单向工作方式，那么，如果已知整个序列的内容，反向处理序列输入能否取得类似的效果。BI-LSTM 很好地解答了这个问题。它包括两个 LSTM 模型，一个正向处理序列，另一个反向处理序列，得到两个输出序列，将对应位置的输出进行串联即可得到最终输出。

CRF 是一种判别式无向图模型，对多个变量在给定观测值后的条件概率进行建模。若令 $x = \{x_1, x_2, \cdots, x_n\}$ 为观测序列，$y = \{y_1, y_2, \cdots, y_n\}$ 为与之相应的标记序列，则条件随机场的目标是构建条件概率模型 $P(y \mid x)$。标记序列 y 内部可以具有某种结构，即其元素之间具有某种相关性。在序列标记任务中，观测序列为文本（字或单词序列），标记序列为相应的类标签序列，具有线性序列结构。[89]

令 $G = V, E$ 表示节点与标记序列 y 中元素一一对应的无向图，y_v 表示与节点 v 对应的标记变量，$n(v)$ 表示节点 v 的邻接节点，若图 G 的每个变量 y_v 都满足马尔可夫性，即：

$$P(y_v \mid x, y_{V \setminus \{v\}}) = P(y_v \mid x, y_{n(v)})$$

则 (y, x) 构成一个条件随机场。[89]

考虑到命名实体识别需要大量特征工程知识和词典来获得较好的效果，Chiu 和 Nichols 于 2015 年提出一种混合 BI-LSTM 和 CNN 结构，其中 CNN 从每个英文单词中抽取字符特征，而 BI-LSTM 将词特征（包括词嵌入、额外的词特征和 CNN 抽取的字符特征）转化为命名实体标签分数。

CNN 是一种前馈神经网络，它的人工神经元可以响应一部分覆盖范围内的周围单元。CNN 的层级结构包括：数据输入层、卷积计算层、激励层、池化层和全连接层。数据输入层主要对原始数据进行预处理；卷积计算层中的神经元可以被看作是一组滤波器，用固定的权重和不同位置的窗口内的局部数据做内积，即实现卷积操作，得到一组特征；激励层把卷积计算层的输出结果进行非线性映射；池化层压缩数据和参数的量，减小过拟合发生的概率；全连接层通常位于卷积神经网络的尾部，与传统的神经网络神经元连接方式相同，使输出数据的形式符合应用要求。

为了利用神经网络模型的灵活性并缓解其不可解释性，将深度神经网络和结构化的逻辑规则结合起来是有必要的。2016 年，Hu 等人提出一种通用框架，可以使用陈述式一阶逻辑规则强化各种神经网络。如图 5.6 所示，在每一轮迭代中，调整逻辑约束环境中的后验正则化规则（涉及的后验正则化方法在无监督环境中约束模型后验），将学生网络映射到该规则正则化子空间上，可以获得教师网络（具体方法提供了一个封闭解）；更新学生网络，平衡其模仿教师网络输出的能力以及自身预测真实标记的能力；在后续的训练中，迭代演化这两个网络模型。以上过程无视神经网络框架，因而可以应用于包括 CNNs 和 RNNs 在内的多种神经网络。

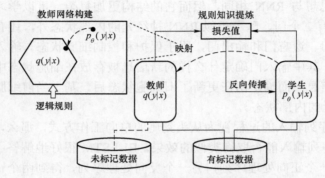

图 5.6　Hu 等人提出的通用框架

传统序列标注系统需要大量针对任务的知识，这些知识以手工特征和数据预处理的形式呈现。为此，Ma 和 Hovy 结合 Huang 等人的方法以及 Chiu 等人的方法，于 2016 年介绍了一种新的神经网络结构，通过使用 BI-LSTM、CNN 和 CRF 的组合，同时从英文文本的词级别和字符级别表示中获益。他们的系统是端到端的，不需要特征工程和数据预处理，因此可以应用到大范围的序列标注任务中。

传统的基于字符的方法缺乏对词和词序列信息的使用，而传统的基于词的方法会受到分词误差的干扰。Zhang 和 Yang 于 2018 年提出一种 lattice-structured LSTM 模型，将输入字符序列和潜在的匹配词典的单词进行编码，通过门循环 cell 使模型从句子中选择最相关的字符和词，有效避免了先分词而导致的分词误差。

因为中文缺乏天然的词边界，对词嵌入和词典特征的使用依赖分词结果，即分词错误和集外词等会对命名实体识别产生负面影响。Zhu 和 Wang 于 2019 年提出一种卷积注意力网络（Convolutional Attention Network，CAN），主要包括字符级别的 CNN 和局部注意力层，以及 Gate Recurrent Unit（GRU）和全局自注意力层，可以捕获邻近字符和句子上下文的信息。

命名实体识别任务中经常用到 RNN，但 RNN 在计算效率方面受到循环本质的限制。一些研究希望使用 CNN 代替 RNN，以便充分利用 GPU 并行计算能力，但 CNN 难以捕获序列中长时上下文信息。Chen 等人于 2019 年提出可以捕获长时上下文信息的 Gated Relation Network（GRN）。先使用 CNN 探索每个词的局部上下文特征，然后建模词间的关系，作为门来融合局部上下文特征到全局上下文特征中，最后预测标签。

5.4.3　情感分类

（一）任务定义
情感分类是指根据文本所表达的含义和情感信息将文本划分成褒扬或贬义的两种或几种

类型，是对文本作者倾向性和观点、态度的划分，是对带有情感色彩的主观性文本进行分析、处理、归纳和推理的过程，有时也称倾向性分析或意见挖掘。

情感分类是人们的观点、情绪、评估对诸如产品、服务、组织等实体的态度。该领域的快速起步和发展得益于网络上的社交媒体，例如产品评论、论坛讨论和微博、微信的快速发展，这是人类历史上第一次有如此巨大数字量的形式记录。

该项技术拥有广泛的用途，公司可以利用该技术了解用户对产品的评价，政府部门可以通过分析网民对某一事件、政策法规或社会现象的评论，实时了解网民的态度。因此，情感分类已经成为支撑舆情分析的基本技术。[79]

（二）方法概述

文本情感分类的研究涉及很多个领域，例如 NLP、数据挖掘、机器学习、统计分析和概率论等，集合了很多方面的研究课题。文本情感分析按文本的粒度一般可分为三种：词语级、句子级、篇章级。根据文本是否包含情感分为主观性文本和客观性文本，相关的研究主要是主观性文本的情感正负倾向判断。由于电子商务、网络社交平台的广泛使用，大量的互联网用户在网络上分享他们的评论和意见，产生大量的网络文本数据，为学者们研究互联网用户对产品、服务的态度提供了丰富的数据，也为卖家获取用户的消费反馈意见提供了重要的资源。近几年，文本情感分类在学术界和实业界得到了广泛的关注，取得了较好的研究成果。

传统的文本情感分类研究可以分为基于情感词典的方法和基于传统机器学习的方法。基于情感词典的方法需要人工构建情感词典并设定一个语言表达的打分规则，对句子中的情感词语进行识别并记录其情感强度，通过规则匹配计算每个句子的情感正负倾向得分，再把句子的得分累加得到文本的情感得分。该方法是最简单的情感分析方法，可是其易受到情感词典领域性和人工规则完备性的影响。由于互联网的快速发展，情感新词汇层出不穷，而情感词典和人工规则不能得到及时的更新，新的数据难以得到及时处理。基于机器学习的情感分析方法选取情感正负倾向性特征，利用大量人工标注的语料训练分类器，分析识别测试集数据，从而自动判断文本情感正负倾向，具有较好的泛化能力。

最初，Pang 等使用电影评论作为语料进行情感分析技术研究，将机器学习的方法应用到情感正负倾向性分析中，使用 SVM、NB、ME 这三种分类器进行实验，实验表明在使用支持向量机、unigram 词特征和 BOOL 特征权重时，取得相对较高的分类精度，并发现大多数情况下，富有情感色彩的特征出现的次数并不重要，重要的是它是否出现，以及在哪个类别中出现。由于机器学习的方法是将整篇文本转化成特征向量，对特征向量进行分析得到情感倾向，所以如何选择特征向量是影响情感分析的正确率的重要因素。网络评论文本的表达方式与书面文本不同，它不仅包含各类网络新词，还充斥着大量能够直接表达文本倾向的表情符号。因此，如何根据评论文本的特点，选取表示情感倾向的特征元素，成为评论文本情感分析技术的关键。Liu 等通过收集网络表情符号、网络新词汇等在微博语料上进行情感分析，添加了新的文本情感特征，取得较好结果。

中文评论文本情感分析研究起步较晚，国内研究工作虽不多，但逐渐受到研究者们的关注，研究者纷纷积极投入其中。哈尔滨工业大学的赵妍妍等人总结分析了文本情感分类的研究现状和发展方向，将文本情感分析分为情感信息提取、信息分析、信息归纳和检索三个步骤，并对情感分析测评任务和资源做了详细介绍。哈尔滨工业大学的张紫琼等人在互联网商品评论上进行情感分析研究并说明了其所存在的问题，阐述了褒贬情感分析、主观性内容识别以及在线评论的经济价值挖掘等研究方法,对每个研究方法所取得的成就做出了说明。北京理工大学的杨立公等人以文本粒度大小为视角,从语料库的构建、情感词典的构建、情感词的抽取、情感句的判断、篇章级情感分析以及评价对象和意见持有者的分析多个方面对已有的研究工作进行梳理和总结,并指出了当前情感分析系统的不足,提出情感分析的研究目标。这些研究对情感分析未来的发展和研究工作指明了目标和方向。

近年来,深度学习逐渐应用于 NLP 领域,在文本情感分析领域,能否利用深度学习模型从文本中自动抽取情感特征,是深度学习能否在情感分析中取得较高正确率的关键。Socher 基于句法树,使用递归神经网络进行情感分析,在电影评论文本上进行实验,结果表示该模型能识别出否定词对情感正负倾向性分析的影响,但该方法依赖句法分析。Kim 利用 CNN 进行情感分类,通过 word2vec 训练得到词嵌入向量,把文本映射成低维空间的特征矩阵,利用卷积层和下采样层提取特征,实现文本情感分类。该方法为以后的研究提供了新的思路和想法,不少研究者在此基础上提出创新。Tai 等人构建了长短时记忆网络(LSTM)的解析树,将标准的 LSTM 时序链式结构演化为语法树结构,在文本情感分类上取得了更好的结果。Zhang 等应用 RNN 进行微博的情感分析研究,输入层输入词向量序列,经过隐藏层数学变换得到句子向量,然后进入输出层。实验结果表明计算句子向量表示有助于句子深层结构的理解,也有助于不同领域的文本情感分析研究。关鹏飞等提出双向注意力增强的双向 LSTM 模型,直接从词向量的基础上学习每个词对句子情感倾向的权重分布,从而学习到能增强分类效果的词语。Li 等基于评论目标的端到端情感分析,将 E2E-ABSA 任务定义为一阶段的序列标注问题并引入了一种统一的标注模式(Unified Tagging Schema),将 Aspect 的位置信息和情感信息同时集成到单个标签当中,拥有更强大的下游模型和更好的词级别语义表示。Li 等使用堆叠式双向 LSTM 来作为 base 模型,即上层 LSTM 用于预测统一标签(评价对象+情感极性),下层的 LSTM 负责检测评论对象的边界。Peng 等人第一次定义了 Aspect Sentiment Triplet Extraction(ASTE)任务。Triplet Extraction(三元组抽取)任务旨在抽取评论中出现的所有 aspect,对应的 sentiment 以及对应的 opinion term,并完成三者的匹配工作,形成(aspect,sentiment,opinion term)的三元组。

(三)基于深度神经网络的情感分类方法

循环神经网络(Recurrent Neural Networor,RNN),顾名思义是具有循环结构的神经网络。RNN 的链式结构使其能够很好地解决序列的标注问题。但是由于梯度爆炸和梯度消失等问题经常存在于在 RNN 的训练中,RNN 很难保持较长时间的记忆。

长短期记忆(Long Short-Term Memory,LSTM)网络是由 RNN 扩展而来,设计的初衷就是解决 RNN 长期依赖的问题。LSTM 也是一种特殊的循环神经网络,因此也具有链状结构。但是相比循环神经网络的重复模块有着不同的结构,它有四层神经网络层,各个网络层之间以特殊的方式相互作用,并非单个简单的神经网络层。同时,LSTM 具有三个门限,分别是输入门、遗忘门和输出门,通过这三个门限来保护和控制单元状态。

长短期记忆网络当前时刻的完整输入为上一时刻隐层状态 h_{t-1}、当前时刻的输入 x_t 以及上一时刻的细胞状态 c_{t-1}。输入门决定哪些信息需要被输入到时刻的细胞状态 c_t 中,其具体计算方法如式(1)所示。另外,式(2)表示该时刻的原始输入信息。

$$i_t = \sigma(W_i[h_{t-1}, x_t] + b_i) \tag{1}$$

$$c_t' = \tanh(W_c[h_{t-1}, x_t] + b_c) \tag{2}$$

式中：h_{t-1} 是上一时刻隐层状态，x_t 是当前时刻的输入，W_c 是上一时刻隐层状态和当前时刻输入的权值参数，tanh 是双曲正切函数。

长短期记忆的遗忘门负责决定需要丢弃哪些信息，其具体计算方式如式（3）所示。

$$f_t = \sigma(W_f[h_{t-1}, x_t] + b_f) \tag{3}$$

式中：h_{t-1} 是上一时刻隐层状态，x_t 是当前时刻的输入，W_f 是上一时刻隐层状态和当前时刻输入的权值参数，b_f 是遗忘门的偏置项，σ 表示 sigmoid 函数。

接下来，需要对细胞状态进行更新，其具体计算方式如式（4）。

$$c_t = f_t \times c_{t-1} + i_t \times c_t' \tag{4}$$

式中：f_t 是当前时刻遗忘门的状态，c_{t-1} 是前一时刻的细胞状态，i_t 是当前时刻输入门的状态，c_t' 是当前时刻的输入信息。

最后，由输出门决定哪些信息将被输出，其具体计算方式如下：

$$o_t = \sigma(W_o[h_{t-1}, x_t] + b_o) \tag{5}$$

式中：h_{t-1} 是上一时刻隐层状态，x_t 是当前时刻的输入，W_o 是上一时刻隐层状态和当前时刻输入的权值参数，b_o 是输出门的偏置项，σ 表示 sigmoid 函数。

长短期记忆是基于循环神经网络的改进，其每个时刻都有相应的隐层单元的输出，其具体计算方式如下：

$$h_t = o_t \times \tanh(c_t) \tag{6}$$

式中：o_t 是输出门的状态，c_t 是当前细胞状态，tanh 是双曲正切函数。

基于 LSTM 的情感分类方法，利用 word2vec 算法生成词嵌入表示，word2vec 是 Google 于 2013 年推出的开源的获取词向量的工具包，它的输入是大规模的语料库，通过人工神经网络进行训练得到相应的语言模型，而 word2vec 的真正目标是获得生成语言模型过程中得到的词向量表示。word2vec 包含两种模型，分别是 CBOW 模型和 Skip-gram 模型，用于实现这两种模型的方法有 Hierarchical Softmax 和 Negative Sampling。CBOW 模型和 Skip-gram 模型的表示如图 5.7 所示，其中，$w(t)$ 代表当前词语位于句子的位置 t。

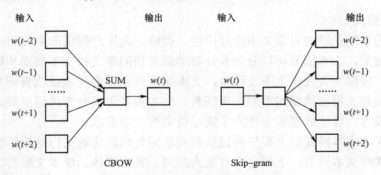

图 5.7　CBOW 和 Skip-gram 模型

CBOW 模型和 Skip-gram 模型都是一个三层模型：输入层、投影层和输出层。CBOW 模型是根据上下文来预测当前词语的概率，它的输入是窗口内的词向量，若窗口大小为 5，则

输入即 $v(w(t-2))$ ， $v(w(t-1))$ ， $v(w(t+1))$ ， $v(w(t+2))$ 。投影层将输入的词向量相加，输出层通过构建哈夫曼树不断地进行逻辑回归分类，不断修正中间变量和词向量表示。Skip-gram模型是根据当前词语来预测上下文的概率，它的输入是当前词的词向量，输出是周围词的词向量。

基于 LSTM 的情感分类方法结构如图 5.8 所示，首先对根据已标注的训练数据正负样本划分，然后利用词嵌入方法将样本集中的每个原始句子进行向量化表示，最后将生成的词向量表示依次传入 LSTM 神经网络，最后经过隐层和全连接层输出，根据文本的真实情感倾向训练出 LSTM 模型。该方法能够自动提取文本中的情感特征，省去了人工进行特征选择的过程，能够充分利用文本的语义信息，提升情感分类的准确率。根据文本的真实情感倾向训练出 LSTM 模型。

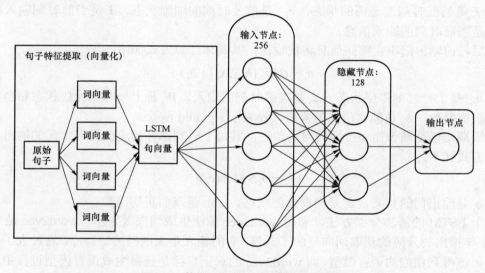

图 5.8 基于 LSTM 的情感分类结构图

5.4.4 文本摘要

（一）任务定义

文本摘要的目的是通过对原文本进行压缩、提炼，为用户提供简明扼要的文字描述。根据处理的文档数量，文本摘要可以分为只针对单篇文档的单文档文本摘要和针对文档集的多文档文本摘要。根据是否提供上下文环境，文本摘要可以分为与主题或查询相关的文本摘要以及普通文本摘要。根据摘要的不同应用场景，文本摘要可以分为传记摘要、观点摘要、学术文献综述生成等，这些摘要通常是为了满足特定的应用需求。

大数据时代，文本摘要的主要任务已从面向新闻文档的传统文档摘要转变为面向互联网异质文本的互联网文本摘要，主要研究对象为新闻、社交媒体、学术文献等，其具有规模巨大、类型多样、时效性强、多语言性、观点性等特点，因此，面向文本大数据的新型摘要技术又包括增量式摘要、针对特定类型文本的摘要、更新式摘要、跨语言式摘要、观点摘要、比较式摘要等。

文本摘要可以看作是一个信息压缩过程，将输入的一篇或多篇文档压缩为一篇简短的摘要，该过程不可避免有信息损失，但是要求保留尽可能多的重要信息。自动摘要系统通常涉及对输入文档的理解、要点的筛选，以及文摘合成这三个主要步骤。其中，文档理解可浅可深，大多数文本摘要系统只需要进行比较浅层的文档理解，例如段落划分、句子切分、词法分析等，也有文摘系统需要依赖句法解析、语义角色标注、指代消解，甚至深层语义分析等技术。

（二）方法概述

文本摘要所采用的方法从实现上考虑可以分为抽取式摘要（Extractive Summarization）和生成式摘要（Abstractive Summarization）。抽取式方法相对比较简单，通常利用不同方法对文档结构单元（句子、段落等）进行评价，对每个结构单元赋予一定权重，然后选择最重要的结构单元组成摘要。而生成式方法通常需要利用自然语言理解技术对文本进行语法、语义分析，对信息进行融合，利用自然语言生成技术生成新的摘要句子。

目前主流文本摘要研究工作大致遵循如下技术框架：

内容表示 → 权重计算 → 内容选择 → 内容组织

首先将原始文本表示为便于后续处理的表达方式，然后由模型对不同的句法或语义单元进行重要性计算，再根据重要性权重选取一部分单元，经过内容上的组织形成最后的摘要。现有的研究工作针对不同设定和场景需求展开，为上述框架中的各个技术点提供了多种不同的设计方案。有不少相关研究也尝试在统一的框架中联合考虑其中的多个技术点。

（1）内容表示与权重计算。

原文档中的每个句子由多个词汇或单元构成，后续处理过程中也以词汇等元素为基本单位，对所在句子给出综合评价分数。以基于句子选取的抽取式方法为例，句子的重要性得分由其组成部分的重要性衡量。由于词汇在文档中的出现频次可以在一定程度上反映其重要性，我们可以使用每个句子中出现某词的概率作为该词的得分，通过将所有包含词的概率求和得到句子得分（Nenkova 和 Vanderwende，2005；Vanderwende 等，2007）。也有一些工作考虑更多细节，利用扩展性较强的贝叶斯话题模型，对词汇本身的话题相关性概率进行建模（DaumeⅢ和 Marcu，2006；Haghighi 和 Vanderwende，2009；Celikyilmaz 和 Hakkani-Tur，2010）。

一些方法将每个句子表示为向量，维数为总词表大小。通常使用加权频数（Salton 和 Buckley，1988；Erkan 和 Radev，2004）作为句子向量相应维上的取值。加权频数的定义可以有多种，如信息检索中常用的词频—逆文档频率（TF-IDF）权重。也有研究工作考虑利用隐语义分析或其他矩阵分解技术，得到低维隐含语义表示并加以利用（Gong 和 Liu，2001）。得到向量表示后计算两两之间的某种相似度（例如余弦相似度）。随后根据计算出的相似度构建带权图，图中每个节点对应每个句子。在多文档摘要任务中，重要的句子可能和更多其他句子较为相似，所以可以用相似度作为节点之间的边权，通过迭代求解基于图的排序算法来得到句子的重要性得分（Erkan 和 Radev，2004；Wan 等，2007；Wan 和 Yang，2008）。也有很多工作尝试捕捉每个句子中所描述的概念，例如句子中所包含的命名实体或动词。出于简化考虑，现有工作中更多将二元词（Bigram）作为概念（Gillick 等，2008；Li 等，2013）。也有很多工作尝试使用序列标注方式，使用双向 GRU 分别建模词语级别和句子级别的表示。例如对于抽取式摘要可以建模为序列标注任务进行处理，核心思想为：为原文中的每一个句子打一个二分类标签（0 或 1），0 代表该句不属于摘要，1 代表该句属于摘要（Nallapati 等，2017；Qingyu Zhou 等，2018）。

　　另外，很多摘要任务已经具备一定数量的公开数据集，可用于训练有监督打分模型。例如对于抽取式摘要，我们可以将人工撰写的摘要贪心匹配原文档中的句子或概念，从而得到不同单元是否应当被选作摘要句的数据。然后对各单元人工抽取若干特征，利用回归模型（Ouyang 等，2011；Hong 和 Nenkova，2014）或排序学习模型（Shen 和 Li，2011；Wang 等，2013）进行有监督学习，得到句子或概念对应的得分。文档内容描述具有结构性，因此也有利用隐马尔科夫模型（HMM）、条件随机场（CRF）、结构化支持向量机（Structural SVM）等常见序列标注或一般结构预测模型进行抽取式摘要有监督训练的工作（Conroy，2001；Shen 等，2007；Sivos 和 Joachims，2012）。所提取的特征包括所在位置、包含词汇、与邻句的相似度等。对特定摘要任务一般也会引入与具体设定相关的特征，例如查询相关摘要任务中需要考虑与查询的匹配或相似程度。

　　（2）内容选择。

　　无论从效果评价还是从实用性的角度考虑，最终生成的摘要一般在长度上会有限制。在获取到句子或其他单元的重要性得分以后，需要考虑如何在尽可能短的长度里容纳尽可能多的重要信息，在此基础上对原文内容进行选取。

　　① 贪心选择。可以根据句子或其他单元的重要性得分进行贪心选择。选择过程中需要考虑各单元之间的相似性，尽量避免在最终的摘要中包含重复的信息。最为简单常用的去除冗余机制为最大边缘相关法（Maximal Marginal Relevance-MMR）（Carbonell 和 Goldstein，1998），即在每次选取过程中，贪心选择与查询最相关或内容最重要，同时和已选信息重叠性最小的结果。也有一些方法直接将内容选择的重要性和多样性同时考虑在同一个概率模型框架内（Kulesza 和 Taskar，2011），基于贪心选择近似优化似然函数，取得了不错的效果。

　　此后有离散优化方向的研究组介入自动文摘相关研究，指出包括最大边缘相关法在内的很多贪心选择目标函数都具有次模性（Lin 和 Bilmes，2010）。记内容选取目标函数为 $F(S)$，其自变量 S 为待选择单元的集合；次模函数要求对于任意单元 u，都满足如下性质：这个性质被称为回报递减效应（Diminishing Returns），很符合贪心选择摘要内容的直觉：由于每步选择的即时最优性，每次多选入一句话，信息的增加不会比上一步更多。使用特定的贪心法近似求解次模函数优化问题，一般具备最坏情况近似比的理论保证。而实际应用中研究发现，贪心法往往已经可以求得较为理想的解。由于贪心算法易于实现、运行效率高，基于次模函数优化的内容选择在近年得到了很多扩展。多种次模函数优化或部分次模函数优化问题及相应的贪心解法被提出，用于具体语句或句法单元的选取（Lin 和 Bilmes，2011；Sipos 等，2012；Dasgupta 等，2013；Morita 等，2013）。也有研究将序列标注与 Seq2Seq、强化学习相结合（Zhang 等，2018）——在序列标注的基础上，使用 Seq2Seq 学习一个句子压缩模型，使用该模型来衡量选择句子的好坏，并结合强化学习完成模型训练。

　　② 全局优化。基于全局优化的内容选择方法同样以最大化摘要覆盖信息、最小化冗余等要素作为目标，同时可以在优化问题中考虑多种由于任务和方法本身的性质所导出的约束条件。最为常用的形式化框架是基于 0–1 二值变量的整数线性规划（McDonald，2007；Gillick 和 Favre，2009）。最后求解优化问题得到的结果中如果某变量取值为 1，则表示应当将该变量对应的单元选入最后的摘要中。由于整数线性规划在计算复杂性上一般为 NP–难问题，此类方法的求解过程在实际应用中会表现较慢，并不适合实时性较高的应用场景。有研究工作将问题简化后使用动态规划策略设计更高效的近似解法。也有少量研究工作尝试在一部分特

例下将问题转化为最小分割问题快速求解（Qian 和 Liu，2013），或利用对偶分解技术将问题化为多个简单子问题尝试求得较好的近似解（Almeida 和 Martins，2013）。更为通用的全局优化加速方案目前仍是一个开放问题。

（3）内容组织。

① 内容简化与整合。基于句子抽取得到的语句在表达上不够精练，需要通过语句压缩、简化、改写等技术克服这一问题。在这些技术中相对而言较为简单的语句压缩技术已经广泛被应用于摘要内容简化。现行主要做法基于句法规则（Clarke 和 Lapata，2008）或篇章规则（Clarke 和 Lapata，2010；Durrett 等，2016），例如如果某短语重要性较高，需要被选择用于构成摘要，那么该短语所修饰的中心词也应当被选择，这样才能保证得到的结果符合语法。这些规则既可以直接用于后处理步骤衔接在内容选取之后进行，也可以用约束的形式施加在优化模型中，这样在求解优化问题完毕后就自然得到了符合规则的简化结果。局部规则很容易表达为变量之间的线性不等式约束，因此尤其适合在前面提到的整数线性规划框架中引入。另外，在语句简化与改写方面目前也有相对独立的研究，主要利用机器翻译模型进行语句串或句法树的转写（Wubben 等，2012）。由于训练代价高以及短语结构句法分析效率和性能等诸多方面的原因，目前很少看到相关模块在摘要系统中的直接整合与应用。

一些非抽取式摘要方法则重点考虑对原句信息进行融合以生成新的摘要语句。基于句法分析和对齐技术，可以从合并后的词图直接产生最后的句子（Barzilay 和 McKeown，2005），或者以约束形式将合并信息引入优化模型（Bing 等，2015）等方式来实现。另外，对于生成式摘要来说，基于 Seq2Seq 的模型往往对长文本生成不友好，对于摘要来说，更像是一种句子压缩，而不是一种摘要。因此，有研究提出使用真实摘要来指导文本摘要的生成（Ziqiang Cao 等，2017），其核心想法在于：相似句子的摘要也具有一定相似度，将这些摘要作为软模板，作为外部知识进行辅助。其模型 Sum 包含 Retrieve、Rerank、Rewrite 三个部分。

还有部分研究者尝试通过对原文档进行语义理解，将原文档表示为深层语义形式（例如深层语义图），然后分析获得摘要的深层语义表示（例如深层语义子图），最后由摘要的深层语义表示生成摘要文本。近期的一个尝试为基于抽象意义表示（Abstract Meaning Representation，AMR）进行生成式摘要提取（Liu 等，2015）。这类方法所得到的摘要句子并不是基于原文句子所得，而是利用语义分析和自然语言生成技术从语义表达直接生成而得。这类方法相对比较复杂，而且由于自然语言理解与自然语言生成本身方面的问题都没有得到很好的解决，因此目前生成式摘要方法仍属于探索阶段，其性能还不尽如人意。

同时，有研究在自然语言分析处理的基础上，改进了传统生成词汇链的方法生成摘要（JAIN 等，2017），不再用单个词作为分析单元，而是通过 WordNet、词性标注工具等对词义进行分析，将原文档中与某个主题相关的词汇集合起来，构成词汇链。又有研究考虑到传统的词汇链只考虑名词而忽略其他语法部分的信息导致准确率较低，在此基础上做了进一步改进优化（HOU 等，2017），分别引入谓词和形容词（副词）的词汇链，三者一起构成全息词汇链（Holographic Lexical Chain），用于中文文本摘要，准确率取得了显著性的提高。

② 内容排序。关于对所选取内容的排序，相关研究尚处于较为初级的阶段。对于单文档摘要任务而言，所选取内容在原文档中的表述顺序基本可以反映这些内容之间正确的组织顺序，因此通常直接保持所选取内容在原文中的顺序。而对于多文档摘要任务，选取内容来自不同文档，所以更需要考虑内容之间的衔接性与连贯性。早期基于实体的方法（Lapata 和

Barzilay，2005；Barzilay 和 Lapata，2008）通过对实体描述转移的概率建模计算语句之间的连贯性。据此找到一组最优排序的问题很容易规约到复杂性为 NP－完全的旅行商问题，精确求解十分困难。因此多种近似算法已经被应用于内容排序。近年来，深度学习技术被用于语句连贯性建模与排序任务中，Li 和 Jurafsky（2016）提出基于 LSTM 的辨别式模型与生成式模型，能够取得比较理想的排序效果。也有思路表示内容排序可以通过句子排序结合新的打分方式改善（Qingyu Zhou 等，2018），由于之前的模型都是在得到句子的表示以后对句子进行打分，这就造成了打分与选择是分离的，先打分，后根据得分进行选择，没有利用到句子之间的关系，因此提出了一种新的打分方式——使用句子受益作为打分方式，考虑到了句子之间的相互关系，打分和抽取部分使用单向 GRU 和双层 MLP 完成。未来随着篇章分析、指代消解技术的不断进步，多文档摘要中的语句排序问题也有机会随之产生更好的解决方案。

（4）端到端摘要。

随着深度学习技术在分布式语义、语言模型、机器翻译等任务上取得了一系列突破性成果，相关方法在文摘任务上的应用研究也受到广泛关注。基于编码器—解码器（Encoder-Decoder）架构的序列到序列学习模型（Sequence-to-Sequence Learnin）目前最为流行，因为可以避免烦琐的人工特征提取，也避开了重要性评估、内容选择等技术点的模块化，只需要足够的输入输出即可开始训练。但这些方法需要比传统方法规模更大的训练语料，加上当前主流的神经框架尚不能够有效对长文档进行语义编码，因此目前的相关研究大多只能集中于语句级简化和标题生成，一般仅仅以文档首句作为输入，以一个短句作为输出（如 Rush 等，2015；Gu 等，2016）。极少数近期工作开始同时在同一个神经网络框架里考虑句子选取和摘要生成，尝试对语句层次进行编码并在此基础上引入层次化注意机制（Li 等，2015；Cheng 等，2016），但效果尚未能明显改善传统方法已经能够取得的性能。

（三）基于端到端的生成式摘要方法

抽取式摘要相对较为成熟，这种方法通常是利用排序算法对处理后的文章语句进行排序。不过抽取式摘要在语义理解方面考虑较少，无法建立文本段落中的完整的语义信息。相较而言，生成式技术需要让模型理解文章语义后总结出摘要，更类似于人类的做法。但这种技术需要使用机器，长期以来并不成熟。近几年来，研究者发现利用端到端的模型可以更好地完成生成式摘要这项具有挑战的任务。下面，将介绍典型的基于端到端的生成式摘要模型，以及在该模型的基础上，在生成的摘要存在 OOV、低频词和重复等问题上提出的一些改进方法。

Rush 等人首次尝试利用基于深度神经网络的编码器—解码器模型来实现生成式摘要，该工作受基于深度神经网络的机器翻译成功的启发，将一个基于神经网络的语言模型和一个基于上下文的编码器结合在一起。编码器是根据 Bahdanau 等人提出的基于注意力机制的编码器建模而成的，通过利用注意力机制可以使模型能够从输入文本中学习到此刻需关注的重要信息，从而得到总结性强的摘要。其中，编码器和生成模型都是在句子摘要任务中联合训练的，并采用集束搜索的方法进行解码来生成摘要。

Nallapati 等人针对 Rush 的工作存在词表过大、OOV 和生成重复词等问题做了很多改进。首先，他们提出引入 Large Vocabulary Trick（LVT）来解决解码器词表过大的问题，LVT 的原理是用负采样来估计 softmax 的分母，大大节约计算量和训练时间。其次，加入传统的词性标注（POS tagging）、命名实体识别（NER）和 TF-IDF 等特征来尝试抓住句子的关键部分，即在编码部分，将抽取的 POS、NER 和 TF-IDF 特征向量化，再与词向量拼接到一起，其中

IF-IDF 是连续值，需要先离散化才能拼接到词向量中。此外，还引入 Generator-Pointer 来解决非词表（OOV）的词和低频词的问题。摘要中一些 OOV 或者不常见的词可以从输入序列中找到，因此该工作在解码部分设计一个开关 $P(s_i=1)=f(h_i,y_{i-1},c_i)$，如果开关打开，就是正常预测词表；如果开关关上，就需要去原文中指向一个位置作为输出。其中，损失函数计算如式（7）所示：

$$\log P(y\,|\,x)=\sum_i(g_i\log\{P(y_i\,|\,y_{-i},x)P(s_i)\}+(1-g_i)\log\{P(p(i)\,|\,y_{-i},x)(1-P(s_i))\}\})\quad(7)$$

式中：当 $g_i=0$ 时，模型是拷贝，即从原文中指向某个位置 $p(i)$，具体是直接复用 attention 的概率分布 $P_i^a(j)$，即在第 i 时刻指向原文第 j 个位置的概率；当 $g_i=1$ 时，则是生成概率，即计算词表的概率。同时，该工作还引入 Hierachical Attention 来抓住句子的重要性信息，引入 Temporal Attention 来缓解连续生成重复词的问题。

See 等人提出 Pointer Network 来解决生成 OOV 和低频词的问题，与 Nallapati 中 Generator-Pointer 提出的指针是非此即彼，没有考虑融合。而该论文的做法是直接用网络来学习这两个概率之间的权重，即在解码部分的第 t 时刻，通过上下文向量 h_t^*、解码状态 s_t 和解码输入 x_t 生成概率 $p_{gen}\in[0,1]$，如式（8）所示：

$$p_{gen}=\sigma\left(w_h^{\mathrm{T}}h_t^*+w_s^{\mathrm{T}}s_t+w_x^{\mathrm{T}}x_t+b_{ptr}\right)\quad(8)$$

式中：向量 w_{h^*}，w_s，w_x 和标量 b_{ptr} 是通过学习得到的参数，σ 是 sigmoid 函数，p_{gen} 是被使用作为一个软开关来选择（是通过计算 P_{vocab} 从词典中生成一个词，还是通过计算注意力分布 a^t，从输入序列中复制一个词）。对于每一个文本，让拓展的词汇表表示词表的结合，所有的词出现在源文本中。通过扩展的词汇表获得以下的概率分布，如式（9）所示：

$$P(w)=p_{gen}P_{vocab}(w)+(1-p_{gen})\sum_{i:w_i=w}a_i^t\quad(9)$$

注意，如果 w 是一个超纲词，那么 $P_{vocab}(w)$ 是 0；类似地，如果 w 没有出现在源文本中，那么 $\sum_{i:w_i=w}a_i^t$ 是 0。具有生成超纲词的能力是指针生成模型一个主要的优势之一，与之相反，基线模型受限于预先设置的词表。

其次，See 等人提出用 Coverage 机制来解决生成连续重复词的问题。在覆盖模型中，提出一个覆盖向量 c^t——这是在所有以前的解码时间步上的注意力分布的总和，如式（10）所示：

$$c^t=\sum_{t'}^{t-1}a^{t'}\quad(10)$$

直观地说，c^t 这个向量是过去所有预测步计算的注意力分布的累加和，记录着模型已经关注过原文的哪些词，并且让这个覆盖向量影响当前步的注意力权值的计算，覆盖向量被用作注意力机制的额外输入，如式（11）所示：

$$e_i^t=v^{\mathrm{T}}\tanh(W_h h_i+W_s s_t+w_c c_i^t+b_{attn})\quad(11)$$

这样做的目的在于，在模型进行当前步注意力计算的时候，告诉它之前其已经关注过的词，希望避免出现连续注意到某几个词的情形。

同时，覆盖机制还添加一个额外的 coverage loss，如式（12）所示，以此来对重复的注意力权值做惩罚。

$$\text{cov loss}_t = \sum_i \min(a_i^t, c_i^t) \qquad (12)$$

值得注意的是，这个 loss 只会对重复的注意力权值产生惩罚，并不会强制要求模型关注原文中的每一个词。

最终，模型的整体损失函数如式（13）所示：

$$\text{loss}_t = -\log P(w_t^*) + \lambda \sum_i \min(a_i^t, c_i^t) \qquad (13)$$

5.4.5　机器翻译

（一）任务定义

机器翻译（Machine Translation，MT）就是用计算机来实现不同语言之间的翻译。被翻译的语言通常称为源语言（Source Language），翻译成的结果语言称为目标语言（Target Language）。机器翻译就是实现从源语言到目标语言转换的过程。[89]

（二）方法概述

机器翻译研究如何利用计算机实现自然语言之间的自动转换，是人工智能和自然语言处理领域的重要研究方向之一。机器翻译作为突破不同国家和民族之间信息传递所面临的"语言屏障"问题的关键技术，对于促进民族团结、加强文化交流和推动对外贸易具有重要意义。

自 20 世纪 40 年代末至今，机器翻译研究大体上经历了两个发展阶段：理性主义方法占主导时期（1949—1992）和经验主义方法占主导时期（1993—2020）。早期的机器翻译主要采用理性主义方法，主张由人类专家观察不同自然语言之间的转换规律，以规则形式表示翻译知识。虽然这类方法能够在句法和语义等深层次实现自然语言的分析、转换和生成，但是面临着翻译知识获取难、开发周期长、人工成本高等困难。

随着互联网的兴起，特别是近年来大数据和云计算的蓬勃发展，经验主义方法开始成为机器翻译的主流。经验主义方法主张以数据而不是人为中心，通过数学模型描述自然语言的转换过程，在大规模多语言文本数据上自动训练数学模型。这一类方法的代表是统计机器翻译，其基本思想是通过隐结构（词语对齐、短语切分、短语调序、同步文法等）描述翻译过程，利用特征刻画翻译规律，并通过特征的局部性，采用动态规划算法，在指数级的搜索空间中实现多项式时间复杂度的高效翻译。2006 年，Google Translate 在线翻译服务的推出标志着数据驱动的统计机器翻译方法成为商业机器翻译系统的主流。尽管如此，统计机器翻译仍面临着翻译性能严重依赖于隐结构与特征设计、局部特征难以捕获全局依赖关系、对数线性模型难以处理翻译过程中的线性不可分现象等难题。

自 2014 年以来，端到端神经机器翻译（End-to-End Neural Machine Translation）获得了迅速发展，相对于统计机器翻译而言在翻译质量上获得显著提升。2015 年百度发布了全球首个互联网神经网络翻译系统；2016 年，Google 为 9 种语言启用了神经翻译，开发出了 Google 神经机器翻译（GNMT）系统；2017 年，Facebook 人工智能研究院宣布了其使用 CNN 实现 NMT 的方法，可以实现与基于 RNN 的 NMT 近似的表现水平，但速度却快 9 倍；2017 年 6 月，Google 发布了一个完全基于注意力机制的 NMT 模型。神经机器翻译已经取代统计机器翻译成为 Google、微软、百度、搜狗等商用在线机器翻译系统的核心技术。

（三）基于深度神经网络的机器翻译方法

神经网络机器翻译（Neural Machine Translation，NMT）是 2014 年提出来的一种机器翻译方法。相比于传统的统计机器翻译（SMT），NMT 能够训练从一个序列映射到另一个序列的神经网络，输出的可以是一个变长的序列，这在翻译、对话和文字概括方面能够获得非常好的表现。NMT 大部分以 encoder-decoder 结构为基础结构，encoder 把源语言序列进行编码，并提取源语言中的信息，通过 decoder 再把这种信息转换到另一种语言即目标语言中来，从而完成对语言的翻译。

　　序列对序列的学习，顾名思义，假设有一个中文句子"我也爱你"和一个对应英文句子"I love you too"，那么序列的输入就是"我也爱你"，而序列的输出就是"I love you too"，从而对这个序列对进行训练。对于深度学习而言，如果要学习一个序列，一个主要的困难就是这个序列的长度是变化的，而深度学习的输入和输出的维度一般是固定的，不过，有了 RNN 结构，这个问题就可以解决了。一般在应用的时候，encoder 和 decoder 使用的是 LSTM 或 GRU 结构。

　　如图 5.9 所示，输入一个句子 ABC 以及句子的终结符号<EOS>，输出的结果为 XYZ 及终结符号<EOS>。在 encoder 中，每一时间步输入一个单词直到输入终结符为止，然后由 encoder 的最后一个隐藏层 h_t 作为 decoder 的输入。在 decoder 中，最初的输入为 encoder 的最后一个隐藏层，输出为目标序列词 X，然后把该隐藏层以及它的输出 X 作为下一时间步的输入来生成目标序列中第二个词 Y，这样依次进行直到<EOS>。给定一个输入序列 $(x_1,\cdots,x_T)$，经过下面的方程迭代生成输出序列 $(y_1,\cdots,y_{T'})$：

$$h_t = f(W^{hx}x_t + W^{hh}h_{t-1})$$

$$y_t = W^{yh}h_t \tag{14}$$

式中：　W^{hx} 为输入到隐藏层的权重，W^{hh} 为隐藏层到隐藏层的权重，h_t 为隐藏节点，W^{yh} 为隐藏层到输出的权重。在这个结构中，我们的目标是估计条件概率 $p(y_1,\cdots,y_{T'}\,|\,x_1,\cdots,x_T)$，首先通过 encoder 的最后一个隐藏层获得 $(x_1,\cdots,x_T)$ 的固定维度的向量表示 v，然后通过 decoder 计算 $(y_1,\cdots,y_{T'})$ 的概率，这里的初始隐藏层设置为向量 v：

$$p(y_1,\cdots,y_{T'}\,|\,x_1,\cdots,x_T) = \prod_{t=1}^{T'} p(y_t\,|\,v,y_1,\cdots,y_{t-1}) \tag{15}$$

　　在这个方程中，每个 $p(y_t\,|\,v,y_1,\cdots,y_{t-1})$ 都为一个 softmax 函数。

　　① 使用两个 LSTM 模型，一个用于 encoder，另一个用于 decoder。

　　② 由于深层模型比浅层模型表现要好，所以使用了 4 层 LSTM 结构。对输入序列进行翻转，即由原来的输入 ABC 变成 CBA。

　　③ 假设目标语言是 XYZ，则 LSTM 把 CBA 映射为 XYZ，之所以这样做是因为 A 在位置上与 X 相近，B、C 分别与 Y、Z 相近，实际上使用了短期依赖，这样易于优化。

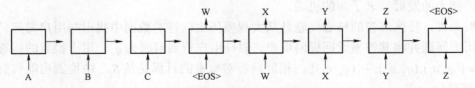

图 5.9　输入—输出示意图

5.4.6 自动问答

（一）任务定义

自动问答（Question Answering，QA）是指利用计算机自动回答用户所提出的问题以满足用户知识需求的任务。不同于现有搜索引擎，问答系统是信息服务的一种高级形式，系统返回用户的不再是基于关键词匹配排序的文档列表，而是精准的自然语言答案。近年来，随着人工智能的飞速发展，自动问答已经成为备受关注且发展前景广泛的研究方向。

自动问答系统在回答用户问题时，需要正确理解用户所提的自然语言问题，抽取其中的关键语义信息，然后在已有语料库、知识库或问答库中通过检索、匹配、推理的手段获取答案并返回给用户。上述过程涉及词法分析、句法分析、语义分析、信息检索、逻辑推理、知识工程、语言生成等多项关键技术。传统自动问答多集中在限定领域，针对限定类型的问题进行回答。伴随着互联网和大数据的飞速发展，现有研究趋向于开放域、面向开放类型问题的自动问答。

（二）方法概述

自动问答的研究历史可以溯源到人工智能的原点。1950 年，人工智能之父 Alan M.Turing 在 *Mind* 上发表文章 *Computing Machinery and Intelligence*。文章开篇提出通过让机器参与一个模仿游戏（Imitation Game）来验证"机器"能否"思考"，进而提出了经典的图灵测试（Turing Test），用以检验机器是否具备智能。同样，在自然语言处理研究领域，问答系统被认为是验证机器是否具备自然语言理解能力的四个任务之一（其他三个是机器翻译、复述和文本摘要）。自动问答研究既有利于推动人工智能相关学科的发展，也具有非常重要的学术意义。

根据目标数据源的不同，已有的自动问答技术大致可以分为三类：检索式问答、社区问答以及知识库问答。

（1）检索式问答。

检索式问答研究伴随搜索引擎的发展不断推进。1999 年，随着 TREC QA 任务的发起，检索式问答系统迎来了真正的研究进展。TREC QA 的任务是给定特定 WEB 数据集，从中找到能够回答问题的答案。这类方法是以检索和答案抽取为基本过程的问答系统，具体过程包括问题分析、篇章检索和答案抽取。根据抽取方法的不同，已有检索式问答可以分为基于模式匹配的问答方法和基于统计文本信息抽取的问答方法。

（2）社区问答。

随着 Web2.0 的兴起，基于用户生成内容（User-Generated Content，UGC）的互联网服务越来越流行，社区问答系统应运而生，例如 Yahoo!、Answers6、百度知道等。问答社区的出现为问答技术的发展带来了新的机遇。

一般来讲，社区问答的核心问题是从大规模历史问答对数据中找出与用户提问问题语义相似的历史问题并将其答案返回提问用户。假设用户查询问题为 q_o，用于检索的问答对数据为 $S_{Q,A} = \{(q_1,a_1),(q_2,a_2),\cdots,(q_n,a_n)\}$，相似问答对检索的目标是从 $S_{Q,A}$ 中检索出能够解答问题 q_o 的问答对 (q_i,a_i)。

针对这一问题，传统的信息检索模型，如向量空间模型、语言模型等，都可以得到应用。但是，相对于传统的文档检索，社区问答的特点在于：用户问题和已有问句相对来说都非常短，用户问题和已有问句之间存在"词汇鸿沟"问题，基于关键词匹配的检索模型很难达到较好的问答准确度。目前，很多研究工作在已有检索框架中针对这一问题引入单语言翻译概率模型，通过 IBM 翻译模型，从海量单语问答语料中获得同种语言中两个不同词语之间的语义转换概率，从而在一定程度上解决词汇语义鸿沟问题。例如和"减肥"对应的概率高的相关词有"瘦身""跑步""饮食""健康""运动"，等等。

除此之外，也有许多关于问句检索中词重要性的研究和基于句法结构的问题匹配研究。

（3）知识库问答。

检索式问答和社区问答尽管在某些特定领域或者商业领域有所应用，但是其核心还是关键词匹配和浅层语义分析技术，难以实现知识的深层逻辑推理，无法达到人工智能的高级目标。因此，近些年来，无论是学术界或工业界，研究者们逐步把注意力投向知识图谱或知识库（Knowledge Graph）。其目标是把互联网文本内容组织成为以实体为基本语义单元（节点）的图结构，其中图上的边表示实体之间的语义关系。目前互联网中已有的大规模知识库包括 DBpedia、Freebase、YAGO 等。这些知识库多是以"实体—关系—实体"三元组为基本单元所组成的图结构。基于这样的结构化知识，问答系统的任务就是要根据用户问题的语义直接在知识库上查找、推理出相匹配的答案，这一任务称为面向知识库的问答系统或知识库问答。

要完成在结构化数据上的查询、匹配、推理等操作，最有效的方式是利用结构化的查询语句，例如 SQL、SPARQL 等。然而，这些语句通常是由专家编写的，普通用户很难掌握并正确运用。对普通用户来说，自然语言仍然是最自然的交互方式。因此，如何把用户的自然语言问句转化为结构化的查询语句是知识库问答的核心所在，其关键是对自然语言问句进行语义理解。目前，主流方法是通过语义分析，将用户的自然语言问句转化成结构化的语义表示，如 λ 范式和 DCS-Tree。相对应的语义解析语法或方法包括组合范畴语法（Category Compositional Grammar，CCG）以及依存组合语法（Dependency-based Compositional Semantics，DCS）等。

尽管很多语义解析方法在限定领域内能达到很好的效果，但在这些工作中，很多重要组成部分（比如 CCG 中的词汇表和规则集）都是人工编写的。运用上述方法时，当面对大规模知识库时会遇到困难，如词汇表问题（在面对一个陌生的知识库时，不可能事先或者用人工方法得到这个词汇表）。目前已有许多工作试图解决上述问题，如利用数据回标方法扩展 CCG 中的词典，挖掘事实库和知识库在实例级上的对应关系确定词汇语义形式。

但是，上述方法的处理范式仍然是基于符号逻辑的，缺乏灵活性，在分析问句语义过程中，易受到符号间语义鸿沟的影响。同时从自然语言问句到结构化语义表达需要多步操作，多步间的误差传递对于问答的准确度也有很大的影响。

近年来，深度学习技术以及相关研究飞速发展，在很多领域都取得了突破，例如图像、视频和语音等，在自然语言处理领域也逐步开始应用。其优势在于通过学习能够捕获文本（词、短语、句子、段落以及篇章）的语义信息，把目标文本投射到低维的语义空间中，这使得传统自然语言处理过程中很多语义鸿沟的现象通过低维空间中向量间数值计算得到一定程度的改善或解决。因此越来越多的研究者开始研究深度学习技术在自然语言处理问题中的应用，例如情感分析、机器翻译、句法分析等，知识库问答系统也不例外。与传统基于符号的知识库问答方法相比，基于表示学习的知识库问答方法更具鲁棒性，其在效果上已经逐步超过传统方法。这些方法的基本假设是把知识库问答看作一个语义匹配的过程。通过表示学习，我们能够把用户的自然语言问题转换为一个低维空间中的数值向量（分布式语义表示），同时知识库中的实体、概念、类别以及关系也能够表示成同一语义空间的数值向量。那么传统知识库问答任务就可以看成问句语义向量与知识库中实体、边的语义向量之间的相似度计算过程。

基于深度学习的问答系统试图通过高质量的问题—答案语料建立联合学习模型，同时学习语料库、知识库和问句的语义表示及它们相互之间的语义映射关系，试图通过向量间的数值运算对于复杂的问答过程进行建模。这类方法的优势在于把传统的问句语义解析、文本检索、答案抽取与生成的复杂步骤转变为一个可学习的过程，虽然取得了一定的效果，但是也存在很多问题。例如：① 资源问题。深度学习的方法依赖大量的训练语料，而目前获取高质量的问题—答案对仍然是个瓶颈。② 已有的基于深度学习的问答方法多是针对简单问题（例如单关系问题）设计的，对于复杂问题的回答能力尚且不足。如何利用深度学习的方法解决复杂问题值得继续关注。

（三）基于记忆网络的自动问答方法

记忆网络（Memory Networks）是由 Facebook 的 Jason Weston 等人提出的一个神经网络框架，通过引入长期记忆组件（Long-Term Memory Component）来解决神经网络长程记忆困难的问题。在此框架基础上，发展出许多记忆网络的变体模型。其中长期记忆模块被用作预测，可以读出也可以写入。记忆网络常被应用于问答系统任务，长期记忆模块扮演着知识库的角色，记忆网络的输出是文本回复。

记忆网络由一个记忆数组 m（一个向量的数组或者一个字符串数组）和四个组件（输入 I，泛化 G，输出 O，回答 R）组成。其中，组件 I 将模型输入转化模型内部特征空间中特征表示；组件 G 在模型获取新输入时更新数组 m，可以理解为记忆存储；组件 O 根据模型输入和记忆 m 输出对应于模型内部特征空间中的特征表示，可以理解为读取记忆；组件 R 将 O 组件输出的内部特征空间的表示转化为特定格式，比如文本。可以理解为把读取到抽象的记忆转化为具象的表示。框架中的每一个模块都可以变更成新的实现，可以根据不同的应用场景进行适配，基于该框架构造的模型可以拥有长期（大量）和易于读写的记忆。在此框架基础上，后续又发展出许多记忆网络的变体模型。

2015 年 Sukhbaatar 等人提出 End-To-End Memory Networks，针对上一篇文章中存在的无法端到端训练的问题，提出了一个可以端到端训练的记忆网络，并且在训练阶段比原始的记忆网络需要更少的监督信息。下面介绍一下基于端到端的记忆网络来解决简单问题的自动问答方法。

端到端的记忆网络模型分为单层和多层架构。如图 5.10 所示，单层架构模型的输入有两个部分，使用输入集合 $S = (x_1, x_2, \cdots, x_i, \cdots, x_n)$ 表示上下文知识，使用输入向量 q 表示问题，使用输出向量 $\hat{a}$ 表示预测答案。

首先，上下文集合 S 通过隐含层矩阵 Embedding A 得到记忆向量的编码向量 m_i。同样，问题向量 q 通过隐含层矩阵 Embedding B 得到问题向量的编码向量 u，然后计算两者的内积，p_i 表示每个记忆编码向量 m_i 与问题的相关程度。

$$p_i = \text{Softmax}(u^{\mathrm{T}} m_i) \tag{16}$$

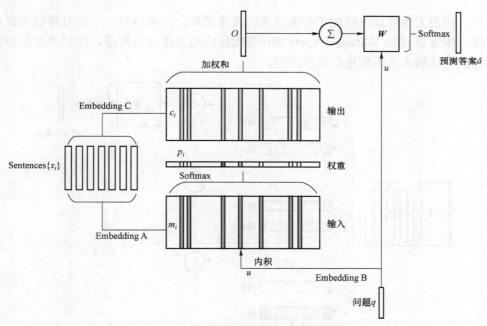

图 5.10　端到端记忆网络模型单层架构

同时，每个输入 x_i 又都有一个输出向量 c_i。c_i 和 m_i 得到的方式是类似的，c_i 是通过隐含层矩阵 Embedding C 得到的。对各个输出记忆向量 c_i 按照 p_i 进行加权求和，得到答案向量的编码向量 o。

$$o = \sum_i p_i c_i \tag{17}$$

然后通过对答案向量的编码向量 o 进行解码产生最终的答案。通过一个待训练矩阵 W 得到预测答案 $\hat{a}$，并且使用交叉熵损失函数为目标函数进行训练。

如图 5.11 所示，多层模型的结构其实就是将多个单层模型堆叠在一起。上层的输入就是下层 u_k 和 o_k 向量的和，即将 u_k 与 o_k 相加作为上层的问题编码。

$$u_{k+1} = u_k + o_k \tag{18}$$

每一层都有嵌入矩阵 A^k、C^k，它们将 x 映射到记忆单元和编码单元。但是这样参数数量就会随模型层数的增加呈倍数增长，为了减少参数数量，使训练能够方便进行，可以设置相邻的嵌入矩阵和层间共享参数。

记忆网络这种结构具有很强大的扩展性，它的每个模块都有很多改进的空间，是一种很适合进行知识库问答（KB-QA）的深度学习框架，使用更加复杂的记忆网络是未来深度学习解决 KB-QA 的一个很有前景的途径。记忆网络的框架也给了我们很多的提升空间：引入更多的技巧，使用更合理的模型作为记忆网络的组件，在记忆选择中引入推理机制、注意力机制和遗忘机制，将多源的知识库存入记忆，等等。

总之，自动问答作为人工智能技术的有效评价手段，已经研究了 60 余年。整体上，自动问答技术的发展趋势是从限定领域向开放领域、从单轮问答向多轮对话、从单个数据源向多个数据源、从浅层语义分析向深度逻辑推理不断推进。我们有理由相信，随着自然语言处理、深度学习、知识工程和知识推理等相关技术的飞速发展，自动问答在未来有可能得到相当程度的突破。伴随着 IBM Watson、Apple Siri 等实际应用的落地与演进，我们更有信心看到这一技术将在不远的未来得到更广泛的应用。

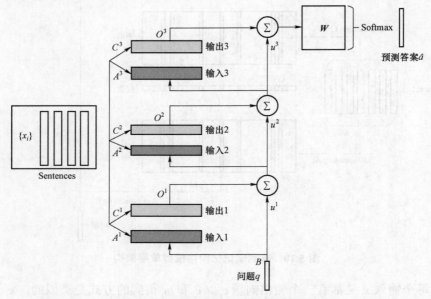

图 5.11　端到端记忆网络模型多层架构

5.5　自然语言处理大数据分析应用案例

5.5.1　IBM 沃森大型问答系统

（一）系统简介

IBM 沃森（Watson）问答系统来自打造了现代 IBM 的首席执行官 Thomas Watson，2011 年该系统在美国的电视问答节目 *Jeopardy!*（《危险之旅!》）上击败了两名人类冠军选手，从此一战成名。

《危险之旅!》的比赛以一种独特的问答形式进行，问题设置的涵盖面非常广泛，涉及历史、文学、艺术、流行文化、科技、体育、地理、文字游戏等各个领域。根据以答案形式提供的各种线索，参赛者必须以问题的形式做出简短正确的回答。与一般问答节目相反，《危险之旅!》以答案形式提问、以提问形式作答。参赛者需具备历史、文学、政治、科学和通俗文化等知识，还得会解析隐晦含义、反讽与谜语等，而电脑并不擅长进行这类复杂思考。

需要特别提到的是，在比赛中沃森是断开网络（Offline）的。与 AlphaGo 同李世石对战中不同，沃森只能使用保存在硬盘中的知识库基本包与扩展包作为自己的知识储备，和人类参赛选手一样。在这种情况下，沃森在前两轮中与对手打平。而在最后一集里，沃森打败了最高奖金得主 Brad Ruttle 和连胜纪录保持者 Ken Jennings，夺得第一名。

沃森本质上是 IBM 制造的电脑问答（Q&A）系统，IBM 介绍时说"沃森是一个集高级自然语言处理、信息检索、知识表示、自动推理、机器学习等开放式问答技术的应用"，并且"基于为假设认知和大规模的证据搜集、分析、评价而开发的 DeepQA 技术"。虽然采用了深度学习中一些技术如迁移学习（Transfer Learning）来解决一些问题，但与 AlphaGo 不同，它并不是完全采用深度学习技术的人工智能。它的主体思路并非深度学习，而是更接近心智社会（Society of Mind）。

（二）总体架构

IBM 沃森问答系统的总体架构图如图 5.12 所示。

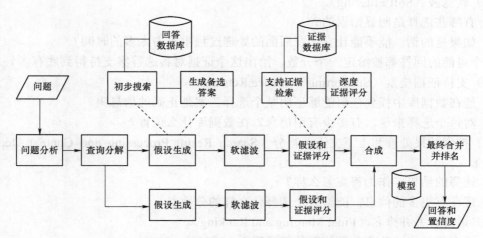

图 5.12　IBM 沃森问答系统总体架构图

（三）功能

在 IJCAI2016 会议上，伦斯勒理工学院教授 James Hendler 受邀演讲，详细介绍了 IBM 沃森的工作原理。

将沃森设想为一间环形办公室走廊，每一间办公室都有一群人做着特殊的工作，让我们从头来梳理整个运行过程。

（1）问题输入（Question In）。

（2）问题分析（Question Analysis）。

① 这个问题什么意思？

② 我们在找什么？

③ 还存在其他有效信息吗？

④ 问题中有没有词语提到问题中的其他词语？

在这一环节，DeepQA 尝试去理解问题，搞清楚问题到底在问什么，同时做一些初步的分析来决定选择哪种方法来应对这个问题。

（3）初步搜索（Primary Search）。

① 在数据库中能不能找到或许跟这个问题有关的文件？

② 找到了多少文件？

③ 这些文件从哪里来？

（4）搜索结果处理并生成备选答案（Search Result Processing and Candidate Answer

Generation）。

① 在这些文件中，有这个问题可能的答案吗？

② 有多少个备选答案？

当问一个问题时，一份文档打开了。文档在办公室中不断移动时，更多信息被添加进去了。

（5）上下文无关回答得分（Context-Independent Answer Scoring）。

① 这个选择有可能是正确的答案吗？

② 这个选择是正确的答案形式吗？

（6）软滤波（Soft Filtering）。

① 有哪些选择是明显错误的？

② 如果是的话，能不能让它们在后面的处理过程中不占太多的时间？

每个可能的回答都被给定一个分数，给出这个证据对备选答案支持得到底有多好。

（7）支持证据检索（Supporting Evidence Retrieval）。

① 能在数据库中找到任何能够证明某个选择答案是正确的信息吗？

② 对每个选择来说，有多少有用信息？在数据库什么位置？

（8）搜索结果处理和上下文无关得分（Search Result Processing and Context Dependent Scoring）。

① 选择的结果，作为答案怎么样？

② 现在有更多的信息，能给每个选择什么样的分数？

（9）最终合并并排名（Final Merging and Ranking）。

① 还有任何能够改变分数的额外信息吗？

② 每个选择的总分是多少？

③ 哪个选择分数最高？

④ 分数第二高的选择是什么？

DeepQA 也观察到了这种现象：不同的表面形式通常会被不同的证据支持，并得到完全不同但潜在互补的分数，这产生了一种方法：将答案分数在排名和信心计算之前先合并掉。

（10）输出答案（Answer Out）。

有用的最高分答案被返回，然后沃森尝试判断从它做得多好（或者多坏）中进行学习。

以上即为沃森工作的基本原理，在后面的演讲中 James Hendler 教授还提到了沃森是基于"关联知识"构筑而成的，其实现过程如图 5.13 所示。

通过解读措辞含糊的问题并通过其通用知识数据库搜寻答案，沃森展示了理解自然语言的能力，而这正是计算机所需要攻克的最困难的难题之一。这似乎预示着计算机不久之后就能真正"理解"复杂信息并与人类交谈了，甚至还可能继续发展，以至于在大部分人类专有领域超越人类。

沃森集成了上百种算法从不同的维度分析备选假设的证据，如类型、时间、空间、流行度、段落支持度、来源可靠性、语义相关度等。每种分析都产生一些特征或评分，反映了在相应的维度上证据对备选答案的支持程度。如果在最终系统中去掉任何单个评分器，在上千个问题的测试集上都不会造成显著的影响，实际上没有一个评分器产生的影响能超过 1%。但组合起来，沃森在回答 40%～70%的问题时，达到了 92%的平均精度。

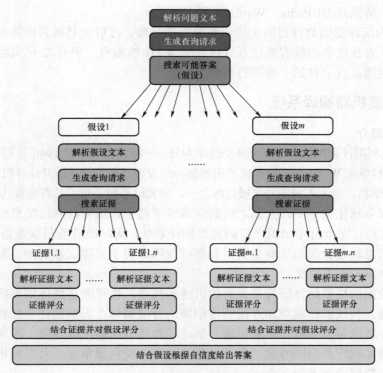

图 5.13　沃森问答系统实现流程

（四）特点

（1）硬件。

沃森是一台专为复杂分析而优化设计的系统，集成大规模并行处理器 POWER7 和 IBM DeepQA 软件，使其能在 3 s 内回答危险边缘的问题。沃森是由 90 台 IBM Power 750 服务器（还包括 10 个机柜里额外的输入输出端口、网络和集群控制器节点）组成的集群服务器，共计 2 880 颗 POWER7 处理器核心以及 16 TB 内存。每台 Power 750 服务器使用一个 3.5 GHz、8 核心，每核心 4 线程的 POWER7 处理器。只有 POWER7 处理器强大的并行计算能力才能勉强运行沃森安装的 IBM DeepQA 软件。

John Rennie 说，沃森每秒可以处理 500 GB 的数据，相当于 1 s 阅读 100 万本书。IBM 研发负责人和高级顾问 Tony Pearson 估计沃森的硬件花费近 300 万美元，其 80 TeraFLOPs 的处理能力在超级计算机世界 500 强排名第 94 位，在超级计算机世界 50 强排名第 49 位。Rennie 还说，比赛的数据是存放在沃森的内存中的，因为硬盘的访问速度太慢了。

（2）软件。

沃森的软件由数种不同语言写成，包含 Java、C++和 Prolog 等，并且采用 Apache Hadoop 框架做分布式计算，还有 Apache UIMA（Unstructured Information Management Architecture）框架、IBM DeepQA 软件和 SUSE Linux Enterprise Server 11 操作系统。超过 100 项不同的技术被用在自然语言分析、来源识别、寻找并生成假设、挖掘证据以及合并推翻假设。

（五）其他

沃森的信息来源包括百科全书、字典、词典、新闻和文学作品。沃森也使用数据库、分类学和本体论。特别是 DBPedia，WordNet 和 Yago[①]。

IBM 小组为沃森提供数百万的文档，其中包括字典、百科全书和其他能创建知识库的参考材料。尽管沃森在比赛中没有连接互联网，它 4 TB 的磁盘上仍有 2 亿页结构化和非结构化的信息供其使用，其中包括了维基百科的全文。

5.5.2　百度机器翻译系统

（一）系统简介

机器翻译是利用计算机将一种语言自动翻译为另外一种语言。早在 1946 年第一台现代计算机诞生之初，美国科学家 W. Weaver 就提出了机器翻译的设想。机器翻译涉及计算机、认知科学、语言学、信息论等学科，是人工智能的终极目标之一，研究机器翻译技术具有重要的学术意义。

在互联网和全球化背景下，大国之间的网络博弈趋于白热化，网络信息安全面临前所未有的挑战。研发具有完全自主知识产权的机器翻译系统，实时准确地获取多语种政治、经济、文化、军事等信息，是我国信息安全的重要基础保障，对于保障国家安全、发展国民经济和实施国际化战略具有重要意义。

互联网大数据给机器翻译研究带来新的机遇和挑战，使得海量翻译知识的自动获取和实时更新成为可能，传统翻译模型和方法亟待创新。百度翻译在海量翻译、知识获取、翻译模型、多语种翻译技术等方面取得重大突破，解决了传统方法研发成本高、周期长、质量低的难题，实时准确地响应互联网海量、复杂的翻译请求，使我国掌握了互联网机器翻译的核心技术，占据了该领域的技术制高点。

（二）总体架构

基于大数据的互联网机器翻译核心技术架构如图 5.14 所示。

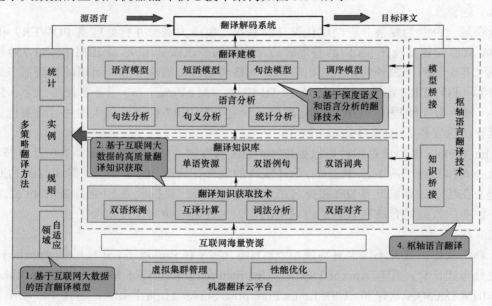

图 5.14　互联网机器翻译核心技术架构

---

① http://www.aaai.org/Magazine/Watson/watson.php

（三）功能特点

百度翻译项目在机器翻译领域内拥有多项创新。

一是提出了基于互联网大数据的翻译模型。在此模型指导下，提出了自适应训练和多策略解码算法，突破了多领域、多文体的翻译瓶颈；实现了翻译云平台与算法的充分优化与融合，实时响应每天来自全球过亿次复杂多样的翻译请求。

二是研发了基于互联网大数据的高质量翻译知识获取技术。突破了传统翻译知识获取规模小、成本高的瓶颈；制定了语言内容处理领域的国际标准。项目积累的高质量翻译知识规模是权威国际机构 NIST 发布的数据规模的 100 倍。

三是提出了基于深度语义的语言分析和翻译技术。突破了机器翻译中公认的消歧和调序世界难题，在国际上首次提出了基于树到串的句法统计翻译模型，有效利用源语言句法信息解决短语泛化和长距离翻译调序问题。

四是提出了基于枢轴语言的翻译知识桥接和模型桥接技术。突破了机器翻译语种覆盖度受限的瓶颈，使得资源稀缺的小语种翻译成为可能，并实现了多语种翻译的快速部署，11 天可部署 1 个新语种。截至目前系统支持 28 种语言、756 个翻译方向。

以上技术应用于国家多个重要部门和百度、华为、金山等超过 7 000 个企业和第三方应用，此外，百度的机器翻译项目，曾获得 2015 年度的国家科技进步二等奖，百度机器翻译典型的应用如下：

（1）基于以上研究成果，实现了"多语言信息采集处理与分析系统"，支持英语、日语、德语、法语、朝鲜语、阿拉伯语和土耳其语等外国语及藏语、维吾尔语等我国少数民族语言，共 10 多种语言文本的自动采集、翻译和分析系统。该系统成果应用于中国人民解放军原总参谋部第五十五研究所等重要部门，有效支撑了相关单位核心事业的发展，为维护国家安全和社会稳定、推动多语言情报翻译和分析事业的发展发挥了重要作用。

（2）研究成果应用于"百度翻译"，支持了汉语、英语、日语、韩语、泰语等 28 种语言和 756 个翻译方向，形成了支持多语言高质量翻译的市场竞争优势，覆盖全球超过 5 亿用户，每日响应过亿次的翻译请求。根据第三方评测，"百度翻译"在当时上线的 32 个翻译方向中，有 28 个翻译方向超越 Google 翻译。在中国电子学会组织的科技成果技术鉴定中，专家一致认为，在翻译质量、翻译语种方向、响应时间三个指标上达到国际领先水平。

（3）翻译技术应用于百度搜索，帮助用户更加便捷地获取多语言信息，找到所求。2014 年 7 月习近平总书记和百度 CEO 李彦宏共同启动葡萄牙语搜索引擎，为用户提供跨语言搜索服务；该技术也应用于百度的阿拉伯语、泰语搜索引擎中。

（4）"百度翻译"开放平台为超过 7 000 个第三方应用提供免费服务，促进了国民经济的发展，助力中国企业的国际化；为大量中小企业提供翻译平台服务，降低了创业创新门槛，带动了相关产业的繁荣与发展。华为将翻译服务集成到其 Ascend Mate 手机的摄像头翻译应用中，提升了该手机的市场竞争力，带有翻译功能的手机销往法国、德国、俄罗斯、西班牙、英国等 30 多个国家和地区。"金山词霸"使用以上翻译技术，实现从字词查询到句篇自动翻译的跨越，增强了其产品的价值，装机量 4 660 万套，合计产值 4 561 万元。B2B 跨境电子商务平台"敦煌网"使用"百度翻译"进行跨境贸易，服务超过 100 万家国内供应商，帮助其将商品销往全球 224 个国家和地区，促进了我国对外贸易的发展。

5.5.3 微软机器人小冰

（一）系统简介

微软小冰是微软（亚洲）互联网工程院基于 2014 年提出创建的情感计算框架，通过算法、云计算和大数据的综合运用，采用代际升级的方式，逐步形成向 EQ 方向发展的完整人工智能体系。截至 2018 年 7 月 26 日，小冰已发展到第六代，小冰是微软人工智能三条全球产品线之一，在中国、日本、美国、印度和印度尼西亚覆盖 40 余个平台，拥有超过 6.6 亿用户。它的产品形态涉及对话式人工智能机器人、智能语音助手、人工智能创造内容提供者和一系列垂直领域解决方案。

微软将人工智能交互技术产品的演进分为三个阶段。第一阶段是基本的人工智能交互，即拥有某一种或多种交互方式，如文本、语音、图像、视频等，但不同交互方式之间是割裂的。第二阶段是初级感官，即在人工智能系统中，用一种核心引擎（如小冰的 EQ 核心对话引擎）将上述各种交互统一起来，使不同感官可以混合运用。微软小冰从 2015 年第三代发布起，进入这一阶段。微软发布第五代微软小冰，进入第三阶段（高级感官）。微软小冰高级感官由多种初级感官有机融合形成，因而交互能力强，对综合技术储备和数据要求大幅度提高。

（二）总体架构

小冰的总体架构如图 5.15 所示。它由三个层组成：用户体验、对话引擎和数据。

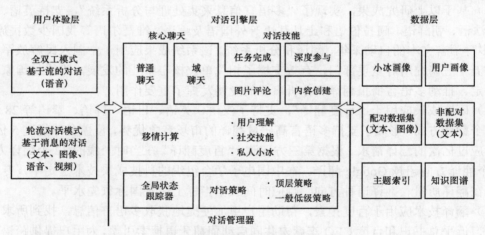

图 5.15 微软小冰的总体架构

用户体验层：该层将小冰连接到流行的聊天平台（如微信、QQ），并以两种模式与用户交流：全双工模式和轮流对话模式。该层还包括一组用于处理用户输入和小冰响应的组件，如语音识别和合成、图像理解和文本规范化。

对话引擎层：由对话管理器、移情计算模块、核心聊天和对话技能组成。

数据层：由一组数据库组成，这些数据库存储收集到的人类会话数据（文本对或文本图像对）、用于核心会话和技能的非会话数据和知识图，以及小冰和所有注册用户的个人档案。

（1）对话引擎深度解析。

对话引擎层主要包括三大组件：对话管理器、移情计算（Empathetic Computing）、Core Chat 和对话技巧。

① 对话管理器。对话管理器是对话系统的中央控制器。它由全局状态跟踪器（Global State Tracker）和对话策略（Dialogue Policy）组成。该操作可以是顶级策略激活的技巧或 Core Chat。

全局状态跟踪器通过一个工作内存（Working Memory）来跟踪对话状态。工作内存在每个会话开始时是空的，然后在每个对话中将用户和小冰的对话以及根据移情计算模块从文本中检测到的实体和移情标签，用文本字符串的形式来进行存储。

小冰使用分层策略：

a. 顶级策略通过在每个对话轮次中选择 Core Chat 或基于对话状态激活的技能来管理整个会话；

b. 一组低级策略，每个策略对应一种技能，用于管理其会话段。

对话策略旨在通过基于 XiaoIce 用户反馈的迭代、反复试验和错误过程来优化长期用户参与。

话题管理器（Topic Manager）模拟人类在对话期间更改话题的行为。它由一个分类器和一个话题检索引擎组成，分类器用于决定在每个对话回合是否切换话题。

如果小冰对话题没有足够的了解，无法进行有意义的对话，或者用户感到厌烦，就会引发话题切换。

② 移情计算。移情计算反映了小冰的情商。给定用户输入查询 Q，移情计算将上下文 C 考虑在内，将 Q 改写为上下文版本 Qc，使用查询移情向量 eQ 对用户在对话中的感受和状态进行编码，用响应移情向量 eR 指定响应 R。

移情计算模块的输出表示为对话状态向量 $s=(Qc,C,eQ,eR)$，用于选择技能的对话策略和用于生成的激活技能（例如，CoreChat）的输入。

移情计算模块由三个部分组成：上下文查询理解、用户理解和人际响应生成。

③ Core Chat 和对话技能。Core Chat 是小冰 IQ 和 EQ 非常重要的组成部分。它与移情计算模块一起提供了以文本输入和生成人际响应作为输出的基本通信能力。

Core Chat 由两部分组成：一般聊天（Generate Chat）和域聊天（Domain Chat）。一般聊天负责参与涵盖广泛话题的开放性会话；域聊天负责在特定领域（如音乐、电影和名人）进行更深入的对话。

小冰拥有 230 个对话技能，这些技能与 Core Chat 一起构成了小冰的智商组成部分。

（三）功能特点

（1）初版小冰。

小冰除了智能对话之外，还兼具群提醒、百科、天气、星座、笑话、交通指南、餐饮点评等实用技能。根据微软团队的统计，小冰加入微信群后，群组的活跃度可以提高 4 倍。而且随着与群内成员的互动次数增长，还会逐步解锁隐藏功能。

（2）二代小冰。

二代小冰完全专属于用户，在跨平台的移动互联网应用中，帮助用户完成越来越多的事务，并不断自我完善升级。

用户可通过轻松便捷的方式领养自己的小冰，指定小冰的新名字和头像，即可完成领养。

领养后，用户可以在越来越多的第三方平台上使用小冰。根据技术对接的时间步骤，在短期内，用户可在触宝号码助手、新浪微博、京东无线、小米米聊、网易易信、腾讯微信等平台上使用。

2014 年 8 月 13 日，微软中国和微博联合宣布，微博平台的微软小冰正式升级为二代专属小冰。微博二代小冰将更加凸显专属和私密的特点，只要在微博中私信@小冰即可领养。同时，此次还将升级二代小冰的人工智能水平、私聊语料库、养成新技能和积分体系。

（3）三代小冰。

微软表示，第三代小冰整合微软多项全球人工智能图像与语音识别技术，除了原有的长程情感对话能力，还具备能看、能听和能说的全新人工智能感官。具体来说就是，第三代小冰支持识图功能，能够"看"到用户发送的图片甚至视频内容，并根据图片内容进行相应对话。这主要得益于微软在图片识别技术方面的突破。据微软以前的新闻称，微软识图技术已经接近人类。

除此之外，第三代小冰也能够开口说话了，而不只是文字回复。据介绍，为小冰配声音的是一个 17 岁的女孩子。第三代小冰将继续支持"樱花变"，只要对小冰说出"樱花变"三个字，就能将其变身为日本高中生少女。变成日本高中生少女之后的小冰将能用非常流利的日语与你交流，当然前提是你说的日语小冰能听懂。

这次重回微信平台的小冰将以公众号的形式出现，并开放商业化版本。第三方服务号与订阅号管理者可通过商业化版本，将公众号升级为人工智能公众号。微软还表示这个服务是免费的。

（4）四代小冰。

据微软介绍，第四代小冰包含实时情感决策对话引擎、多种新感官、中日英三种语言，以及对应不同领域的功能插件平台。发布会上，微软还宣布了小冰全球化的最新进展和重要合作伙伴信息。

（5）五代小冰。

经过将近 4 年的成长之后，小冰开始有了自己的"未来方向"。2017 年 8 月 22 日，微软小冰第五代正式面世，微软方面宣布小冰将全面进入 IoT 领域，与众多 IoT 厂商合作使用小冰。"小冰是一个聊天机器人，但不仅仅是一个聊天机器人。"微软全球执行副总裁沈向洋表示，"聊天只是用户的一个体验，但我们设计产品理念的真正核心在于打造一个情感计算框架，同时拥有许多生存空间、辅助设备及相关设备，令小冰能够与人类在任何地点及场景进行交流。"

微软发布第五代小冰，进入第三阶段（高级感官）。微软小冰高级感官是由多种初级感官有机融合之后形成的，因而交互能力更强，对综合技术储备和数据的要求也大幅度提高。全双工语音这一种高级感官，就需要同时具备文本、语音（含 SR 和 TTS）两种能力，同时要求两种能力均达到更高的质量标准。高级感官能提升交互体验，贴近人类的自然交互行为。例如：如果将全双工语音这种高级感官的体验比拟为打电话，则之前的智能助理语音交互体验类似于对讲机。此外，高级感官还能够大幅度拓展人工智能系统的落地场景，使微软小冰主动保持与人类用户之间的关联。第五代小冰发布的高级感官均已完成第一批落地。其中，全双工语音已应用于小冰与小米 IoT 开放平台的合作中，可控制各种小米 IoT 开放平台中的智能设备。实时流媒体感官也已在中国、日本两个国家的部分主要城市公共区域落地。

第五代微软小冰正式使用生成模型（Generative Model），是业界首个落地产品，全面进入 IoT 领域，部分合作产品已落地，部分开始销售。

2017 年 5 月，微软宣布小冰用多个化名在各诗歌论坛和刊物上发表诗歌，并出版了首部人工智能创作诗集。其后，微软正式上线诗歌联合创作产品，任何人均可使用微软小冰来完成自己的诗歌创作。本次发布会上，微软公开，微软小冰已进入多个创造领域内容，不仅有诗歌，还包括有声少儿读物、歌曲、新闻等。其中有声少儿读物质量超越 98% 的人类创造者，用时仅为同水平人类的 1/500，成本仅为同水平人类的 1/80 000。微软小冰通过少量账号在各有声读物平台上试水取得预期效果，微软大规模生产有声读物并投入市场。歌曲方面，微软小冰训练达到了 48 kHz 采样率，同时大幅扩展了音域。《我是小冰》同名歌曲已在 QQ 小冰渠道首发。此外，微软小冰通过聆听分析歌曲旋律，结合对不同城市标志性建筑的学习，创作与该城市及歌曲心情相关的视觉作品。通过这一技术，微软与 SELECTED 合作推出的"天际线"服装已进入 SELECTED 店内进行销售。

微软小冰与 Bing 搜索引擎加速整合，并推出全新的智媒体商业平台解决方案 3.0 版。微软小冰作为《钱江晚报》的专栏记者，曾通过大数据撰写专栏文章，并成功预测了多个全球重要事件的结果。此次微软公开，部分百度百家和今日头条上的新闻内容也是由小冰撰写而成的。微软在发布会上宣布了升级后的智媒体商业平台解决方案 3.0 版。

微软小冰与 Bing 搜索引擎加速整合，升级后的智媒体商业平台解决方案 3.0 包括媒体生产力、媒体知识图谱、智能交互、全平台互动等六个新模块。微软小冰通过 Bing 搜索引擎的全球大数据能力，构建出一个基于全球新闻数据源的媒体知识图谱，准确挖掘全球资讯中每一篇内容背后的知识与含义，并构建出彼此的关系，从而帮助媒体更全面快速地梳理时间和内容背后的故事。

（6）六代小冰。

第六代小冰继续升级情感计算框架，在技术上的第一个重要突破就是在对话中上线了共感模型，小冰在与用户的对话中，不仅能够自创回应，还通过确证、求证等技能更好地控制对话进程。微软宣布已经完成共感模型测试，在微软小冰所覆盖的五个国家已上线。

另外，微软小冰还将文本、声音与视觉进行融合，今年在全双工语音的基础上开发了实时视觉。发布会上还展示了小冰的实时视觉技能，小冰可以通过视觉、语音的实时交互，指挥用户完成面容检测，并可在这个过程中进行开放域对话。

微软全球执行副总裁沈向洋为此次发布会站台。据他透露，小冰已经成为全球规模最大的对话式人工智能系统之一，拥有 6.6 亿人类用户、1.2 亿月活跃用户，CPS（一次对话轮数）达到 23 轮，接入 57 种直接用户场景。

5.5.4　BFS 舆情分析系统

（一）系统简介

BFS 舆情分析系统是北京理工大学信息与电子学院信息安全与对抗技术实验室针对政府机构、企业、各大高校等开发的一个面向用户的高集成度舆情分析系统，该系统包含从数据上传到热点话题提取、实体关系抽取、情感分类等 12 项功能，包含舆情分析的完整流程。系统在信息系统及安全对抗实验中心可以免费访问使用。

（二）总体架构

BFS 舆情分析系统主要由 3 个子系统组成：数据管理子系统、语义分析子系统、用户交互子系统。系统的整体架构如图 5.16 所示。

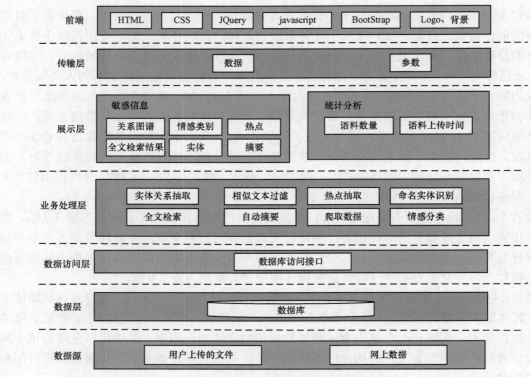

图 5.16　舆情系统整体架构

（三）功能特点

舆情系统共分为 11 个功能模块，其功能结构如图 5.17 所示。

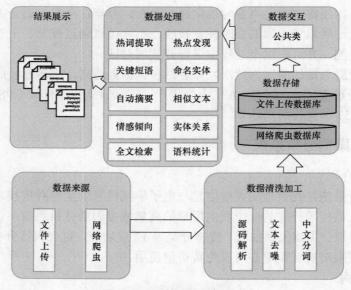

图 5.17　舆情系统功能结构

（1）数据添加模块。

以 BS 架构搭建文件添加模块，该模块提供多文件（只支持 txt、html、htm 文件）上传功能，该过程会进行中文分词、去停用词等预处理，如果上传的网页源码会进行源码解析，本程序会常驻内存，不是子程序，是顺序处理程序。

该模块提供了文件上传、文本预处理、数据库存储的功能。该模块的图形界面如图 5.18 所示。

多文本上传&预处理系统（Text Uploading&Pretreatmenting System）

该页面提供多文件（只支持txt、html、htm文件）上传功能,默认处理纯文本内容，如果处理网页源码需要选中复选框！

选择文件夹名称：　ner

浏览...

上传　重置

图 5.18　数据添加模块页面结果展示

（2）网络数据爬虫模块。

该模块提供了单文件上传、百度关键词相关数据爬取、url 相关数据爬取、网页源码解析、数据预处理、数据库存储的功能。该模块的图形界面如图 5.19 所示。

网络数据爬虫系统（Web Crawler System）

该页面提供文件（只支持txt）上传功能,里面是关键词或url，不同关键词和url需要按行隔开，如果是关键词组合需要空格隔开（eg：机器学习 python）。

爬取率高：有效网页覆盖率能达到 80%以上；

适应性强：能处理多种类型的网页，准确提取网页正文数据。

浏览...

爬取数据

图 5.19　网络数据爬虫模块页面结果展示

（3）热词提取模块。

该模块提供了数据库中文本集选择功能、热词个数设定功能，并从文本集中抽取出热词短语。页面展示如图 5.20 所示。

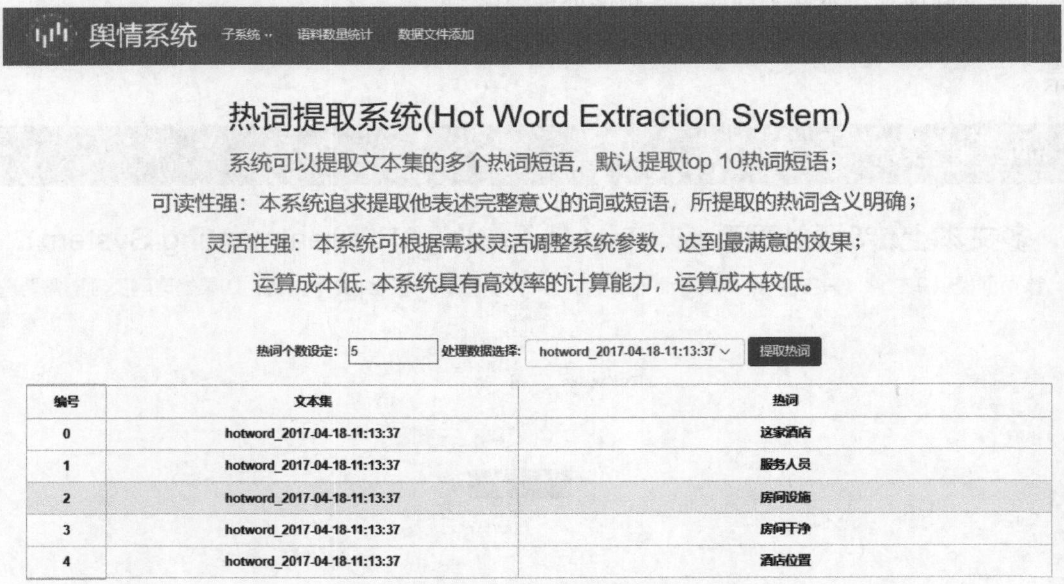

图 5.20　热词提取模块页面结果展示

（4）热点话题提取模块。

该模块提供了数据库中文本集选择功能、热点话题个数设定功能，从而挖掘出文本集中热点话题，并提取出热点话题短语。页面展示如图 5.21 所示。

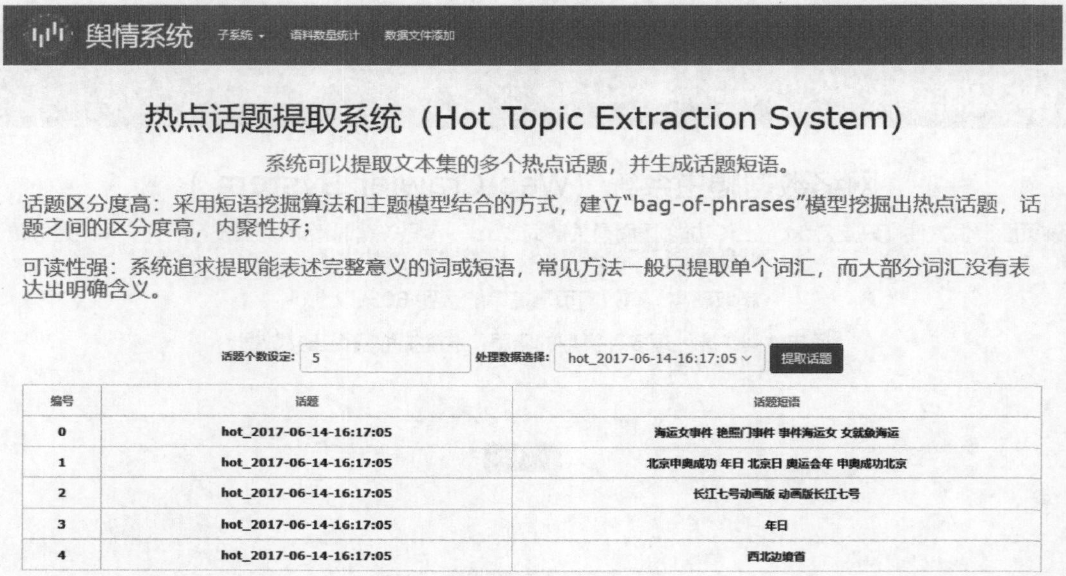

图 5.21　热点话题提取模块页面结果展示

该模块根据用户选择的文本集和设置的话题个数，经过热点话题系统的处理得到话题短语。

（5）自动摘要模块。

该模块提供了数据库中文本集选择功能，并实现对选择的文本集自动生成摘要。页面展示如图 5.22 所示。

图 5.22　自动摘要模块页面结果展示

（6）关键短语提取模块。

该模块为关键短语提取系统，可提取单个文本的 Top N 个短语。页面展示如图 5.23 所示。

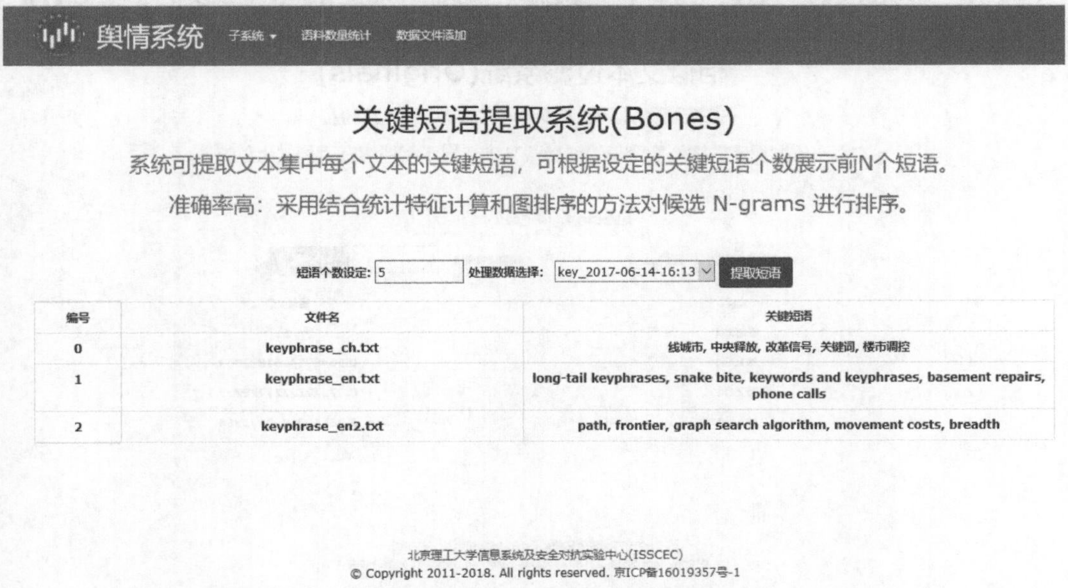

关键短语提取系统(Bones)

系统可提取文本集中每个文本的关键短语，可根据设定的关键短语个数展示前N个短语。

准确率高：采用结合统计特征计算和图排序的方法对候选 N-grams 进行排序。

短语个数设定：5　　处理数据选择：key_2017-06-14-16:13　　提取短语

编号	文件名	关键短语
0	keyphrase_ch.txt	线城市, 中央释放, 改革信号, 关键词, 楼市调控
1	keyphrase_en.txt	long-tail keyphrases, snake bite, keywords and keyphrases, basement repairs, phone calls
2	keyphrase_en2.txt	path, frontier, graph search algorithm, movement costs, breadth

图 5.23　关键短语提取模块页面结果展示

（7）命名实体识别模块。

用户从"处理数据选择列表"中选定要处理的文本集，点击"提取实体"后开始提取单个文本中的命名实体，其种类包括人名、地名、组织机构名、公司名和产品名。其页面展示如图 5.24 所示。

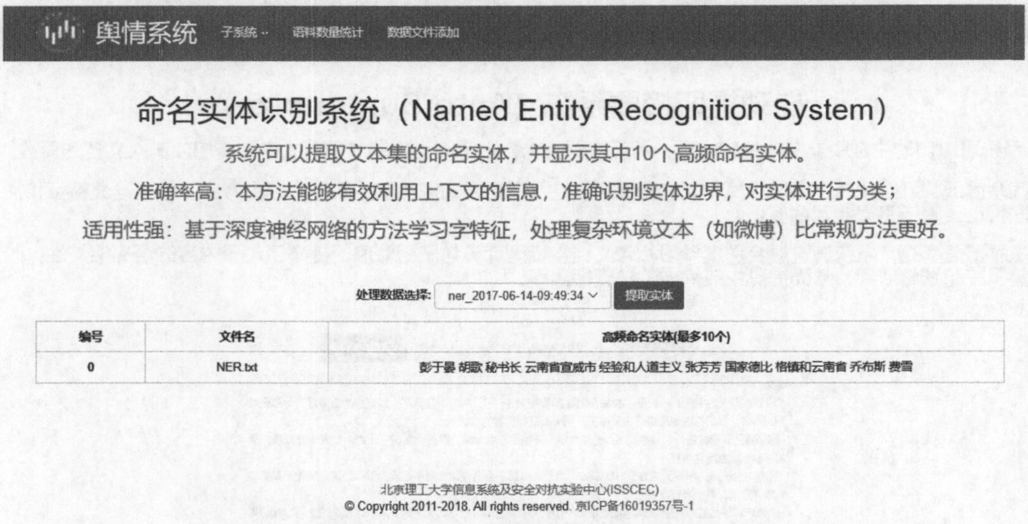

图 5.24　命名实体识别模块页面结果展示

（8）相似文本过滤模块。

该模块可计算选定文本与文本集中其他文本的相似程度，可通过阈值过滤出相似程度较高的文本。其页面展示如图 5.25 所示。

图 5.25　相似文本过滤模块页面结果展示

（9）情感倾向性分析模块。

该模块提供了数据库中文本集选择功能，并判断出文本集中每个文本的情感倾向。页面展示如图 5.26 所示。

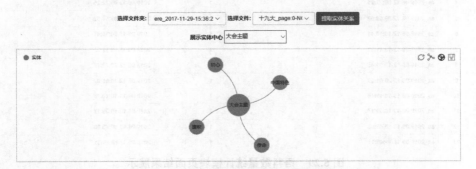

图 5.26　情感倾向性分析模块页面结果展示

（10）实体关系抽取模块。

该模块提供了数据库中文本集选择和对应文件选择功能，可以抽出某一个文本的实体以及对应的实体关系，以关系图谱的方式展示。页面展示如图 5.27 所示。

图 5.27　实体关系抽取模块页面结果展示

（11）全文检索模块。

该模块提供了多文件上传功能，提供了目录选择功能，对选择的目录下的文档建立索引，提供了检索功能，输入关键字，可以查询包含该关键字的文档。页面展示如图 5.28 所示。

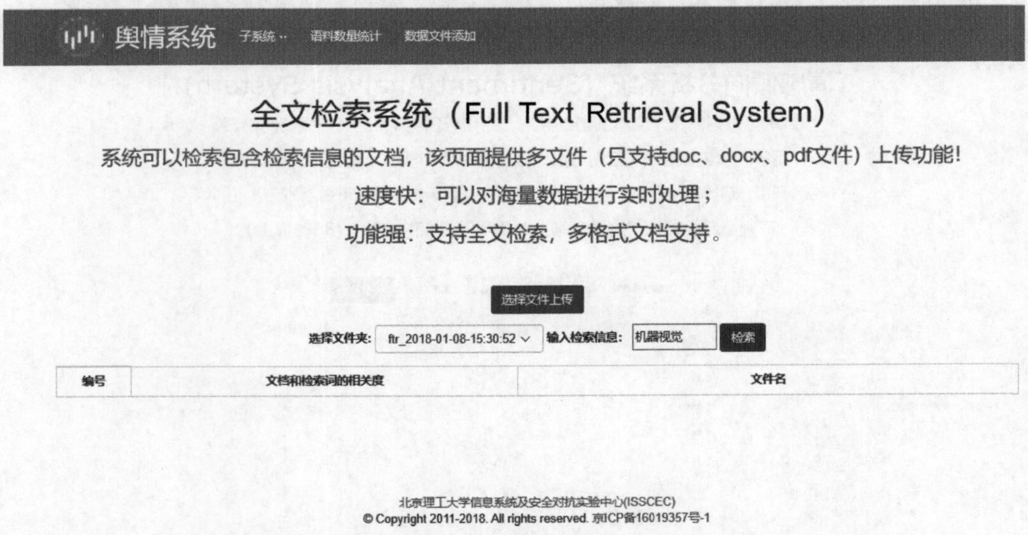

图 5.28　全文检索模块页面结果展示

（12）语料数量统计模块。

该模块提供了显示每一部分所用语料数量的功能。页面展示如图 5.29 所示。

语料数量统计(Statistics of Corpus)

该页面可以统计本系统所用语料的数量。

编号	文本集	文本数量	上传时间
1	as_2017-06-14-16:20:45	53	2017-06-14-16:20:45
2	as_2019-06-12-09:02:04	1	2019-06-12-09:02:04
3	as_2019-06-12-09:17:25	1	2019-06-12-09:17:25
4	as_2019-06-12-09:22:25	1	2019-06-12-09:22:25
5	as_2019-06-12-09:58:52	1	2019-06-12-09:58:52
6	as_2019-06-12-10:10:41	1	2019-06-12-10:10:41
7	as_2019-06-12-10:11:33	1	2019-06-12-10:11:33
8	as_2019-06-12-10:39:45	1	2019-06-12-10:39:45
9	as_2019-06-12-20:08:02	1	2019-06-12-20:08:02
10	as_2019-06-13-10:19:16	1	2019-06-13-10:19:16
11	as_2019-06-13-10:39:17	1	2019-06-13-10:39:17
12	as_2019-06-13-10:43:08	1	2019-06-13-10:43:08
13	as_2019-09-11-16:45:31	1	2019-09-11-16:45:31

图 5.29　语料数量统计模块页面结果展示

5.6　小　　结

大数据时代，文本数据是一类海量、复杂、丰富的数据，例如以微博、朋友圈为代表的社交网络文本数据，以知网、维基百科为代表的基础资源数据等，挖掘文本数据的有价值信息离不开自然语言处理技术。自然语言处理是研究人与计算机交互的语言问题的一门学科，在自然语言处理技术中，同时存在着基于统计的经验主义方法、基于规则的理性主义方法以及基于深度学习的方法。

从基础资源来看，大数据时代给自然语言处理带来了海量的资源，如以 LDC 中文树库、中国台湾"中研院"语料库、BFS-CTC 语料库为代表的语料库资源，以 WordNet、FrameNet、知网为代表的语言知识库资源，以 DBpedia、YAGO、Freebase 为代表的知识图谱资源。

目前主流的自然语言处理技术有命名实体识别、实体关系抽取、情感分类、文本摘要、机器翻译和自动问答，这些主流技术都已引入深度学习方法，并形成了深度学习方法与经验主义或理性主义方法相结合的方法。如在命名实体识别任务中，最新的一些方法将深度神经网络（如多层 LSTM、CNN 等）与 CRF 模型相结合，在实体关系抽取任务中，一些新方法利用 LSTM 学习句法树的知识，结合词嵌入表示生成上下文表示向量。

适应大数据的自然语言处理技术同时又是现有大型智能应用系统的后台基础，例如目前存在的典型应用系统中，IBM 沃森大型问答系统在数据资源的基础上学习了历史、文学、艺术、流行文化、科技、体育、地理、文字游戏等各个领域的知识，甚至在电视问答节目中超过了人类冠军选手，而其本质上是一个 IBM 制造的电脑问答系统。总之，大数据资源推动了自然语言处理技术发展，而结合大数据的自然语言处理技术又可为人们带来不可估量的价值。

5.7　习　　题

（1）请简述大数据为自然语言处理带来的机遇和挑战。

（2）请简述自然语言处理的概念或者定义。

（3）请简述语料库、语言知识库、关联开放数据的基本概念及其关系。

（4）自然语言处理大数据基础资源的数据量级是什么？

（5）主流自然语言处理大数据分析技术有哪些？

（6）命名实体识别技术相关的主流机器学习算法有哪些？

（7）SemEval—2010 的评测任务 8 将实体关系类型扩充成哪几类？

（8）简要阐述实体关系抽取中使用的远程监督方法。

（9）情感分类技术的应用场景有哪些？

（10）请详细阐述基于深度学习的文本摘要技术的主要过程。

（11）如果为你提供了知识问答对（类似于百度知道或者知乎的问题和多个答案）的语料，你将如何完成一个自动问答系统？你所完成的问答系统是属于什么类型的问答系统？

（12）"人工智能机器人小冰"涉及的关键技术有哪些？并简单描述基本流程。

（13）利用一个在线的舆情分析系统，你能得到哪些有价值的信息？

（14）智能家居（如多种配合 Google Home 使用的家居设备）中利用到的自然语言处理技术有哪些？

第 6 章
大数据与医学信息处理

6.1 引　　言

自 20 世纪 80 年代以来，随着医疗信息系统（Hospital Information System）的迅速发展，医学信息处理领域聚合了庞大繁杂的健康数据，如电子病历、个人健康数据、基因组学数据等，这些信息广泛分布在临床研究和治疗的各个环节。科研人员及医务工作者可以利用这些数据更好地了解临床治疗的效果与研究药物的特性，为人类健康提供更多有效支持。随着现代医学检测设备和新型传感器的不断发展与进步，医学信息学领域所收集和存储的数据数量及类型均有了巨大的增长。而伴随我国新医改的深入和发展，医学信息学迎来了云计算和电子健康记录的广泛应用，大数据技术与医学信息处理的结合创造出巨大的社会和经济效益。

医学信息数字化是挖掘大数据价值的前提。数据来源包括基因数据资源、医学图像资源、电子健康记录、医学语音记录等，但由于医学信息数据的模式多态性、内容不完整性、特征高度冗余，以及样本类别不平衡等特点，传统的医学统计学方法已经不能满足解决此类复杂问题的需要，海量的医学数据为医学信息处理技术提供充足数据基础的同时也给后续知识发现带来了新的挑战。围绕医疗机构、政府部门、药品企业、保险公司等不同主体的需求，医学信息大数据应用场景可覆盖与疾病防治、健康管理相关的各个环节，包括远程医疗、精准医疗、智能诊断、健康综合决策等。因此，研究医学信息处理技术，并将其与大数据分析技术结合，可有效地促进计算机科学、生物医学、生物信息学的交叉学科发展，具有较强的理论研究意义和实际应用价值。

本章将从医学信息处理基础认知、基础资源、分析技术、应用案例四个方面展开讨论。基础认知一节覆盖医学信息处理的基本概念、研究历史与现状、基本方法和面临的困难，基础资源一节对基因数据资源、医学图像资源、电子健康记录和医学语音记录等资源进行说明，分析技术一节覆盖医学信息处理基本任务及其实现方法，应用案例一节列举了大数据与医学信息处理结合的典型案例。

6.2 医学信息处理基础认知

6.2.1 基本概念

医学信息又被称为健康信息，是科技信息的一种，是指一切有关医学的观念、知识、技能、技术以及行为模式。在医学信息发送方和接收方之间所分享和传递的内容都可以被称为医学信息。医学信息是与健康有关的各种各样的信息，如医疗信息、保健信息、药物信息、护理信息、医务管理信息和病患心理信息。

医学信息作为信息的一部分，具有信息的基本特征，但由于其所处领域以及用户类型的特殊性，医学信息具有一些自身的特殊性。主要表现在：

（1）知识性。从学科性质上来看，医学信息既属于科学信息又属于社会信息。不论是在医学系统内部，还是在社会各个领域，不论是科研、医疗、生产、管理，还是医学卫生知识的宣传、普及，其自身的知识性都不会改变。

（2）多样性。以药品信息为例，药品信息的内容包括与药品有关的一切生产、研究、管理和使用。药品信息的载体形态也多种多样，如药学期刊、药品图书、药学检索工具、药典、药品集等。药品信息的利用也涉及临床、药品研究与开发、药品管理等领域。因此，药品信息在信息来源、信息载体、信息内容和信息使用等方面均表现出多样性的特征。

（3）实践性。医学的产生和发展均来自社会实践，因此，医学信息是人类社会实践的产物。医学新理论信息的产生来自动物实验，新技术、新方法的信息来自医学研究人员的亲身经历，新试剂、新药品的信息来自医学科技人员千百次的临床试验与筛选。因此医学信息来源于实践，又服务于实践。

（4）时效性。医学信息不是长期、经常、持续地具有价值，而是会随着时间的推移，其先进性下降，信息价值逐渐减小直至完全消失。由于医学信息的半衰期较短，因此，如果不能够及时利用和开发信息，就会造成医学资源的浪费。

（5）公共性。随着生活水平的提高，人们对自己的健康问题越来越重视，医学信息也越来越受到人们的关注。因此，医学教育、临床实践、学术研究、公共卫生、政府服务、大众健康等方面有计划有针对性地组织医学信息流向是医学信息服务的根本目的。

医学信息处理指采用数理统计、专家模型、数据挖掘、图像处理等方法，借助人工或计算机完成对医学信息分析、处理的全过程。医学信息的形式是多种多样的，包括图像、声音、视频、文字等。这些医学信息资源对医院的决策管理、医疗和科研起着至关重要的作用，如何从这些复杂的信息中提取有价值的信息成为必须解决的问题之一。医学信息具有冗余性、不完整性、模糊性且带有噪声的特点——这些特点决定了医学信息处理和其他数据处理之间的差异和特殊性。医学信息处理通过对医学信息的预处理，形成输入数据集，利用各类医学信息处理方法，得到医学信息处理的实验结果，并进行分析得到结论。

医学信息处理的两个重要研究方向分别是临床信息处理和生物信息处理。对于临床诊断数据集，信息处理的任务主要是利用特征选择和机器学习算法探索影响某类疾病发生、发展的危险因素，构建疾病分类与预测模型，为医生的临床诊断和治疗方案的制定提供决策支持。对于生物信息数据集，信息处理的任务主要是针对各种癌症、糖尿病及其并发症、白血病、阿尔茨海默综合征等人类复杂疾病，寻找和发现差异表达基因或遗传位点，进而研究疾病的发病规律，寻找有效的治疗方法。

6.2.2 研究简史

首次将数学模型引入医学信息处理要追溯到 1959 年，美国的 Ledley 等人开创了计算机辅助诊断的先例，Ledley 等人基于布尔代数和贝叶斯定理建立用于诊断肺癌病历的计算机诊断模型，并在 1966 年，结合上述研究首次提出了"计算机辅助诊断"（Computer Aided

Diagnosis）概念。

20 世纪 60 年代，数据库技术的发展也极大地推动了医学信息处理的进步，新型的数据库管理软件——决策支持系统（DSS），让管理者在决策过程中更有效地利用数据信息。在 1970 年，第一个具有数据挖掘分析功能的联机分析处理工具 Express 诞生了。医学数据的快速增长，为医学信息处理提出了现实需求，同时数据库技术的发展又为医学信息处理提供了技术支持。

1976 年，美国 Stanford 大学成功研制出一种用于诊断和治疗细菌感染疾病的人工智能医学专家咨询系统（MYCIN），用于诊断血液相关感染和开具抗生素类药物的处方。20 世纪 80 年代，国外医学专家系统取得快速发展，如诊断淋巴结疾病的 Pathfinder 系统、诊断神经肌肉疾病的 Munin 系统等。随后，相继出现了用于青光眼、艾滋病、皮肤癌、乳腺癌、肺癌、肝病等疾病的医学专家系统。

从 20 世纪 70 年代起，我国也开始进行临床信息处理方面的研究。大多采用概率统计的方法，通过疾病与临床信息，即症状、体征、体检信息等数据，采用统计学分析计算共同出现的频率，以及与疾病同时出现的概率，得出最终的诊断。到 80 年代，随着技术的发展，开始应用人工智能的方法，并结合专家的推理过程和知识共同构建医学信息处理模型。两种方法都需要一定的数学模型来实现，常用的数学模型有加权求和、Bayes 和模糊数学。预防医学领域的信息处理应用同样得到显著增加，1983 年医学科学院卫生研究所应用微型计算机统计处理全国营养调查数据，分析我国各地居民食品构成和营养情况。类似的工作还有全国高血压抽样调查、胃癌高发区流行病学调查等。

在 20 世纪 80 年代，医学图像处理方法也有了广泛的应用和发展，数字图像系统已用于确定冠状血管中的血流速度，计算心脏环状血管狭窄等。20 世纪 90 年代的医学图像处理主要应用于冠状动脉，乳腺癌，脑出血、脑瘤、脑中风等疾病的医学分析和可视化任务。加州的旧金山医学院图像研究中心把处理军事卫星地面侦察的图像处理技术用于处理癌细胞的诊断，实现了在具有高分辨率和实时性条件下，从 X 射线图片上识别乳腺癌位区。随着可视化技术的发展，医学越来越离不开医学图像的信息处理，医学图像在临床诊断、教学科研等方面发挥着重要的作用。

20 世纪 90 年代，电子健康病历得到初步建立。美国一个社区的 7 所医院建立了社区医院信息网络，共享病人的医疗保健信息资源，从而避免了病人信息管理的重复和遗漏，使病人得到最集中和有效的治疗，研究人员也可以方便地获得人群健康保健的全部信息。日本在 1995 年成立了电子病历开发委员会，实施医疗数据的结构化，其项目 MERIT-9 研究了电子病历记录中文本、图像的信息交换方式。我国也紧随发达国家医院信息化建设的趋势，开始探索国内电子病历的建设模式。

从 1986 年起，机器学习的学术活动异常活跃，促使其应用范围也不断扩大，与包括医学在内的众多学科的交叉也不断深入。例如，在后基因组生物学中，聚类方法成功地应用在大规模基因表达数据的分析中；在临床医学中，采用贝叶斯神经网络得到服用抗精神病药物和心肌病发作的关系；在医学图像处理中，使用神经网络进行乳腺癌分类研究等。

随着 21 世纪人工智能、深度学习、大数据、数据挖掘、云计算、图像识别、知识库以及知识图谱的兴起，越来越多的医学信息技术研究采用机器学习、数据挖掘等技术构建知识库，再进行信息处理。2008 年，Google 推出了流感预测的服务，通过检测用户在 Google 上的搜索内容就可以有效地追踪到流感爆发的迹象。2012 年 IBM 研发的人工智能系统 Watson 通过自主学习通过了执业医师资格考试。Watson 可以在 17 s 内阅读 24.8 万篇论文、10.6 万份临床报告，是认知计算机系统的杰出代表。

在医疗诊断领域，医学信息处理主要集中在对诊断数据的分析与处理上，通过对诊断数据的提取、预处理，形成诊断数据集，并利用基于数据特征的分类与预测方法，对病症进行实时预测，为医生提供辅助诊断。例如，2015 年 Otoom 等人[90]提出根据可穿戴传感器获取用户数据，采用 SVM、BayesNet 和树模型对冠心病或其他心脏病患者进行实时监控、诊断预测、紧急情况报警。2016 年 Khushboo 等人[91]提出将数据挖掘分类技术（贝叶斯、K 近邻和支持向量机）应用于甲状腺疾病分析。2017 年 Bejnordi 等人[92]构建的人工智能系统可以迅速地阅读病理照片，诊断乳腺癌是否有淋巴结转移，大大提高了诊断速度，减轻了病理学家的负担。

在生物医学领域，医学信息处理主要集中在基因序列模式以及基因功能的分析上，其中尤以 DNA 数据分析为重点，通过对致病基因成因的分析，发现疾病诊断、预防和治疗的新方法及新药物。2017 年我国启动了"中国十万人基因组计划"，这是在人类基因组研究领域实施的首个重大国家计划。2018 年 DeepMind 推出了能够根据基因序列预测出蛋白质的 3D 形状的 AlphaFold 研究。2019 年 Ogden 团队[93]在 *Science* 上发表了使用人工智能获得用于基因疗法的优良载体的研究成果。

6.2.3　基本方法

对医学信息进行处理的主要目的是要从医学数据中有效地提炼信息，发现潜在的知识。面对复杂的医学信息，传统的统计方法只能用于分析有显著数学特征、符合统计规律的数据。数据挖掘通过对海量、复杂的数据进行处理，提取有价值规律和知识，构建预测模型，已成为医学信息处理的基本方法。医学信息处理的基本方法有：

（一）医学数据理解及选择

医学数据理解是在医学数据预处理之前需要进行的任务，指对医学数据进行必要程度的理解，包括数据类型、数据的存在形式、数据的质量评价标准等。大部分医疗单位都采用联机事务处理系统（OLTP）来收集数据，这些系统内包含了病历、医疗信息等大量医疗数据，以对决策提供支持，因此要从这些系统中选择医学信息处理所需的数据。

（二）医学数据隐私保护

医学数据具有隐私性的特点，而医院以及研究人员有责任和义务保证患者信息的安全，所以要对患者的记录进行匿名化与标识转换，进而隐藏患者与其记录间的关联。匿名化是指从记录中去除患者的标识，或者用错误的标识代替正确的标识。匿名化之后，研究人员不可能通过观察记录知道有关患者的任何信息。标识转换与匿名化有一些细微的差别，变换后的标识可能仍然隐含着患者的真实信息，但是这些隐含的真实信息只有经过授权的研究人员才能获得。

（三）多源医学数据融合

医学数据通常由检查影像、诊断单、电子病历及化验结果等大量异质性数据组成，需要进行数据融合。医学信息的多源性、时序型和非时序型共存，数字型和非数字型共存的特点，加大了数据融合的难度。对这些不同物理属性的医学数据，应采用不同的技术和措施进行处理，使其在属性上趋同或一致，再对处理的结果进行综合运用。

（四）医学数据降维降噪

医学数据通常有较大的冗余性，包含大量内容重复、和疾病不相关或者结果互相矛盾的记录。比如，对于某些疾病，病人所表现的症状、化验的结果、采取的治疗措施可能完全一样。另外，医学数据集中不同的参数和指标之间可能是高度相关的。比如，患者的身高、体重和身体质量指数 BMI 之间存在确定的数值关系。因此，需要进行样本选择和特征选择的预处理工作。

医学数据中的噪声不可避免，常见的有不完整医学记录、数据测量产生的误差、获得的医学数据与实际理论不符、客观因素影响等。在处理医学数据时，需要采取降噪处理，尽可能使噪声对所研究对象的影响达到最小。

（五）医学统计学

医学统计学是一门综合概率论与数理统计的原理及方法，对医学科研中的相关数据进行收集、整理和分析的应用性学科。通过统计软件 SAS、SPSS 和 STAT 等对医学数据进行统计学分析，可以有效解决部分医学科研问题，并为医学数据挖掘提供理论依据和基础。在进行医学统计学方法选择时，应当根据研究目的，对不同性质的医学数据，采用不同的统计学方法，并进行统计学实验结果的分析、比较和评价。

（六）医学数据挖掘

医学数据库是一个庞大的信息库，数据海量且具有多样性，要在这样的数据库中提取出有价值的知识，必定会花费更多的时间。针对不同类型、结构以及动态变化的数据，要考虑使用不同的数据挖掘算法来提高数据挖掘的效率，同时要求挖掘算法具有一定的容错性和鲁棒性。

在医学数据挖掘领域，可以根据具体的医学数据和不同的挖掘目标，在多种数据挖掘方法中进行选择。例如，将决策树算法用于管理决策协议、创建代谢紊乱的分类模式、获取神经病的相关知识、糖尿病的数据挖掘以及区分痴呆严重程度；使用支持向量机进行骨龄估计、跌倒监测，依据人脑图像进行痴呆症和抑郁症分类的模式识别任务；采用关联规则分析临床病症与处方之间的关系、不同病症之间的关系；采用深度学习算法找出服用抗精神病药物与心肌炎和心肌病发作的关系，对危及生命的心律失常进行归类，动态检测病人的麻醉深度和控制麻醉药物的用量等。

（七）医学数据分析和结论

医学信息处理需要通过对海量数据的整合分析，为医疗活动及管理的决策提供理论支持，因此，对知识的准确性、可靠性和科学性提出了较高的要求。通过对实验结果进行医学数据分析，可以比对最新的医学研究结论，从临床角度验证方法的有效性。

6.2.4　面临困难

伴随着信息处理技术的日趋成熟，以及其在医学领域应用范围的不断扩大，医学信息处理大数据技术在数据、算法和应用各个层面产生了亟须解决的问题：

（一）数据层面

医学信息处理的数据基础有待加强，主要包括：第一，医学信息处理基础数据资源存在人工标注成本高和难以精准标注的问题。精准标注是高质量医学模型的先决条件，数据集出现偏差或不完整会影响模型训练的效果。第二，医学数据记录具有不完整性、模糊性、冗余性的特点，病例和病案的有限性使医学数据库无法全面地反映患者全部的疾病信息，同时疾病信息的记录和描述具有不确定性和模糊性。此外医学数据库中通常存在大量重复的记录。第三，医学信息具有模式多样性，如何将病历、影像、检验报告及化验结果等大量异质性数据进行整合，从中挖掘出有价值的信息，是医学信息处理需要解决的问题。第四，数据获取和隐私保护也是医学信息处理中的难点，医学信息处理领域缺乏合理的数据共享和数据流通的机制，医学大数据的权属模糊制约着数据共享，数据隐私保护和数据安全问题也值得考虑。

（二）算法层面

医学信息处理的算法研究虽然在国内外已取得较多成果，但研究工作仍存在一些问题，主要包括：第一，医学信息处理的算法研究工作是医学和信息科学领域的深度融合，既需要医学专业知识，也需要深入了解信息处理算法。现有医学信息处理经常是直接将经典的信息处理算法应用于医学临床数据或生物信息数据处理任务中，没有充分考虑医学数据的特点和算法的适用性，从而导致算法的性能不理想。第二，信息处理方法需要在算法层面考虑医学数据的不确定性，解决医学数据中特征相关性问题、类别不平衡问题和噪声问题，这是医学信息处理方法的难点问题。第三，医学信息处理算法得到的结果通常针对某种特定疾病，难以对患者情况进行综合分析，而实际中不同患者患有同一种疾病时的发病症状、生化检验结果和采取的治疗措施都有可能不同，降低了医学信息处理决策结果的适用性。第四，随着医疗信息化的快速发展，临床诊断数据和生物信息数据的数量出现了飞跃式增长，部分数据库（例如基因数据库）具有巨大的数据体量，加大了医学信息处理算法在时间和性能方面面临的挑战。

（三）应用层面

医学信息处理落地实施阶段的应用问题尚需解决，主要包括：第一，医学信息处理需要医学和信息科学领域的深度融合，存在人才短缺、实践经验不足、基础不扎实的问题，人才培养和引进机制需要进一步建立健全。第二，主体责任不清晰，我国尚无法律法规用于界定医学信息处理中人工智能应用的法律地位、责任分担机制及监管对象。医学信息处理的伦理边界复杂，过度的管控会阻碍其创新发展，而管理的缺位又带来应用中主体责任不清晰的风险。第三，规范标准和法律法规相对滞后，医学信息处理所使用的医学大数据缺乏健全的法律规范，医学大数据的归属权、使用权、隐私标准、安全性、责任规范以及法律能否包容创新的错误问题都没有明确的法律指示。第四，应用评估标准缺失，医学信息处理领域缺乏质量标准、准入体系、评估体系和保障体系，无法对临床的数据、算法、计算、安全性和效果进行有效验证和评估，相应的方案体系和标准缺乏，对医学信息处理产品投入市场造成一定阻碍。

6.3 医学信息处理大数据基础资源

医疗系统有其本身复杂的特性，加之医学技术具有较强的实践性、实验性和统计性，是一门验证性科学，这导致医学数据资源的独特性。医学信息处理所需的大数据基础资源蕴含了生物医学研究、临床诊疗过程、医疗保健信息的全部数据，包括纯数据（如体征参数、化验结果）、图像（如 SPECT、B 超、CT）、信号（如肌电信号、脑电信号等）、文字（如病人身份记录、症状描述、检测和诊断结果的文字表述）等。这些基础资源具有多态性、信息不完整性、较强的时间性和冗余性，加之其低数学特征、非规范化形式、医患信息的不对称和涉及较多的伦理、法律问题的特性，这决定了医学大数据基础资源的复杂性。医学大数据资源是进行医学信息处理任务的基础，充分利用医学信息处理技术挖掘隐含在数据中有价值的信息，不仅可以辅助医生进行诊疗活动，还可以使其进行疾病的探索性研究，对医学信息领域的发展具有重要意义。

医学信息处理大数据基础资源根据数据类型的不同，主要分为基因数据资源、医学图像资源、电子健康记录和医学语音记录。医学信息处理大数据基础资源框架如图 6.1 所示，其中基因数据资源包括蛋白质结构数据集 PDB、啤酒酵母基因组数据集 SGD、国际千人基因组计划数据库等；医学图像资源包括多种疾病图像数据集 MedPix、自闭症脑成像数据集 ABIDE、结肠癌 CT 扫描图像数据集 Cancer Imaging 等；电子健康记录包括重症监护医疗数据集 MIMIC、非结构化临床记录数据集 STRIDE、CDC（疾病预防控制中心）数据集等；医学语音记录包括构音障碍医学语音数据集 TORGO、头颈部癌症语音清晰度数据集 NKICCRT、残疾人情感语音数据集 EMOTASS 等。

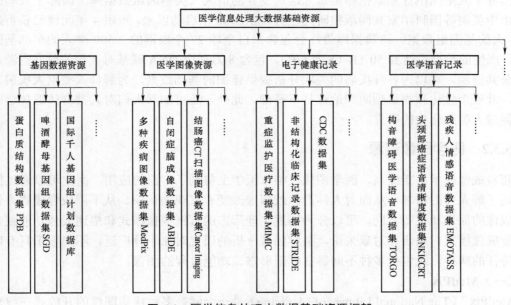

图 6.1　医学信息处理大数据基础资源框架

6.3.1　基因数据资源

基因数据资源是医学大数据资源的重要组成部分。基因数据内容丰富，格式不一，分布在世界各地的信息中心、测序中心以及和医学、生物学、农业等有关的研究机构和大学。其中最主要的是由世界各国的人类基因组研究中心、测序中心构建的人类基因组数据库。随着基因组计划的普遍实施，几十种动物、植物基因数据资源已构建出基因图谱。此外，基因数据资源还包括染色体、基因突变、遗传疾病、分类学、基因调控和表达、放射杂交等各种基因数据集。

（一）PDB

PDB[1]（Protein Data Bank）是全世界最完整的蛋白质结构数据集，主要由 X 射线晶体衍射和核磁共振测得的生物大分子的三维结构组成，位于美国结构生物信息学联合研究所（Research Collaboratory for Structural Bioinformatics，RCSB）。PDB 主要可应用于蛋白质结构预测和结构同源性比较，是进行生物分子结构研究的基本数据依据。

（二）SGD

SGD（Saccharomyces Genome Database）[2]是基因组全序列测定的啤酒酵母基因组数据集资源，包括啤酒酵母的分子生物学及遗传学等大量信息。通过因特网可以访问该数据集的全基因组信息资源，包括基因及其产物、一些突变体的表型，以及各种有关的注释信息。酵母基因组是于 1998 年完成基因组全序列测定的第一个真核生物基因组。SGD 将各种功能集成在一起，生物学家可通过该数据集进行序列的同源性搜索，对基因序列进行分析，注册酵母基因名称，查看基因组的各类图谱，显示蛋白质分子的三维结构，设计能够有效克隆酵母基因的引物序列等。

（三）国际千人基因组计划数据库

国际千人基因组计划数据库是研究遗传变异的最大人类基因组数据库。国际千人基因组计划由中英美等国科学家共同承担研究任务，自 2008 年启动以来，短短 4 年间就已获得超过 1 000 人的基因组数据。该数据库最终会包含来自全球 27 个族群的 2 500 个人的全部基因组信息，产生的数据量达到 50 TB（5 万 GB），包含 8 万亿个 DNA 碱基对。相关数据资源是开放的公共资源，可以为各种疾病的关联分析提供详细的基础数据，为解释人类重大疾病发病机理，开展个性化预测、预防和治疗打下基础。此外，还可加深人们对人类群体遗传学的理解，促进人类进化史的研究。

6.3.2 医学图像资源

随着成像技术不断提高，医学图像在临床医学上得到了广泛的应用，医生可以通过图像直观地了解人体的内部，从而对人体形态或病理改变有直观的认识。从不同成像模式来说，由于成像的原理和设备不同，可以分为描述生理形态的解剖成像模式和描述人体功能或代谢的功能成像模式。从研究对象来说，医学图像分析的研究对象十分广泛，不局限于具有明显诊断特征的病种，还包括多种不同器官解剖形态、功能过程的图像。

（一）MedPix

MedPix[3]（The National Library of Medicine）是一个涵盖多种疾病图像的开放式在线数据集，包括 12 000 多个患者病例、9 000 个主题和近 59 000 幅图像，并集成了图像和文本元数据。该数据集的主要受众有医生、护士、专职医疗人员、医学生、护理学生和其他对医学知识感兴趣的人。数据集的内容按照疾病发生的位置（器官系统）、病理类别、患者档案、图像分类和图像标题来归类，可以通过患者的症状、体征、诊断、器官系统、图像形态、图像描述、关键词、贡献作者和很多其他的搜索选项进行检索。

---

[1] http://www.wwpdb.org

[2] https://www.yeastgenome.org

[3] https://medpix.nlm.nih.gov

（二）ABIDE

ABIDE[1]（The Autism Brain Imaging Data Exchange，自闭症脑成像数据交换）是自闭症脑成像数据集，由 539 名自闭症谱系障碍（ASD）患者和 573 名非患病个体的数据组成。全球有超过 1% 的儿童被确诊为 ASD，但由于 ASD 的复杂性和异质性，仍然未能找到最佳的诊断方法和治疗方案。为了应对这些挑战，大规模的数据样本是必不可少的。但是单个实验室无法获得足够大的数据集来揭示 ASD 背后的大脑机制。而 ABIDE 计划汇总了从世界各地的实验室收集到的功能和结构脑成像数据，用以加速对自闭症的研究和理解。ABIDE 计划包括两个大型数据集，ABIDE I 和 ABIDE II，每个数据集都汇集了超过 24 个国际脑成像实验室的数据，并向世界各地的研究人员免费提供。

（三）Cancer Imaging Archive

Cancer Imaging Archive[2]为用于诊断结肠癌的 CT 扫描图像数据集，包括没有息肉、6～9 mm 息肉和超过 10 mm 息肉的患者的数据，共 825 个病例，每个病例都提供了息肉描述以及其在结肠段内的位置。

Cancer Imaging Archive 在 2008 年发布，起因是 ACRIN 在向 NCI 执行委员会提交关于进行国家 CT 结肠成像试验的提案时，一个案例表明可公开访问的共享图像数据可以为广泛的图像处理研究界提供有价值的研究资产，该提案得到了 NCI 执行委员会的强烈支持。数据集一经发布就引起了广泛关注，并且被应用于各个医学研究中。

（四）DRIVE

DRIVE[3]（Digital Retinal Images for Vessel Extraction）是视网膜彩色图像数据集，共包含 40 个图像，其中包括 7 个病理图像，如渗出物、出血、色素上皮细胞变化等，显示了轻度早期糖尿病视网膜病变的迹象。图像由佳能 CR5 非散瞳 3CCD 相机从 45 度视场拍摄，尺寸为 768 P×584 P，每个颜色通道有 8 bit，并且具有直径约 540 P 的视场，采用压缩的 JEPG 格式存储。该数据集通常被用于视网膜图像中血管分割的比较研究。

（五）OASIS

OASIS[4]（The Open Access Series of Imaging Studies）是一个可用于阿尔茨海默病研究的大脑 MRI 数据集，包含两个横截面数据集和纵向数据集。

横截面数据集为年轻、中年、非痴呆和痴呆老年人的数据，包括 416 名年龄在 18～96 岁的受试者，对于每个受试者都会有 3 或 4 个 T1 加权 MRI 扫描图像。这些受试者都是右撇子，有男性也有女性。其中，60 岁以上的受试者中还包括 100 名已经诊断为患有轻度或中度的阿尔茨海默病的患者。纵向数据集为非痴呆和痴呆老年人的数据，包括 150 名年龄在 60～90 岁的受试者，每个受试者均在两次或更多次就诊时被获取 3 或 4 个 T1 加权 MRI 扫描图像，且就诊相隔时间至少为 1 年。这些受试者均为右撇子，有男性也有女性。在该数据集中，72 名受试者在整个数据采集过程中表现为非痴呆。64 名受试者在整个数据采集过程中表现为痴呆，其中有 51 名受试者患有阿尔茨海默病。另外 14 名受试者在初次就诊时表现为非痴呆，但在随后的就诊时表现为痴呆。

---

① http://fcon_1000.projects.nitrc.org/indi/abide/

② https://www.cancerimagingarchive.net/

③ http://www.isi.uu.nl/Research/Databases/DRIVE/download.php

④ http://www.oasis-brains.org

（六）LIDC

LIDC[①]（Lung Image Database Consortium）是包括胸部 CT 扫描以及病变标记注释的肺部图像数据集。该数据集可以通过网络访问，包含 1 018 个样本，由七个学术中心和八个医学图像公司合作创建，用于肺癌的检测和辅助诊断。每个受试者的数据包括临床的胸部 CT 扫描图像和相关的 XML 文件，其中 XML 文件为经过四名经验丰富的胸部放射科医生两阶段图像注释后的相关结果。LIDC 数据集可以通过互联网供所有研究人员使用，在研究、教学和培训等方面都具有广泛的实用性。

（七）Belarus Tuberculosis Portal

Belarus Tuberculosis Portal[②]（TB）是一个结核病患者 X 射线图像数据库。结核病是白俄罗斯公共卫生的一个主要问题，但通过使用患者的放射图像和临床数据等进行研究，能够大大提高白俄罗斯结核病专家跟踪此类患者的能力，从而提高治疗方案的可行性，并更好地记录治疗结果。在过去几年中，白俄罗斯建立了很多由计算机辅助诊断和治疗肺病的项目，尤其是一个全数字化的远程医疗系统，可以通过 X 射线进行肺部疾病的筛查。由于这些项目的运作，创建了这个大型 X 射线图像数据库，其中包含大约 100 万幅扫描图像和对应结果。此外，项目开发了基于 GRID 的计算机网络，用于支持 CT 和 X 射线图像分析任务，例如检测肿瘤边界、基于内容的肺部图像检索、计算机辅助诊断以及图像数据挖掘等。

（八）DDSM

DDSM[③]（Digital Database for Screening Mammography）是乳腺 X 射线图像数据集，可用于筛查乳腺癌病例。该项目受美国陆军医学研究和物资司令部乳腺癌研究计划的资助，由马萨诸塞州综合医院、南佛罗里达大学和桑迪亚国家实验室共同合作完成。DDSM 数据集包含大约 2 500 项研究，每项研究包括每个乳房的两个图像、患者的相关信息（如年龄、ACR 乳房密度评级、异常的 ACR 关键字描述等）、图像信息（如扫描仪、空间分辨率等）以及可疑区域的位置和类型等信息。项目同时提供了用于访问乳房 X 射线图像及用于运行自动图像分析算法的软件。

6.3.3 电子健康记录

健康记录是对个人的健康、保健和治疗信息，在一定的时间、过程、现象、实际的事件范围内，进行客观真实的记录和存档。健康记录的书面内容通常包括主诉、检验结果、诊断、治疗计划和临床发现，检验结果可包含化验结果和许多其他检查结果的报告，如 X 射线、病理、超声波、肺功能、内镜检查等。

电子健康记录（Electronic Health Record，EHR）则是随着计算机科学的发展，人们对结构良好、容易检索的数据的要求日益增长而出现的。电子健康记录字迹清晰、容易检索和优化结构，并有进一步改善的潜力，但同时对数据采集提出了更高的要求。

---

① https://wiki.cancerimagingarchive.net/display/Public/LIDC-IDRI#

② http://tuberculosis.by

③ http://marathon.csee.usf.edu/Mammography/Database.html

（一）MIMIC

MIMIC[①]（Medical Information Mart for Intensive Care）是一个重症监护医疗数据集，由美国麻省理工学院计算生理学实验室、贝斯以色列迪康医学中心（BIDMC）以及飞利浦医疗共同发布。该数据集包含了 2001—2012 年超过 60 000 名 ICU 患者的数据，由 26 个数据表组成。这 26 个数据表按照内容分为四大类，分别是病人基本信息表、门诊相关信息表、住院 ICU 临床相关信息表以及辅助字典术语信息表。数据内容包括人口统计数据、生命体征测量数据、实验室测量数据、手术数据、药物数据、护理人员笔记、影响报告等。它能够为医生提供患者准确、及时、完整的信息，帮助医生更加准确地诊断患者的病情，减少医疗错误，提供更安全的医疗措施。

（二）STRIDE

STRIDE（The Stanford Translational Research Integrated Database Environment）是非结构化临床记录数据集，包含斯坦福医学中心在数十年的时间内收集的来自 120 万患者的 2 000 万个非结构化临床记录。记录包括病理学、放射学和转录报告。每个患者的记录至少包含 10 个笔记，并且跨越至少 1 年的时间窗口。该数据集环境包含从 1995 年以来的斯坦福大学医学中心的所有临床数据、生物标本数据和连接多个逻辑数据库的研究数据管理平台。该数据集能够用于定量评估一系列临床和流行病学等合并症。

（三）CDC 数据集

CDC[②]（Centers for Disease Control and Prevention）是疾病预防控制中心，包含多个领域的数据，比如生物监测、儿童接种疫苗、流感疫苗、卫生统计、怀孕和接种疫苗、性病、吸烟和烟草使用、青少年接种疫苗、创伤性脑损伤、Web 度量标准、MMWR、暴力受伤等。

（四）DocGraph

DocGraph[③]是一个"医生推荐社交图"，即医生之间的推荐图谱。这些数据有很多用途，比如：对于医院来说，医生推荐数据可以覆盖很多重要的患者数据，例如再入院率等，以便了解哪些转诊模式与门诊设施之间的护理协调不良有关；对于医生来说，医生能够通过使用该数据集确定在哪个位置开设诊所效果更佳；对于政府官员来说，该数据集能够用于制作医疗保健组织实际在社区提供护理的地图，有助于打破在数据监测和验证方面的垄断。

（五）加州大学数据集

加州大学有很多疾病监测和诊断相关的数据集[④]，包括肝脏疾病数据集、甲状腺疾病数据集、乳腺癌数据集、心脏病数据集、淋巴造影数据集、帕金森数据集等。

（1）肝脏疾病数据集：由 BUPA 医学研究有限公司创建，包含 345 个样本，每个样本有 7 维属性，分别是平均红细胞体积、碱性磷酸酶、丙氨酸氨基转移酶、冬氨酸氨基转移酶、谷氨酰转肽酶、每天饮用半品脱（约 284 mL）酒精饮料的数量以及由 BUPA 研究人员创建的用于划分训练集和测试集的字段。

（2）甲状腺疾病数据集：由 Garavan 机构创建的 10 个独立数据集，包含 7 200 个样本，每个样本有 21 维属性。

---

① http://physionet.org/physiobank/database/mimic3cdb/

② https://data.cdc.gov/browse

③ http://linea.docgraph.org

④ https://archive.ics.uci.edu/

（3）乳腺癌数据集：包含 286 个样本，每个样本有 9 维属性，包括年龄、是否更年期、肿瘤大小、患病乳房、患病区域等。

（4）心脏病数据集：由匈牙利心脏病研究所、瑞士苏黎世大学医院、瑞士巴塞尔大学医院、VA 医疗中心创建，包含 303 个样本，每个样本有 75 维属性，包括 ID、姓名、年龄、胸痛类型、是否抽烟、空腹血糖、糖尿病患病史、冠状动脉疾病家族史、心电图是否正常等。

（5）淋巴造影数据集：由南斯拉夫卢布尔雅那肿瘤研究所创建，包含 148 个样本，每个样本有 18 维属性，包括淋巴管是否正常、节点的变化、结构的变化、是否特殊形式等。

（6）帕金森数据集：由牛津大学和科罗拉多州丹佛市国家语音中心合作创建，包含 197 个样本，每个样本有 23 维属性，包括平均声音基频、最大声音基频、基频变化、受试者健康状况等。

6.3.4　医学语音记录

医学语音记录可以协助以客观且具有非侵入性的手段进行病理语音识别。其中的病理语音包括：言语缺陷，一般最常见的先天缺陷是缺唇、腭裂等现象；声带缺陷，指声带由于外伤或由于发育不良、闭合不全等导致沙哑或泄气；语音失常，患者多为成人，由于受过惊吓、震荡或心理刺激，言语的神经系统受损，言语颠倒或脱误，说话困难；言语失常，和语言研究领域有密切关系，如"失语症""口吃"等。

（一）TORGO

TORGO 是一个构音障碍医学语音数据集，由多伦多大学计算机科学和语言病理学系与多伦多儿童康复医院合作创建，受试者为有构音障碍的患者。数据集收集了来自构音障碍发言者的声学和发音演讲，受试者包括脑瘫（CP）、肌萎缩侧索硬化症（ALS）患者和相应的对照组，脑瘫和肌萎缩侧索硬化症是两个最常见的构音障碍因素。TORGO 数据集的目的是收集详细的患者生理信息，从而通过模式识别学习"隐藏的"发音参数。数据集包含了很多视频数据，这些视频数据由用于导出 3D 发音信息的数码相机捕获，其中所有的声学数据均被下采样至 16 kHz。

（二）NKI–CCRT

NKI-CCRT[①]数据集采集了 55 名受试者的录音数据，这些受试者均为头部和颈部癌症且接受了化学放射疗法（Concurrent Chemotherapy and Radio-Therapy，CCRT）的晚期患者。该数据集对录音数据的治疗前和治疗后（10 周和 12 个月）的语音清晰度做记录和感知评估。

（三）EMOTASS

EMOTASS[②]是第一个提供来自残疾人的情感语音录音的数据集，其中包括广泛的精神、神经和身体残疾。数据集由 2018 年 InterSpeech 挑战赛提供，包括 15 名残疾成年人的录音（年龄范围为 19～58 岁，平均年龄为 31.6 岁）。任务是面对非典型展示的五种情绪的分类，录音在日常工作环境中进行，包括大约 11 k 的话语和大约 9 个小时的演讲。

---

① https://www.aclweb.org/anthology

② http://emotion-research.net/sigs/speech-sig/is18-compare

6.4　医学信息处理大数据分析技术

大数据分析技术是最流行的数据分析技术之一，通过大数据分析技术，可以将隐含的、尚不为人所知的同时又是潜在有用的信息从海量的数据中提取出来，建立计算程序以发现规律或模式。各种大数据分析技术已经被广泛应用于电信、保险、环境、金融、医学等数据分析任务中。从被提出之日起，大数据分析技术就被应用到医学数据研究中，随着医学研究对象逐渐从临床诊断数据到生物信息学数据转变，医学信息处理成为大数据分析技术最活跃的研究与应用领域之一。通过医学信息大数据分析技术，分析提取其中有价值的信息和知识，可以实现以数据作为指导和决策，为诊疗提供最佳方案，大幅度提高医学科研能力的目的。

医学信息的大数据处理技术根据处理医学信息数据基础资源种类的不同，主要分为基因序列分析技术、医学图像处理技术、电子病历分析技术和医学语音处理技术。医学信息处理大数据分析技术总体框架如图 6.2 所示，其中基因序列分析集中在基因序列模式以及基因功能的分析，尤其以 DNA 数据分析为重点；医学图像处理主要集中在病变检测、图像分割、图像配准及图像融合四个方面；电子病历分析分为对患者的 EHR 表型进行数据挖掘和利用深度学习算法进行研究；医学语音处理技术在疾病诊断、构音障碍语音识别、医学语音转录等方面有很好的应用。

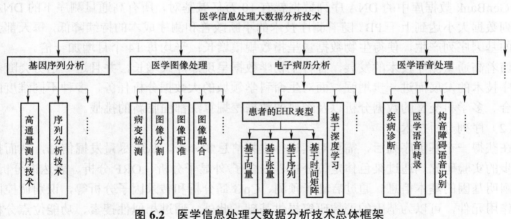

图 6.2　医学信息处理大数据分析技术总体框架

6.4.1　基因序列分析

（一）任务定义

生物医学领域因发展迅速，受到社会的广泛关注，随着基因研究的不断推进以及现代生物技术的不断发展，该领域积累了大量丰富的生物医学数据，这些数据的计算分析变得越来越重要。

基因序列分析是基因工程和分子生物学研究中进行基因的精细结构和功能分析、绘制基因图谱、转基因检测的一项重要手段，也是该领域最重要的技术之一。通过基因分析，可以进行揭示基因和基因组一级结构变化、鉴定基因和基因组变异、分析人工重组基因、确认基因突变、分析物种的遗传多样性、鉴定新物种等工作。

在医疗领域，将生命科学和计算机科学相融合，采用大数据分析方法分析人类基因序列，是重要的研究方向之一。基因分析所得结果可成为研究机构、临床医师等下游医疗服务行业的基础素材。基因分析公司主流业务为采集人类基因序列信息并加以应用，推断出不同客户容易患上何种不同疾病，但是在处理复杂基因数据方面通常力不从心。大数据分析技术让医药公司、研究型大学、医疗行业等下游机构能在其提供的数据之上，进一步摸清基因变异和各种病症之间的关系。

（二）相关工作

（1）高通量测序技术。

基因在遗传学研究中有着重要作用，随着分子生物技术的突破和高性能计算机的问世，基因研究开始进入定量化水平。基因序列分析首先需获取基因序列，现今应用最广泛的测序技术是高通量测序技术。高通量测序技术又称"下一代测序"（Next-Generation Sequencing，NGS）技术，可以一次测定几十万甚至几百万条序列。相对于传统的 Sanger 测序技术，NGS 具有高速、高通量、低价格等优点。高通量测序数据广泛应用于生物学、医学、遗传科学等诸多领域，具有重要研究价值。

许多大型的科学研究项目，如千人基因组计划（1 000 Genome Project）、DNA 元件百科全书计划（Encyclopedia of DNA Elements Project）、国际癌症基因组计划（International Cancer Genome Project）等，正以前所未有的速度产生海量基因序列。截至 2014 年 2 月，仅登记在美国 GenBank 数据库中的 DNA 序列数据就有 10 万亿碱基对，所有高通量测序下的 DNA 短读序列数据大小达到上千 PB。随着测序技术的不断改善和测序成本的持续降低，每天都会有海量的基因序列产生，使得生物数据量呈指数规模增长：平均每 14 个月增加一倍。

随着高通量测序技术的发展，各种生物学数据呈现爆炸式增长，并且这一趋势会随着生物测序技术的发展而进一步增强。面对生命科学领域的大数据分析任务，多种不同维度的数据整合、多学科交叉的数据分析以及经典的数据挖掘算法都面临新的挑战。

（2）序列分析技术。

在获得一个基因序列后，需要对其进行生物信息学分析，从中尽量发掘信息，从而指导进一步的实验研究。通过染色体定位分析、内含子/外显子分析、ORF 分析、表达谱分析等，能够阐明基因的基本信息。通过启动子预测、CpG 岛分析和转录因子分析等，识别调控区的顺式作用元件，可以为基因的调控研究提供基础。此外，通过相似性搜索、功能位点分析、结构分析、查询基因表达谱聚簇数据库、查询基因敲除数据库、查询基因组上下游邻居等，尽量挖掘网络数据库中的信息，可以对基因功能做出推论。

核酸序列分析，有双序列比对（Pairwise Alignment）和多序列比对。双序列比对是指比较两条序列的相似性和寻找相似碱基及氨基酸的对应位置，它是用计算机进行序列分析的强大工具，分为全局比对和局部比对两类，各以 Needleman-Wunsch 算法和 Smith-Waterman 算法为代表。双序列比对工具有 FASTA 和 BLAST，二者是运用较为广泛的相似性搜索工具。这两个工具都采用局部比对的方法，选择计分矩阵对序列计分，通过分值的大小和统计学显著性分析确定有意义的局部比对。使用 FASTA 和 BLAST 进行数据库搜索，找到与查询序列有一定相似性的序列。

在研究生物问题时，常常需要同时对两个以上的序列进行比对，这就是多序列比对。多序列比对可用于研究一组相关基因或蛋白，推断基因的进化关系，还可用于发现一组功能或结构相关基因之间的共有模式。最常用的多序列比对工具为 ClustalW。

基因结构分析是根据基因的 mRNA 序列及基因组序列，进行基因结构的分析，BLAST 和 BLAT 是进行基因结构分析的主流分析工具。

基因序列的常规分析包含原始序列质控分析以及序列拼接、OUT 聚类及其丰度分析、OUT 物种注释及其丰度分析、系统发育树构建、Alpha 多样性分析（多样性指数计算及稀释度曲线图）、Beta 多样性分析（距离矩阵分析、PCoA 分析及样品聚类分析）。高级分析有样本间显著性差异因子分析、特定物种分析、基于样本物种分类及环境影响因子的多元统计分析。图 6.3 展示了基因序列的常规分析结构。

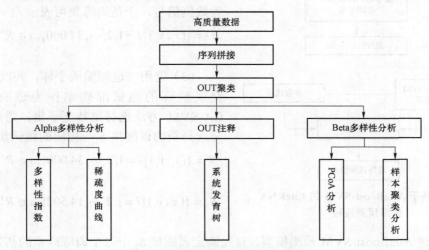

图 6.3　基因序列的常规分析结构

值得注意的是，在对序列进行分析时，首先应当明确序列的性质——是 mRNA 序列还是基因组序列？是计算机拼接得到还是经过 PCR 扩增测序得到？是原核生物还是真核生物？这些决定了分析方法的选择和分析结果的解释。

（三）基于集成学习的人类 LncRNA 大数据基因预测方法

随着生物分析技术的不断推出和更新，生物医学数据迅速积累，这使得利用机器学习方法从海量 RNA 序列中识别出 LncRNA 成为可能。机器学习可以综合序列、结构和表达数据对新的 LncRNA 进行预测，其中支持向量机、随机森林、贝叶斯算法，决策树等监督学习方法已经成功用于预测 ncRNA。CHANG 等构建基于支持向量机的细菌小 ncRNA 的预测模型，利用大肠杆菌小非编码 RNA 数据验证了方法的有效性。也有利用非监督学习对 ncRNA 进行分析和预测，运用上下文敏感的隐马尔科夫链模型预测 microRNA 前体，该模型根据已知 microRNA 前体的序列，自动整合序列特征对未知 microRNA 前体进行预测。

集成学习（Ensemble Learning）是一种通用的机器学习方法，通常是基于多种分类器集成进行最终的决策，可以有效提高分类器的泛化能力。常用的集成学习方法有 AdaBoost 算法和 Bagging 算法。

2018 年于彬等人提出一种基于集成学习的 LncRNA 大数据基因预测新方法。[94]首先提取序列碱基出现频率的 86 个特征作为原始特征集合，其次基于 GA-SVM 选取出最优特征，以 SVM 五折交叉验证的准确率作为适应度，最后构建 AdaBoost 算法与 SVM 相结合的基因

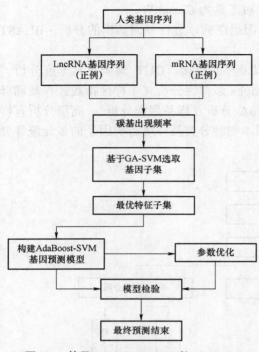

图 6.4 基于 **AdaBoost-SVM** 的 **LncRNA** 基因预测流程

预测模型（AdaBoost-SVM）。基因预测流程如图 6.4 所示。

AdaBoost-SVM 预测方法的步骤描述为：

（1）输入训练集中的人类 LncRNA（正例）和 mRNA（反例）的基因序列数据，以及所对应的类别标签。

（2）根据碱基频率特征，提取 LncRNA 和 mRNA 基因序列的 86 个特征，将碱基序列转化为数值信号，于是训练集可表示为

$$D = \{(x_i, y_i) \mid i = 1, 2, \cdots, 34\,000\}, x \in R^{86}, y \in \{-1, 1\} \tag{19}$$

（3）选用二进制编码个体，并以 SVM 五折交叉验证的测试准确率作为适应度，基于 GA-SVM 方法选择出特征子集，通过交叉、变异选择新的训练集 S_1，相应的测试集为 S_2。

$$S_1 = \{(x_i, y_i) \mid i = 1, 2, \cdots, 34\,000\}, x \in R^{49}, y \in \{-1, 1\} \tag{20}$$

$$S_2 = \{(x_i, y_i) \mid i = 1, 2, \cdots, 14\,502\}, x \in R^{49}, y \in \{-1, 1\} \tag{21}$$

（4）构建 AdaBoost-SVM 预测模型。首先确定训练集 S_1 中每个训练样本的初始化权重为 $\dfrac{1}{34\,000}$，将 S_1 输入 SVM 中；其次计算训练偏差：

$$\varepsilon_i = \sum_{i=1}^{n} D_i(i)\{h_i(x_i) \neq y_i\} \tag{22}$$

通过式

$$D_{t+1}(x) = \frac{D_t(x)}{Z_t} \times \begin{cases} e^{-\alpha_t}, h_t(x) = y, \\ e^{\alpha_t}, h_t(x) \neq y. \end{cases} = \frac{D_t(x)e^{(-\alpha_t, y_t h(x))}}{Z_t} \tag{23}$$

其中：Z_t 是标准化因子，$\alpha_t = \dfrac{1}{2}\ln\left(\dfrac{1-\varepsilon_t}{\varepsilon_t}\right)$，$h_t$ 是弱分类器。

更新权重，错分的样本适当增加该权重，未错分的样本适当降低其权重；再次通过重采样法得到训练样本集对基分类器进行训练，循环迭代 T 次；最后根据公式

$$H(x) = \mathrm{sgn}\left(\sum_{t=1}^{T} \alpha_t h_t(x_t)\right) \tag{24}$$

预测测试集的类别标签。

随着高通量测序技术的发展，采用基于机器学习的生物信息学方法预测 LncRNA 显得尤为重要。

6.4.2　医学图像处理

（一）任务定义

数字化的医学图像是采用医疗数字图像传输协议（DICOM），通过医学图像储存与传输系统（PACS）来进行数据的储存、传输与管理。正是由于 PACS 系统的投入和广泛使用，才使得医学图像数据激增，如何有效处理分析医学图像大数据，并从大规模的图像数据集中提取或挖掘出有用的医学信息和知识备受人们的关注。

从大规模图像数据集的角度，图像信息处理包含图像获取、图像存储、图像压缩、多媒体数据库等领域。从挖掘出有价值的信息和知识的角度，又涉及图像处理和分析、模式识别、计算机视觉、图像检索、机器学习、人工智能、知识表现等领域。信息处理在视网膜图像、人脑图像、细胞图像、皮肤癌图像等医学图像分析方面均取得了较好的研究成果。

医学图像信息处理的关键技术有数据预处理、信息融合技术等。数据预处理是指医学图像数据中包含大量复杂的原始数据，带有大量模糊、不完整且冗余的信息。因此在医学信息处理之前需要对这些信息进行清洗和过滤，以保证数据的一致性和确定性。例如，可以采用数据预处理技术去除或降低图像噪声影响，提高目标图像的质量或对目标组织进行边缘提取。信息融合技术是指医学图像信息中包括文字、波形信号、数据、图像等各种物理属性不同的数据，应采用不同的技术方法进行处理，以达到数据属性的趋同或一致，再对结果进行融合用于分析和挖掘其潜在的信息和知识。

（二）相关工作

医学图像处理的对象是各种不同成像机理的医学图像，临床广泛使用的医学成像种类主要有 X-射线成像（X-CT）、核磁共振成像（MRI）、核医学成像（NMI）和超声波成像（UI）四类。在医疗图像诊断中，主要是通过观察一组二维切片图像去发现病变体，这往往需要借助医生的经验来判定。利用计算机图像处理技术对二维切片图像进行分析和处理，实现对人体器官、软组织和病变体的分割提取、三维重建和三维显示，可以辅助医生对病变体及其他感兴趣的区域进行定性甚至定量的分析，从而大大提高医疗诊断的准确性和可靠性；在医疗教学、手术规划、手术仿真及各种医学研究中也能起重要的辅助作用。医学图像处理主要集中表现在病变检测、图像分割、图像配准及图像融合四个方面。

（1）病变检测。

计算机辅助检测（CAD）是医学图像分析有待完善的领域，在 CAD 的标准方法中，一般通过监督方法或经典图像处理技术（如过滤和数学形态学）检测候选病变位置。病变位置检测是分阶段的，并且通常由大量手工制作的特征组成。采用深度学习的直接方式是训练 CNN 处理一组以病变部位为中心的图像数据。在"GPU 时代"以前，训练时间被描述为"计算密集型"。1993 年，CNN 应用于肺结节检测；1995 年 CNN 用于检测乳腺摄影中的微钙化。1996 年，Sahiner 等人就已将 CNN 应用于医学图像处理。从乳房 X 射线照片中提取肿块或正常组织的 ROI。[95]Setio 等[96]在 3D 胸部 CT 扫描中检测肺结节，并在九个不同方向上提取以候选图像为中心的 2D 贴片，使用不同 CNN 的组合来对每个候选图像进行分类。根据检测结果显示，与其他用于相同任务的经典 CAD 系统相比略有改进。Ross 等人应用 CNN 改进三种 CAD 系统，用于检测 CT 成像中的结肠息肉、硬化性脊柱变形和淋巴结肿大。他们还在三个正交方向上使用检测器和 2D 贴片，以及多达 100 个随机旋转的视图。随机旋转的"2.5D"视图是从原始 3D 数据分解得到的图像，通过采用 CNN 对 2.5D 视图图像检测然后汇总，可以提高检测的准确率。对于使用 CNN 的三个 CAD 系统，病变检测的准确率提高了 13%～34%，而使用非深度学习分类器（例如支持向量机）的 CAD 系统几乎不可能实现这种程度的提升。

（2）图像分割。

医学图像分割指根据医学图像区域间的相似或不同把图像分割成若干区域的过程。处理对象主要为各种细胞、组织与器官的图像。传统的图像分割技术有基于区域的分割方法和基于边界的分割方法，前者依赖图像的空间局部特征，如灰度、纹理及其他像素统计特性的均匀性等，后者主要是利用梯度信息确定目标的边界。结合特定的理论工具，图像分割技术有了更进一步的发展。比如基于三维可视化系统结合 FastMarching 算法和 Watershed 变换的医学图像分割方法，能得到快速、准确的分割结果。

随着其他新兴学科的发展，产生了一些全新的图像分割技术，如基于统计学、模糊理论、神经网络、小波分析、Snake 模型（动态轮廓模型）、组合优化模型等方法。虽然不断有新的分割方法提出，但结果都不是很理想。图像分割研究的热点是基于知识的分割方法，即通过某种手段将一些先验的知识导入分割过程中，从而约束计算机的分割过程，使得分割结果控制在我们所认识的范围内而不至于太离谱。比如在肝内部肿块与正常肝灰度值差别很大时，不至于将肿块与正常肝看成两个独立的组织。

医学图像分割方法的研究具有如下显著特点：任何一种单独的图像分割算法都难以对一般图像取得比较满意的结果，要更加注重多种分割算法的有效结合；由于人体解剖结构的复杂性和功能的系统性，虽然已有研究通过医学图像的自动分割区分出所需的器官、组织或找到病变区的方法，但现成的软件包一般无法完成全自动的分割，尚需要解剖学方面的人工干预。在无法完全由计算机来完成图像分割任务的情况下，人机交互式分割方法逐渐成为研究重点；新的分割方法的研究主要以自动、精确、快速、自适应和鲁棒性等几个方向作为研究目标，经典分割技术与现代分割技术的综合利用（集成技术）是今后医学图像分割技术的发展方向。

利用 2 891 次心脏超声检查的数据集，Ghesu 等结合深度学习和边缘空间学习进行医学图像检测和分割。"大参数空间的有效探索"和在深度网络中实施稀疏性的方法相结合，提高了计算效率，并且与参考方法相比，平均分割误差减少了 13.5%。Brosch 等人研究了 MRI图像的多发性硬化脑病变分割问题，提出了一种 3D 深度卷积编码器网络。它将卷积和反卷积结合使用，其中，卷积网络学习高级别的特征，反卷积网络用于像素级别分割。该方法将网络应用于两个公开的数据集和一个临床试验数据集，并与 5 种公开方法进行比较，获得了优异效果。[97]Pereira 等人对 MRI 上的脑肿瘤分割进行了研究，使用更深层的架构，数据归一化和数据增强技巧，将不同的 CNN 架构用于肿瘤图像。该方法分别对疑似肿瘤的图像进行增强，对核心区域进行分割，最终在 2013 年的公共挑战数据集上获得了最高成绩。[98]

2018 年德国医疗康复机构提出一种具有代表性的基于全卷积的前列腺图像分割方法。用CNN 在前列腺的 MRI 图像上进行端到端训练，可以一次性完成整个分割过程。方法同时提出了一种新的目标函数，在训练期间根据 Dice 系数进行优化。通过这种方式，可以处理前景和背景之间存在不平衡的问题，并且增加了随机应用的数据非线性变换和直方图匹配。实验评估中表明，该方法在公开数据集上取得了优秀的结果，并大大减少了处理时间。

（3）图像配准。

图像配准是图像融合的前提，是公认难度较大的图像处理技术，也是决定医学图像融合技术发展的关键技术。在临床诊断中，单一模态的图像往往不能提供医生所需要的足够信息，常需将多种模式或同一模式的多次成像通过配准融合来实现感兴趣区的信息互补。在一幅图像上同时表达来自多种成像源的信息，医生就能做出更加准确的诊断或制定出更加合适的治疗方法。医学图像配准包括图像的定位和转换，即通过寻找一种空间变换使两幅图像对应点达到空间位置和解剖结构上的完全一致。1993 年 Petra 等综述了二维图像的配准方法，并根据配准基准的特性，将图像配准的方法分为基于外部特征的图像配准（有框架）和基于图像内部特征的图像配准（无框架）两种方法。后者由于其无创性和可回溯性，已成为配准算法的研究中心。

2019 年华中科技大学对基于 PCANet 的结构非刚性多模医学图像配准展开研究，提出了一种基于 PCANet 的结构表示方法，用于多模态医学图像配准。与人工设计的特征提取方法相比，PCANet 可以通过多级线性和非线性变换自动从大量医学图像中学习内在特征。该方法通过利用 PCANet 的各个层中提取的多级图像特征来为多模态图像提供有效的结构表示。对 Atlas、BrainWeb 和 RIRE 数据集的大量实验表明，与 MIND、ESSD、WLD 和 NMI 方法相比，该方法可以提供更低的 TRE 值和更令人满意的结果。

医学图像配准技术的新进展是在配准方法上应用了信息学的理论和方法，例如应用最大化的互信息量作为配准准则进行图像的配准，基于互信息的弹性形变模型也逐渐成为研究热点。在配准对象方面从二维图像发展到三维多模医学图像的配准。一些新算法在医学图像上的应用也在不断扩展，如基于小波变换、统计学参数绘图、遗传算法等。向快速和准确方向改进算法，使用最优化策略改进图像配准以及研究非刚性图像配准是今后医学图像配准技术的发展方向。

（4）图像融合。

图像融合的主要目的是通过对多幅图像间的冗余数据的处理来提高图像的可读性，通过对多幅图像间的互补信息的处理来提高图像的清晰度。多模态医学图像的融合把有价值的生理功能信息与精确的解剖结构结合在一起，可以为临床提供更加全面和准确的资料。融合图像的创建分为图像数据的融合与融合图像的显示两部分来完成。图像数据融合主要有以像素为基础的方法和以图像特征为基础的方法。前者是对图像进行逐点处理，把两幅图像对应像素点的灰度值进行加权求和、灰度取大或者灰度取小等操作，算法实现比较简单，不过实现效果和效率都相对较差，融合后图像会出现一定程度的模糊。后者要对图像进行特征提取、目标分割等处理，用到的算法原理复杂，但是实现效果却比较理想。融合图像的显示常用的有伪彩色显示法、断层显示法和三维显示法等。伪彩色显示一般以某个图像为基准，用灰度色阶显示，另一幅图像叠加在基准图像上，用彩色色阶显示；断层显示法常用于某些特定图像，可以将融合后的三维数据以横断面、冠状面和矢状面断层图像同步显示，便于观察者进行诊断；三维显示法是将融合后数据以三维图像的形式显示，使观察者更直观地观察病灶的空间解剖位置，在外科手术设计和放疗计划制订中有重要意义。

在图像融合技术研究中，不断有新的方法出现，其中基于小波变换、有限元分析的非线性配准以及人工智能技术在图像融合中的应用是图像融合研究的热点方向。随着三维重建显示技术的发展，三维图像融合技术的研究也越来越受到重视，三维图像的融合和信息表达也将是图像融合研究的一个重点。

在计算机辅助图像处理的基础上，开发出综合利用图像处理方法，结合人体常数和部分疾病的图像特征来帮助或模拟医生分析、诊断的图像分析系统成为一种必然趋势。已有一些采用人机交互定点、自动测量分析的图像分析软件，能定点或定项地完成一些测量和辅助诊断的工作，但远远没有达到智能分析和专家系统的水平；全自动识别标志点并测量分析以及医学图像信息与文本信息的融合，是计算机辅助诊断技术今后的发展方向。

（三）基于卷积网络的生物医学图像分割技术

深度卷积网络在视觉识别任务中表现优异，但其对训练集的大小和网络的大小有着苛刻的要求。此外，卷积网络的典型用途是用于分类任务，其中图像的输出是一个类标签。然而，在许多视觉任务中，特别是在生物医学图像处理中，期望的输出应该为每个像素分配一个类标签。此外，在生物医学任务中，数以千计的训练图像通常是遥不可及的。

2015 年，Olaf Ronneberger 等人[99]提出了用于二维图像分割的卷积神经网络 U-Net。U-Net 的网络体系结构如图 6.5 所示。U-Net 是一个 2D 全卷积神经网络，具有对称的 U 型网络结构，左侧为收缩路径，右侧为扩张路径。整个网络具有 4 个 max-pool 层和 4 个 up-conv 层，以及 20 个卷积层。U-Net 架构是一种重复结构，每次重复中都有 2 个卷积层和一个 pooling 层，卷积层中卷积核大小均为 3×3，激活函数使用 ReLU，两个卷积层之后是一个大小为 2×2、步长为 2 的 maxpoling 层。每一次下采样都将特征通道数量加倍。收缩路径每一步都先采用反卷积（up-conv），每次使用反卷积都会使特征通道数量减半，特征图大小加倍。反卷积后，将其结果与收缩路径中对应步骤的特征图拼接起来。对拼接后结果进行两次 3×3 的卷积。最后一层卷积核大小为 1×1。在训练时，采用梯度下降法训练。最后一层使用交叉熵函数与 softmax。交叉熵函数公式如下：

$$E = \sum_{x \in \Omega} w(x) \log(p_{l(x)}(x)) \tag{25}$$

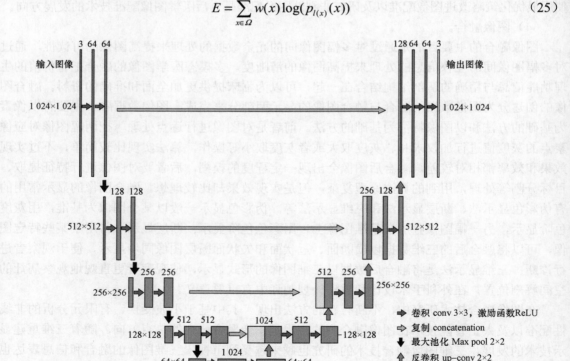

图 6.5　U-net 模型架构（分辨率最低的 32 P×32 P）

为了使某些像素点权重更大，在公式中引入 $w(x)$ 。为每一张标注图像预备一个权重图，补偿训练集中每类像素的不同频率，使网络更注重学习相互接触的组织之间的分割边界。权重计算公式如下：

$$w(x) = w_c(x) + w_0 \times e^{\left(-\frac{(d_1(x)+d_2(x))^2}{2\delta^2}\right)} \tag{26}$$

式中：w_c 是用于平衡类别频率的权重图，d_1 代表到最近细胞边界距离，d_2 代表到第二近的细胞边界距离，基于经验，设定 $w_0 = 10, \delta \approx 5\,\text{P}$。

网络权重由高斯分布初始化，分布标准差为 $(N/2)^{0.5}$，N 为每个神经元输入节点数量。

U-Net 是一个经典的网络设计方式，在图像分割任务中具有大量的应用。也有许多新的方法在此基础上进行改进，融合更新的网络设计理念，但几乎没有人对这些改进版本做过综合比较。由于同一个网络结构可能在不同的数据集上表现出不一样的性能，在具体的任务场景中还是要结合数据集来选择合适的网络。

6.4.3　电子病历分析

（一）任务定义

电子病历（Electronic Health Record，EHR）是以数字格式存储的病人健康信息的系统化采集结果，可以在不同的医疗保健设备和机构之间共享。电子病历收集管理的数据包括人口统计学、病史、用药和过敏、免疫状况、实验室检查结果、放射学图像、生命体征等。

电子病历被认为是高质量护理的关键，许多医疗机构依据患者电子病历中的数据调整护理管理计划来改善医疗水平及护理质量。对电子病历中的多种临床数据的分析已帮助临床医生实现慢性病患者甄别和分层。电子病历大数据分析还可以用于临床患病风险预测，改善医疗质量。

随着电子病历的大量积累，对此类数据的分析使得研究人员和医疗保健机构能够向着个性化医疗的目标更进一步。但是，原始的电子病历数据有其自身的问题，例如高维、时间性、稀疏性、不规则性和不平衡性。这些问题极大地增加了直接应用传统机器学习或统计模型来预测患者潜在疾病的难度。因此，使用更强大的模型来应对风险预测任务中原始电子病历数据所带来的挑战至关重要。

深度学习模型展示了从原始电子病历中直接提取有意义特征的能力，并在包括计算表型、诊断预测、风险预测等任务中取得了优秀的成果，例如使用基于注意力的 RNN 预测心力衰竭疾病，引入 CNN 提取患者就诊的时间特征并预测疾病风险等。

（二）相关工作

在本部分中，我们简要回顾基于电子病历分析技术提升医疗保健水平、改善居民健康状况的工作。一部分是关于患者的 EHR 表型提取，另一部分是医疗保健领域中深度学习的算法研究及其应用。

Hripsak 等人指出，电子表型提取是从患者 EHR 中提取有效表型。[100]这是使用 EHR 执行任何数据驱动的分析任务（例如比较有效性研究、预测建模等）之前的关键步骤，直接使用原始 EHR 会遇到很多挑战。以下根据患者 EHR 的不同表示方法来总结电子表型提取方面的研究。

基于向量的表示方法为每个患者构建信息向量。它的维度等于 EHR 中出现的不同事件的数量，并且每个维度上的值都是特定时间段内相应医学事件的重要统计信息（例如总和、平均值、最大值、最小值等）。使用基于向量的表示，通常将每个表型假定为那些原始医学事件的线性组合，并且通过一些优化程序计算每个医学事件的系数。这种表示的局限性在于它忽略了事件之间的时间关系。

基于张量的表示方法为每个患者构造一个 EHR 张量。张量的每种模式表示特定类型的医疗实体（例如患者、药物或诊断）。Ho 等人[101]提出了一种基于非负张量分解的方法，用于从那些 EHR 张量中提取表型。该方法探索了不同医学实体之间的相互作用，局限性在于它仍未考虑事件的时间关系。

基于序列的表示方法根据每个事件的时间戳为每个患者构造一个 EHR 序列。然后，可以应用频繁模式挖掘方法将时间模式识别为表型。一个问题是，由于患者 EHR 之间的差异很大，因此该方法通常返回大量模式（也称为"模式爆炸"现象）。

基于时间矩阵的表示方法将患者 EHR 表示为时间矩阵，其一维对应于时间，另一维对应于医疗事件。Zhou 等人提出了一种将具有相似时间趋势的医学事件分组在一起的表示方法。但是，他们没有考虑不同事件之间的时间关系。Wang 等人提出了一种卷积矩阵分解方法来检测跨患者 EHR 矩阵的平移不变模式，但是这种方法无法确定最佳模式长度，所以需要枚举所有可能的值。Yu Cheng 等人提出的方法基于时间矩阵表示，使用 CNN 的架构识别重要的表型，并在预测阶段自动给它们赋予权重。

深度学习是机器学习中的一类算法，它们通过使用由多个非线性变换组成的模型架构来对数据进行抽象建模。深度学习模型在计算机视觉和语音识别应用中取得了显著成果，已经显示出从高维、嘈杂的时序 EHR 数据中学习复杂模式的卓越能力。深度学习方法使用多层感知机（MLP）学习表型和 EHR 中医学事件的数学表示。但是，基于 MLP 的模型没有考虑 EHR 数据的时序性质。为了对时序 EHR 数据建模，应用 RNN 来预测患者的健康状况和患者分型，使用 CNN 捕获 EHR 数据的局部时间依赖性，并用于预测多种疾病和其他相关任务。在医疗保健领域，风险预测是一项重要而具有挑战性的任务。Choi 等人使用基于注意力的递归神经网络来预测心力衰竭疾病的风险。Cheng 等人应用 CNN 模型分析离散的患者 EHR 数据。Che 等人在 CNN 模型中使用医学特征的预训练嵌入来提高预测性能，并建立了带有生成对抗网络的半监督深度学习模型，用于患者临床风险预测任务。

（三）基于深度学习方法的电子病历风险预测

Cheng 等人基于患者 EHR 的时间矩阵表示构建了风险预测模型。具体来说，将 EHR 记录建模为与时间关联的事件矩阵，其中水平维度对应于时间戳，垂直维度对应于医疗事件。如果在相应患者的第 j 个时间戳处观察到第 i 个事件，则 EHR 矩阵的第 (i, j) 个元素为 1。但是，与图像和视频不同，不同患者的 EHR 矩阵在时间维度上具有不同的大小，因此标准 CNN 模型无法直接应用此事件矩阵的表示。

下面将介绍解决上述问题的方法的细节。首先介绍基本的 CNN 模型，然后介绍时间融合的 CNN 体系结构。

（1）基本模型。

如图 6.6 所示，基本模型架构是在 CNN 架构的基础上稍作修改。长度为 t 的每个事件矩阵表示为 X 和 $X \in \mathbf{R}^{d \times t}$。令 $x_i \in \mathbf{R}^d$ 为与第 i 个事件项相对应的 d 维事件向量。通常，让 $x_{i:i+j}$ 指代项 $x_i, x_{i+1}, \dots, x_{i+j}$ 的串联。一侧卷积运算涉及一个滤波器 $w \in \mathbf{R}^{d \times h}$，该滤波器被应用于 h

个事件特征的窗口以产生新的特征。例如，特征 c_i 是从事件 $x_{i:i+h-1}$ 的窗口生成的，其中 $c_i = f(w \cdot x_{i:i+h-1} + b)$，其中 $b \in \mathbf{R}$ 是偏差项，f 是非线性函数如 ReLU、Tanh 函数等。此滤波器应用于事件矩阵 $\{x_{1:h}, x_{2:h+1}, \cdots, x_{n-h+1:n}\}$ 中每个可能的特征窗口，以生成特征图 $c = [c_1, c_2, \cdots, c_{n-h+1}]$，其中 $c \in \mathbf{R}^{n-h+1}$。然后在特征图上使用均值池化，并取平均值 $\hat{c} = \max\{c\}$，为每个特征图选取具有最大值的最重要特征。最后一层是具有 softmax 分类器的全连接层。

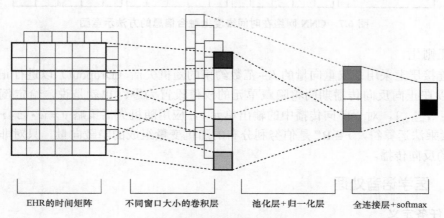

EHR的时间矩阵 不同窗口大小的卷积层 池化层+归一化层 全连接层+softmax

图 6.6　基本 CNN 模型架构

（2）时间融合 CNN。

与静态的图像和文档不同，EHR 数据在时间域上变化很大，时间维度的特征对于预测也很重要。在这一部分中，将每个数据样本视为一系列固定大小的子帧。由于每个子帧都包含几个连续的时间间隔，因此我们可以在时间维度上扩展模型，以学习时间特征，以下描述了 3 种广泛的连接模式。

单帧：单帧结构将 EHR 记录视为静态矩阵，这是在基本模型中提出的架构。不同的部分是增加归一化层。使用单帧结构可以很好地理解静态数据对提升分类准确性方面的影响。

时间早期融合：早期融合模型可在输入层就合并整个时间窗口内的信息。这是通过修改单帧模型中第一卷积层上的滤波器，将其扩展为子帧数 k 来实现的。

时间晚期融合：晚期融合模型在最后的全连接层执行融合。它首先放置几个单独的单帧网络，如图 6.7 所示，晚期融合模型包括自上而下 4 个单帧网络，分别表示全连接层，卷积层，归一层，池化层。而最后三个单帧网络又分别由 5 个子帧构成（由 5 个矩形框表示）。数据从下而上单向流动，并最终在全连接层进行融合。在该模型下，可以容易地检测每个子帧中存在的局部信息。

时间慢速融合：慢速融合模型是两种融合方法的折中，可以在整个网络中逐渐融合时间信息，以便高层可以在时间维度上逐渐获取更多的全局信息。这是通过扩展所有卷积层在时间维度上的连接来实现的。最后全连接层可以通过比较所有层的输出来提取全局模式的特征。

综上所述，所有 3 个时间融合模型都试图将时序信息引入 CNN 模型。后期融合模型可以很好地获取每个子帧中的局部信息，早期融合模型则试图从数据中获取更多的全局信息。慢速融合是早期融合和晚期融合的折中，因此可以同时获取局部和全局时间信息。

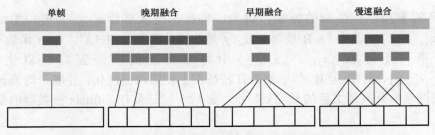

图 6.7　CNN 网络在时间维度上融合信息的方法示意图

（3）正则化。

在全连接层上采用了权重向量的 l_2- 范数约束的随机失活（Dropout）以进行正则化。随机失活可以在正向反向传播期间将隐藏单元的权值设置为零。也就是说，给定倒数第二层 $z = [\hat{c}_1, \hat{c}_2, \cdots, \hat{c}_{n-h+1}]$，对于前向传播中的输出单元 y，应用随机失活策略 $y = w \cdot (z \circ r)$，其中，$\circ$ 是逐元素乘法运算符，$r \in \mathbf{R}^m$ 是伯努利分布的随机变量组成的隐藏向量，只对非隐藏单元进行梯度的反向传播。

6.4.4　医学语音处理

（一）任务定义

语音处理（Speech Processing），又称语音信号处理、人声处理，其目的是对语音信号进行语音辨识处理，应用到手机、电脑甚至一般生活中，使人与机器系统能进行沟通。在医学领域，常用的语音数据有患者录音数据、医学对话数据等。利用语音处理方法对其进行处理分析，在疾病诊断、构音障碍语音识别、医学语音转录等方面有很好的应用。

（二）相关工作

（1）疾病诊断。

构音障碍是一种神经运动性语言障碍，是多种神经系统疾病的常见症状，包括中风、帕金森氏病和脑外伤等。在临床上，构音障碍评估由语言病理学家（SLP）进行，他们主观地测量发音和言语清晰度。由于专业语言病理学家的匮乏，客观而准确地识别构音障碍者的方法被认为是及时和必要的。语音处理分析正成为一种简单而有用的临床决策支持方法，提供了自动诊断症状严重程度的监测方法。Carmichael 等使用多层感知器和决策树对构音障碍的不同形式进行分类，使用计算机化的法国式构音障碍评估（CFDA）配置文件作为输入，本质上是使用声信号处理技术测得关节功能障碍值的向量。Shirvan 等利用遗传算法对语音进行语音分析，以提取和优化帕金森病的特征，并使用 K 近邻（KNN）分类法对数据进行分类，他们将 KNN 应用于从 32 位受试者（23 位受帕金森病影响的患者和 9 位健康受试者）记录的192 个语音信号的数据集中。结果显示了此方法能够对帕金森病（PD）实现高精度分类。Wu使用多层感知器（MLP）人工神经网络对受帕金森氏病影响的语音进行诊断测试。他使用从帕金森氏病患者和健康个体收集的相对较大的语音样本特征数据集来训练 MLP 系统，以在这两种语音类型之间进行准确分类。

儿童期的早期干预可以减少成年人的语言障碍。传统上，根据语言病理学家对儿童语音清晰度评估来进行语言障碍的诊断，既昂贵又耗时。Rosdi 等[102]提出了一种使用模糊 Petri网对语音障碍进行自动语音清晰度检测的分类方法。该方法可以提高特征识别能力，能够提高自动语音清晰度检测器对语音障碍儿童的辨别能力。

Du 等提出了一种用于特征提取和表示的深度学习方法，并结合了词袋方法进行分类，从声学方面对精神健康进行自动评估。

（2）构音障碍语音识别。

大多数传统的构音障碍语音识别系统都基于结构化方法。例如，基于 HMM-GMM 的方法使用隐马尔可夫模型（HMM）对语音信号的顺序结构进行建模，并使用高斯混合模型（GMM）对波形的频谱表示分布进行建模。但是，基于 HMM-GMM 的系统需要训练大量数据，这对于在训练中使用的轻微音调异常语音来说是无效的。因此，在发音异常的语境中不能轻易地应用这些方法。

由于深度神经网络（DNN）架构的发展，病理语音处理领域在 HMM-GMM 的有效替代方法上取得了重大突破，该方法可以更好地识别构音障碍性语音。例如，Kim 等人采用长短期记忆递归神经网络以说话人独立的方式对构音障碍语音进行建模，并利用卷积神经网络来提取有效的局部特征。

Hu 等提出基于门控神经网络（GNN）的构音障碍语音识别系统，允许将声学特征与视觉特征以及可选的基于音高的韵律特征进行稳健的集成。他们设计了用于英语和粤语的系统，其中使用串联的 86 维对数滤波器组和音高特征为混合训练集训练了独立于说话者的 GNN 声学模型。

（3）医学语音转录。

患者（甚至可能是护理人员）与医生之间的医学对话具有几个不同的特征：① 涉及多个说话者（医生、患者以及偶尔的护理人员），对话重叠且与麦克风的距离不同，音质也不同；② 涵盖了从口语到复杂的领域特定语言的各种语音模式、口音、背景噪声和词汇。自动语音识别（ASR）必须处理长格式的内容，该内容将临床上的重要信息与随意的聊天声交织在一起。由于缺乏用于构建系统的大量干净的、经过整理的数据，因此开发用于医疗对话的 ASR 系统变得更加复杂。

Edwards 等人通过使用相对较小的医学语音数据（270 h）构建基于神经网络的语音识别系统，并针对医学转录专家进行了基准测试。语音识别系统已经在临床问题回答任务上进行了评估，结果显示，使用语言模型进行域自适应可以显著提高口译临床问题的准确性。使用众包输入数据进行语言模型自适应已显示出可提高医疗语音识别系统的准确性。端到端语音模型的最新发展提供了有力的替代方案，听力和拼写（LAS）模型是一种端到端模型，能够学习作为 ASR 模型本身一部分的语言模型。LAS 模型对于噪声非常稳健，不需要语言模型。

（三）使用长短期记忆网络诊断构音障碍

2019 年 Mayle 提出了使用带有长短期记忆（LSTM）单元的递归神经网络（RNN），根据基于音节发音的样本来确定普通话说话者是否患有构音障碍。

给定一个音频片段 X，其中包含普通话音节的发音，该模型将产生一个标签 Y，当且仅当说话者患有构音障碍时该标签为正。图 6.8 说明了单个训练样本通过所提的模型架构的路径。

首先将原始波形 X 预处理为梅尔频率倒谱系数（MFCC）特征向量 $X' = \{x_1, \cdots, x_t, \cdots, x_T\}$，其中原始输入 X 之间的 MFCC 帧数 T 可以不同。MFCC 向量 x_t 是通过 25 ms（跨度为 10 ms）的滑动窗口创建的。每个 MFCC 向量 $x_t = \{\theta_1, \cdots, \theta_n, \cdots, \theta_N\}$ 由 N 个系数组成，其中 $N=13$，除

非特别说明。归一化这些值以使所有训练样本中每个系数 θ_n 有零均值和单位方差。在 MFCC 序列 X' 上运行 LSTM，并将最后的输出 h_T 提供给逻辑回归层。

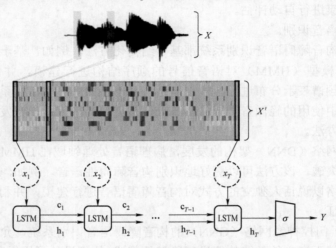

图 6.8　长短期记忆网络模型架构

Mayle 对 LSTM 模型的几种变体进行了实验，包括添加层和使用双向 LSTM。对于具有一层的模型，使用 L2 正则化。两层模型在 LSTM 层之间以及最后的 LSTM 层与逻辑回归之间采用了 dropout。双向 LSTM 网络对数据执行两次并发传递：从左到右和从右到左。将两次通过产生的输出向量进行级联，并馈送到逻辑回归层。

训练数据由 69 位普通话说话者的音节记录样本组成，其中包括 31 名患有构音障碍的母语为普通话的说话者（男 19 例，女 12 例），他们的年龄介于 25～83 岁（平均值±标准差：56.74±16.40 岁）。第一个实验将数据集中的整个音节集改组并分别使用 2:1:1 的比例将其划分为训练集、测试集和验证集。由于数据集是按音节级别划分的，因此同一个患者的不同音节有可能分属训练、验证和测试集。因此，在测试时出现的音节可能来自在训练时观察到的患者。使用音节级别的准确性评估时，所有 LSTM 架构的性能均优于完全连接的神经网络架构，双向 LSTM 稍稍落后于单向 LSTM。第二个实验通过对说话者进行划分来创建训练和测试集。这样，一个人的音节不可能同时出现在训练集和测试集中。为对音节级别和说话者级别进行评估，实验构造了三个 LSTM 模型。从数据集中删除带有复合元音的音节时，所有模型的 AUC 均超过 90%。此外，发现通过增加倒频谱系数的数量可以提高 LSTM 模型的性能。尽管这些方法作为独立的医学测试可能尚不实用，但它们确实表明 LSTM 网络可以为实现自动构音障碍诊断提供有效的途径。

6.5　医学信息处理大数据分析应用案例

大数据分析在医学信息处理领域的应用可以为疾病的诊断和治疗提供科学的决策，总结各种医治方案的疗效，更好地为医院的决策管理、医疗、科研和教学服务，已越来越被人们关注。其应用范围越来越广阔，包括精准医疗、远程医疗、疾病预测、疾病辅助诊断、疾病预后评估、新药研发、健康管理、医学图像识别等。在实际的医学信息领域应用中，针对具体的医学基础资源和不同的应用目标，往往要将几种大数据分析技术综合起来，以发挥各自的技术优势。与此同时，随着人们生活水平的提高、保健意识的增强以及我国医疗体制改革的深入，医学信息处理大数据分析应用的潜在市场也十分广阔。如何更好地利用大数据分析应用提供全面的、准确的诊断决策和保健措施，已成为促进医疗发展必须面对的挑战。

本部分选取的大数据背景下的医学信息处理应用案例为精准医疗、糖尿病健康促进系统、老年人健康综合评估系统和远程医疗。其中，精准医疗包括院前精准预处理、院内精准疾病诊治和院后精准康复管理，基于大数据的精准医疗服务包括精准诊断、精准治疗和精准药物；糖尿病健康促进系统包括患病风险评估、指导方案建立和干预评估指导；老年人健康综合评估系统包括身体机能、患病状态、心理状态、生活环境的健康评估；远程医疗包括远程会诊、远程病例诊断、远程医学影像诊断、远程监护等。

6.5.1　精准医疗

（一）模式简介

伴随着 2003 年人类基因组计划的完成，个人基因组、肿瘤基因组、环境基因组学和基因测序技术得到了空前的发展。此外，生物和医学领域拥有着海量的大数据储备，在医疗卫生事业领域的密切信息交流中得到了极大的丰富和整合。在此背景下，医学诊断模式发生了革命性的变化，精准医疗作为一种新的医疗模式开始被人们了解。

精准医疗，是一种以个体化医疗为基础、随着基因组测序技术的快速进步及生物信息与大数据科学的交叉应用发展起来的新型医学概念与医疗模式，它在本质上是通过基因组、蛋白质组等组学技术、医学前沿技术、大数据和信息科学技术，对于大样本人群与特定疾病类型进行生物标记物的分析、验证与应用，从而精确寻找到疾病的原因和治疗的靶点，并对一种疾病不同状态进行精确的亚分类，最终实现对特定患者匹配个性化精准治疗方案。简单地说，精准医疗是根据病人个体化特征，制定个性化的精确治疗方案，通过分子生物学指标实现个性化的医疗服务。

精准医疗的实施使得医疗模式完成了从粗放型向精准型转变，同时实现了推动医学科技、大数据和信息科学的进一步融合和交叉。近几年来，国内外政府和企业已经开始了精准医疗背景下的战略与科学研究部署。美国前总统奥巴马于 2015 年 1 月 20 日发表了题为《精准医疗计划》的倡议书，尝试通过收集基因组学和其他分子学信息，攻克肿瘤耐药性难题；中国政府组建了中国精准医疗战略专家组，针对恶性肿瘤、高血压、糖尿病、出生缺陷和罕见病创建精准治疗方案。精准医疗在多种疾病进行的分子分型诊断，以及依据分子生物学检测结果进行的个体化治疗中，产生了显著的效果，能够有效地延长患者的生存时间，改善他们的生存质量。

精准医疗作为下一代诊疗模式，对生物医药行业具有极其重要的意义。这种诊疗技术将传统的医学方法和现代信息技术紧密结合，在细分人群的基础上，能够科学地解读和人体机能及疾病本质密切相关的生物大数据，从而实现"正确的时间，正确的人，能够使用正确的药物"。

（二）总体架构

医疗的任务是保障人体健康，精准医疗的意义在于更加有效地实现这一目标，从疾病发展过程来看，精准医疗的医疗体系可分为院前精准预处理、院内精准疾病诊治和院后精准康复管理，总体架构如图 6.9 所示。

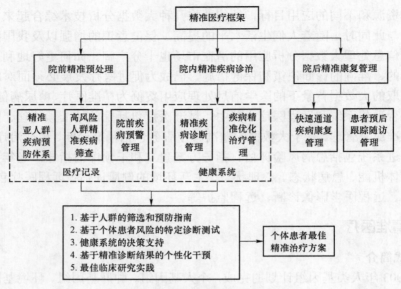

图 6.9　精准医疗总体架构

（三）功能特点

在院前管理和院内诊治阶段，涉及精准医疗中最复杂同时也最关键的步骤，即疾病分型。在精准医疗中，人们倾向于应用遗传学或生物学方法，在基因或分子水平将疾病进行细分，最终得到精准的治疗方案。因此，院前预处理系统中包含完善的医疗信息库，存储着地域、季节、环境、人群特征等流行病学数据，这是院前管理最为重要的一部分。利用信息技术，人们可以对医疗信息库中大量样本人群的家族病史、特殊习性嗜好和分子遗传特征等信息进行筛选、处理，建立人群或个体的疾病预防框架，从而提升预防成效，降低发病率，有利于人群健康。

疾病精准诊治信息整合系统可被分为两部分，分别为疾病精准信息诊断管理系统及疾病精准优化治疗管理系统。这两个系统都是基于大量诊断仪器等纯技术因素和循证医学、个性化医学的研究方法，进行精准诊断，可以为医生提供大量的病情数据，帮助快速准确地进行病情诊断，同时也可以在治疗手段的选择上提供决策支持。

精准院后康复管理系统包含患者的预后跟踪随访数据，该系统的目的是精准掌握患者的康复状况，同时也能够提供个性化康复指导。

（1）技术特点。

一般来说，精准医疗技术主要包括基因组学类技术、信息类技术等领域。基因组学类技术是指基因组学、蛋白质组学、代谢组学、转录组学等领域的相关技术，是生物学研究和临床精准医疗的热点和基础。基因组学类技术主要包括生物芯片技术、第二代测序技术、Panomics 技术、Nano String 技术等。在本书中，主要介绍精准医疗的信息类技术，其本质在于生物大数据信息库的建立。基于大数据的精准医疗服务包括精准诊断、精准治疗和精准药物。

① 精准诊断。精准诊断主要指的是分子诊断。其过程包括：首先，通过电子病历等系统或者技术实现患者临床信息的完整收集。同时利用生物样本库等进行患者生物样本信息的完整采集；其次，使用基因测序平台来采集患者的分子层面信息；最后，利用以大数据为基

础的生物信息学分析方法对所有信息进行整合分析和可视化展现，最终形成精确的临床诊断报告。在精准诊断领域，较好的应用包括肿瘤基因检测和精准外科等。

② 精准治疗。这一环节是指对患者信息及患者样本的收集，以及利用组学和大数据分析技术，针对大样本人群与特定疾病类型，实现生物标记物的分析、鉴定、验证、应用，从而精确寻找到病因和治疗靶点，为临床决策提供精准的支持和依据。精准治疗已成为肿瘤治疗的新趋势，也正在逐渐渗透到其他临床疾病治疗中。

③ 精准药物。精准药物是精准医疗中最为本质的体现，它是指根据疾病种类不同对靶向特异性药物进行研发，利用基因组中的个体差异来实现个性化用药。在临床疗效方面靶向特异性药物已经取得巨大进展，但是在药物毒性和治疗抵抗领域仍然面临着巨大挑战。

精准医疗的技术体系主要有生物样本库、生物信息学、电子病历和大数据分析技术。前三个方面是精准医疗的前提条件，最后一个则是实现精准医疗的关键。

生物样本库也叫作生物银行，为精准医疗提供重要的组学数据和临床医学信息，是精准医疗重要的组成部分。其通过统计学、分子生物学和计算机科学等领域的方法，同时结合组学技术来开展疾病研究，分析生物样本，发现和验证生物标志物。生物样本库具有类型多样性，常见的有组织库、器官库、细胞株（系）库、基因库、疾病数据库等。

生物信息学综合利用统计学、分子生物学和计算机科学，来存储和分析生物数据，研究重点包括基因组学、蛋白质组学、蛋白质空间结果模拟和药物设计等。大数据应用在生物信息学中，主要是指数据存储、计算框架及高效的数据利用，以便收集和分析生物学信息。主流的生物信息学技术包括 Hadoop 及 MapReduce。通过结合患者信息和实验结果，人们可以使用生物信息学方法发现蛋白质、基因、代谢产物等生物标志物，从而确定药物设计方案和诊疗方案。

在使用生物信息学方法之后，得到的生物标志物需要临床数据与患者样本数据相结合。故电子病历需要承载和整合生物信息数据、临床数据、患者基本信息等信息的功能，从而为分子信息分析以及其他数据分析奠定基础。电子病历数据主要包括实时健康数据、体检及基因检测数据、历史疾病数据、健康消费行为数据等。在精准医疗中，电子病历可以提供大量研究群体的信息，同时也可以降低研究成本。

（2）处理模型特点。

利用数据挖掘等大数据分析技术方法可以对医疗云、服务器集群等数字化平台中存储的精准医疗大数据进行分析，并可视化展现给患者、医生、生物制药公司等不同的用户。其中精准医疗的数据挖掘框架如图 6.10 所示。

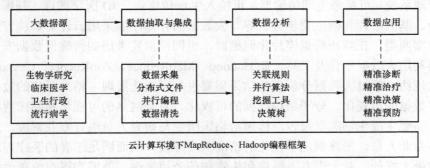

图 6.10　精准医疗的数据挖掘框架

DNA 测序已经具有了能精确检测单个核苷酸、细胞或分子的分析技术，常规化应用高通量的基因芯片及蛋白芯片标志着人们能够得到不同疾病的基因分型，特定患者的分子疾病谱绘制也已逐渐成为临床诊疗中的重要部分。然而上述检测中会产生大量数据，这些数据的管理、储存、挖掘和处理问题需要得到解决，随着大数据技术的发展，精准医疗得到了强大的技术支持。如在临床中，通过跟踪，对比（PET）/CT、（SPECT）/CT、MRI 及 CT 检查结果，能够很容易地监测和评估病情的发展和药物的疗效，为个体化治疗提供依据。

对基因大数据的分析是精准医疗大数据分析的一个重要方面。基因大数据分析较为有效的方法有路径分析和基因网络重建等。路径分析指的是对某个特殊基因集合中的基因异常表达效应进行的分析，主流的方法及工具有 Onto-Express、Go Miner、Clue Go 等。而基因网络重建是指对高通量测序技术测得信号进行分析，从而重建规则网络。规则网络会影响大部分细胞的生物过程，从而会对人体生理状态造成影响。较为主流的基因网络重建方法及工具包括 Recon 2、Boolean methods 等。随着精准医疗的不断发展，基因大数据分析还需要考虑应当如何与电子病历数据、生物样本库数据等进行结合。

和传统医学信息大数据处理相类似，以下为精准医疗大数据处理具有的三个基本特点：① 海量数据；② 需求的快速性；③ 数据类型的多样性。医疗信息化的发展带来了医疗数据的不断产生并积累，以及医疗数据规模的不断增大。新的数据类型也在不断出现，如 3D/4D 图像数据等。伴随着大数据处理技术的进步，尤其是可视化和云计算技术的逐步成熟，海量数据的获取、存储、分析和应用变得更为便捷。精准医疗数据处理模型如图 6.11 所示。

图 6.11　精准医疗数据处理模型

应用不同的平台工具，人们可以实现实时收集数据。精准医疗的数据收集工具有电子病历、药物管理系统、可穿戴生理传感器、可植入生理传感器、3D 医学图像、基因测序仪、组学检测平台、基因芯片和微生物学分析等。大数据的存储一般采用云计算解决方案和服务器集群解决方案两类，在解决数据碎片化问题时，也同样需要考虑如何确保数据安全。大数据分析则主要利用大数据平台及工具，如 Hadoop、MapReduce、ZooKeeper、Cassandra 等，进行数据转化规约。经过大数据分析后的结果需要进行可视化展现，精准医疗的数据可视化主要包括测序数据的可视化、分子结构数据的可视化、复杂网络的可视化和临床数据的可视化等。最后，需要生成生物医学报告，传递给临床医生与研究人员进行专业解读，之后再传递给医疗服务专业人员，最终制定个性化的精准医疗方案，从而满足患者的医疗需求。应用大数据分析的最大好处，对于患者、医生和生物制药公司来说，能够实现在改善治疗过程的质量和效率的同时，节省时间和精力成本。

（3）保障体系特点。

精准医疗需要高性能的保障体系，其中的信息基础设施，一般指数据生成、存储、分析、展现过程中的软硬件和网络设施。

① 数据生成。在精准医疗中，需要使用大量的人群数据进行研究，需要对患者的各项参数数据进行分析，也需要患者个体各项数据和药物数据等进行参考匹配。一般来说，精准医疗中的数据生成设施包括智能健康监测设备、电子病历系统、基因测序平台、电子健康档案系统等。

② 数据存储。为使精准医疗能够顺利进行，需要收集并存储数据生成设施产生的海量数据，以便之后进行进一步的数据分析和使用。要满足精准治疗，必须保证数据的准确性、全面性和可比较性，这对精准医疗的数据存储设施提出了很高的要求。主要的精准医疗数据存储设施包括医疗云、服务器仓库等。

③ 数据分析。适用于精准医疗的数据分析的设施主要包含组学、生物信息学、大数据的数据分析方法，如癌症基因组学技术、基因芯片技术、高性能计算技术、数据挖掘技术等。

④ 数据展现。基因数据、临床数据等需要通过相关软件处理分析，生成生物信息学报告，经过临床医生充分解读，才能最终得到有价值的信息，为患者提供精准和个性化的服务。常用的数据展现工具包括 Excel 表格、Google 文档、集成的基因组数据查看器、临床数据集成云平台等。

6.5.2　糖尿病健康促进系统

（一）系统简介

随着世界各国社会经济发展和居民生活水平的提高、生活方式改变和人口老龄化，糖尿病患病率在世界范围内呈上升趋势，已成为最常见的慢性非传染性疾病之一。国际糖尿病联盟（IDF）最新统计数据表明，在全球范围内，20～79 岁成人中约有 8.8%（范围为 7.2%～11.4%）的人患有糖尿病，这意味着全球现已有至少 4.15 亿糖尿病患者，糖尿病及其并发症更呈现世界性上升趋势，糖尿病已发展成为 21 世纪全球性的重大公共卫生问题。为实现 2 型糖尿病高危个体的早发现，通过个性化干预辅助提高干预效果，达到 2 型糖尿病高危人群的健康促进的目的，北京理工大学信息与电子学院信息系统及安全对抗实验中心建立了面向 2 型糖尿病的糖尿病健康促进系统。

（二）总体架构

面向 2 型糖尿病的糖尿病健康促进系统的总体架构如图 6.12 所示。

（三）功能特点

在面向 2 型糖尿病的糖尿病健康促进系统总体架构中，风险筛查、疾病诊断和风险预测属于风险评估理论与技术研究，其主要目的是评估个体当前和未来发病的可能性；指导方案建立是针对不同风险人群在一定干预策略下，预测其患病风险等级的变化和干预效果及效益，旨在评估个体患病风险后，通过模拟仿真评估不同干预方案的效果，针对不同个体建立个性化干预方案；干预评估与指导则是在干预仿真研究基础上，针对不同个体选取的最优干预方案，从膳食、运动、用药三个方面对个体干预进行跟踪、评估及指导（根据具体情况进行单项或综合性干预），旨在延缓或避免糖尿病的发生、发展。

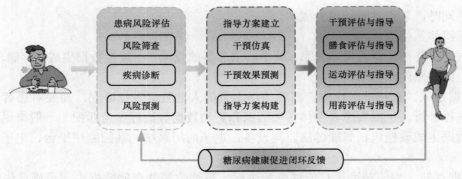

图 6.12　糖尿病健康促进系统的总体架构

（1）患病风险评估。

患病风险评估是描述和估计某一个体未来可能发生糖尿病的风险状态、影响因素和变化趋势所做的分析和推断。疾病风险评估是专家学者的研究热点，但研究主要倾向于死亡风险的评估，对疾病发生风险的评估模型较少且不完善，较为成熟的只有心血管疾病风险评估和糖尿病风险评估。糖尿病风险评估是用于描述和估计某一个体发生糖尿病或因为糖尿病导致死亡的可能性，常用于筛检大于 18 岁的人群。通过糖尿病风险评估，不仅可以减轻医护人员的工作量和工作压力，还可以使个体综合认识健康风险、激发个人改变不良的生活方式、制定个体化健康干预措施、评价干预措施的有效性等。风险评估方法分为风险分级和风险预测。

① 风险分级：糖尿病风险分级是指采用常规体检指标实现对未诊断的潜在糖尿病人群的发现以及对未患病人群当前患病风险的评估，旨在实现糖尿病的早发现、早治疗的策略。风险分级相关研究使用的样本量集中在 500～30 000 人，其中，大多集中在 1 000～5 000 人范围内，共计 16 项。相关研究中使用的变量个数大多在 3～8 个，最常采用的变量是人口统计学变量和体质变量，其中人口统计学变量包括年龄、性别和种族，体质变量包括腰围、BMI 和腰臀比。某些研究中还包括与生活方式相关的变量，包括膳食、吸烟以及运动等指标。基于侵入性及非侵入性指标，可构建用于辅助医疗诊断的糖尿病风险评估模型。例如：阿曼糖尿病风险评估模型和中国糖尿病风险分级模型均将患病风险划分为四个风险等级（无风险、低风险、中风险和高风险）；芬兰糖尿病分级模型根据个体风险得分的不同将患病风险划分为五个等级（低风险、较低风险、中风险、较高风险和高风险）。本部分将以北京理工大学信息与电子学院信息系统及安全对抗实验中心研发的面向 2 型糖尿病的糖尿病健康促进系统为例，介绍 2 型糖尿病风险分级模型。

该模型研发由中国"十二五"国家科技支撑计划及国家自然科学基金支持，基于 16 246 名研究个体，构建 2 型糖尿病患病风险四级判定模型，其算法原理如图 6.13 所示。

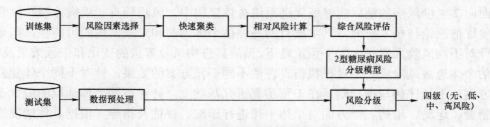

图 6.13　2 型糖尿病风险分级模型算法框架

　　风险因素选择的目的是筛选与糖尿病发生相关的特征,使用 C4.5 决策树及多元逻辑回归完成,并综合考虑特征采集的难易程度,确定最终的评估所用特征。数据原始特征维度为 96 维,经过人工属性初筛,去除无用特征(如 ID 号等)后保留 57 维进行风险因素选择。将研究个体划分为五组:① 全人群;② 全部男性;③ 全部女性;④ 50 岁以下;⑤ 50 岁及以上。分别对五组样本使用 C4.5 构建决策树,分类标签为个体是否患有糖尿病。在构建的多棵决策树中,特征所在的分裂点越靠近根节点,其重要度越高。与此同时,使用 57 维属性构建多元逻辑回归模型,将具备统计学显著相关($P<0.05$)的特征视为风险因素。最终,年龄、舒张压、高密度脂蛋白、腰围、性别、胆固醇、家族史、身体质量指数、甘油三酯同时被两种算法选中,确定为分级模型的输入特征。另外,值得注意的是,C4.5 决策树中,空腹血糖及其分裂值 5.85 mmol/L 多次在靠近根节点的位置出现(六次出现在前八层,四次出现在前两层),说明该值对判断糖尿病患病风险有极高的参考价值,即空腹血糖大于 5.85 mmol/L 的个体应判定为高危风险。

　　快速聚类可基于风险因素将研究个体重新划分为多个簇,使得同族个体在风险因素特征空间尽可能相近,而异族个体尽可能远离,有助于实现对具备不同特点的人群构建个性化风险分级标准,提高判定的准确性。该步骤首先需对数据进行归一化处理,进而使用快速聚类方法对个体间的差异性进行计算。通过多次不同簇数的聚类实验,使用 R^2 值评价聚类结果,以确定最佳簇数(3 类),并避免聚类算法随机初始化的影响。

　　相对风险计算在快速聚类后的三组人群中分别进行,包含以下两个步骤:① 计算每个个体的糖尿病患病风险;② 根据个体所在组别的年龄及性别分布情况,计算其组内的相对风险(RR)。使用逻辑回归计算个体及人群患病风险,并基于年龄(20 至 75 岁,每 5 岁一组)、性别将人群划分至 24 组,以计算个体相对风险 RR 值。

　　综合风险评估考虑个体空腹血糖水平及其相对风险,结合各组内一定的判别规则,给出个体的糖尿病患病风险分级结果,其流程如下:

综合风险评估流程:

```
if(GLU>5.85){
risk status=high risk;}
else {
if(RR>2.2){
determine the degree of fitting the relative criteria {
if(degree==3)risk status=high risk;
else if(degree==2)risk status=medium risk;
else if(degree==1)risk status=low risk;}
}
else {
risk status=non risk;}
}
```

　　上述判定过程均由 C++语言实现。基于该风险分级模型,构建基于 B/S 架构(浏览器/

服务器）系统，面向用户提供便捷的糖尿病患病风险分级服务（RSD）[①]，系统界面如图 6.14 所示。

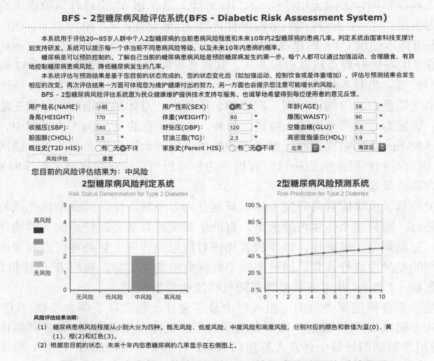

图 6.14　北京森林工作室研发的 2 型糖尿病风险评估系统界面

② 风险预测：风险预测是指预测个体未来一定时间内发生糖尿病的可能性，属于基于队列数据的预后研究，旨在了解个体患病风险的未来态势，有助于改善个体生活方式和饮食方式，实现减缓甚至避免 2 型糖尿病的发生。

与风险分级研究不同之处在于，风险预测是基于队列研究的，个体患病情况受时间、地域以及遗传等不同环境的影响，所以该研究采用的变量的种类和数量相比于风险分级更多。风险预测相关研究根据使用的变量种类的不同划分为：基于非侵入性指标、生化指标和遗传信息指标的预测模型。

基于非侵入性指标的预测模型，其采用的因素大多是人口统计学指标和体质指标，有些也包含一些饮食、运动相关的因素或家族史等因素。这些模型的 AUC 基本都在 0.7~0.8 范围内，但是也有相关研究的 AUC 小于 0.7。这些研究基本上仅采用 3~4 个指标用于预测，对于采用的非侵入性指标，选用的因素数量与模型精度具有相关性。在所有模型中，仅有 FINDRISC 模型和 German Diabetes Risk Score 模型的 AUC 超过 0.8，但是其中 FINDRISC 模型是针对采用药物治疗的人群作为模型输入，排除了没有服用药物的人群，所分析的人群具有一定的局限性。而 German Diabetes Risk Score 模型仅选用分类变量作为模型输入，风险评分均是整数，一定程度降低了模型判别的差异性。

基于生化指标的预测模型是指不仅采用非侵入性指标，还包含代谢综合征指标，如胆固

---

① http://www.isclab.org.cn/rsd/RSDAssess.php

醇、甘油三酯、高密度脂蛋白等。研究表明，在风险预测模型中加入代谢综合征指标会提升预测准确度，例如：Atherosclerosis Risk Score 模型在加入脂类指标后，模型 AUC 可以从 0.71 提升到 0.80（$P<0.001$）；Framingham 模型在年龄、性别、BMI 基础上加入高密度脂蛋白和甘油三酯，模型 AUC 可以从 0.72 提升到 0.85。总的来说，在非侵入性指标的基础上，加入生化指标可以提升模型的预测效果。

与以上两个方面研究相比，基于基因遗传信息指标的预测模型的相关研究较少，均是针对单核苷酸多态性和多核苷酸多态性对风险预测作用的研究。Malmo Project、Botina 与 Rotterdam 研究结果表明，单核苷酸多态性对风险预测的准确度没有提高，相反，多核苷酸多态性在年龄、性别等非侵入性指标的基础上对模型精度提高有一定作用。针对基因遗传信息的预测模型可以从糖尿病发生角度发现关键因素，但对于人群筛查意义较小。

综上所述，模型选取因素的不同会降低风险预测在使用过程中的实用性和精度，选用非侵入性指标可利于风险预测模型的使用，可以不通过常规体检或是计算机的相关计算和判别，仅通过调查的形式实现，便于实施。但是，模型的精度和实用性是对立的，如果保证实用性，则一定会降低模型的精度，反之亦然。

接下来主要介绍一种基于 Markov 模型的 2 型糖尿病发病概率预测方法。该方法利用朴素贝叶斯算法计算风险等级概率向量，通过属性选择以后的属性子集：空腹血糖值、体质系数、胆固醇、甘油三酯、腰围、性别、糖尿病家族史和年龄构建预测模型。实验结果与阿基米德模型预测结果对比表明，该模型能够预测样本较长时期的 2 型糖尿病发病概率，预测方法简单、准确率高。

基于 Markov 的 2 型糖尿病发病概率预测方法原理如图 6.15 所示。

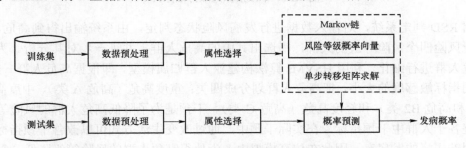

图 6.15　基于 Markov 的 2 型糖尿病发病概率预测方法原理

采用朴素贝叶斯算法进行风险等级概率向量的计算，该算法要求各个属性之间相互独立。经实验验证，在朴素贝叶斯分类准确率最高情况下的属性子集，包含空腹血糖值、身体质量指数、胆固醇、甘油三酯、腰围、性别、糖尿病家族史和年龄 8 维属性。这 8 维属性集合彼此之间相对独立，是计算风险等级概率向量的最优属性子集。Markov 链由于无后效性特点，对历史数据要求不多，而被广泛应用到各个领域的预测模型中。Markov 模型不需要从预测因子中寻找各因素之间的相互规律，只需要考虑事件本身历史状况的演变特点，所以 Markov 模型在糖尿病发病概率的预测中具有实用性。用式 $\boldsymbol{P}_n^{\mathrm{T}} = \boldsymbol{P}_0^{\mathrm{T}} \times \boldsymbol{Q}^n$ 计算经过多次转移之后的处于各状态的概率。式中：$\boldsymbol{P}_n$ 表示经过 n 次转移之后的状态概率向量；$\boldsymbol{P}_0$ 表示初始状态概率向量；$\boldsymbol{Q}$ 表示单步状态转移矩阵。将 2 型糖尿病发病过程分为无风险、低风险、高风险和发病四种状态，初始状态概率向量 $\boldsymbol{P}_0$ 是一个 4×1 的矩阵向量，状态转移矩阵 $\boldsymbol{Q}$ 是一个 4×4 的矩阵。

基于 Markov 链的预测方法能够有效地预测 2 型糖尿病的发病概率，从而达到早发现、早注意、提前干预的目的，可以充分降低或延缓 2 型糖尿病的发生，大大节约治疗成本；同时，对于不同的干预方案（如改变膳食习惯、加强体育锻炼等），实施一段时间后再次应用该模型就可以定量评估其干预效果，再通过调整干预方案不断提升其效果。此外，该方法是假定初始概率不变情况下的发病概率预测，事实上随着社会的发展，人们的饮食行为习惯会有所改变，其初始概率和转移概率也会发生变化，因此，研发在线学习模型将有助于追踪人群疾病发展态势，提高风险预测效果。

（2）指导方案建立。

① 干预仿真：准确选取干预指标，能够使干预措施更有针对性，提升干预效果。针对高危横截面数据的干预指标的选取及验证方法是通过定性分析和定量计算相结合方式，分别训练高危人群干预指标的选取和验证模型。在模型的构建过程中，采用机器学习和数学统计方法，利用 H-SVMs 算法构建亚人群归属模型，在不同的子人群中分别定量调整各自的干预指标，再分别计算各子人群中从高危状态转移到较低风险状态（中危、低危和无风险）的概率。对干预指标进行验证，其算法原理如图 6.16 所示。

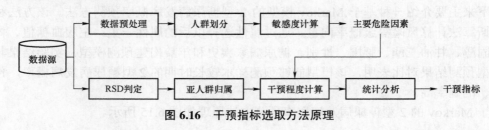

图 6.16 干预指标选取方法原理

利用 RSD 判定系统，对输入数据进行发病风险状态判定，由系统输出得到高危、中危、低危和无风险四个风险等级的人群，筛选出其中的高危人群，并进一步对其分析。为了进一步对高危人群进行细化，利用 HSVMs 算法构建亚人群归属模型，即根据高危人群一般特点，结合不同指标敏感度的大小，把高危人群划分成四类：重度高危（高危 A 类）、中度高危（高危 B1 类和高危 B2 类）和轻度高危（高危 C 类）。干预是为了降低高危人群的风险等级，并合理调整各子人群中干预指标。在实际干预中，通过改变生活方式可以改善干预指标，进而降低 2 型糖尿病的发病率。因此在仿真模拟中，为使得高危人群的风险等级降低，需要把干预指标调整到合理值。通过模拟调整干预指标的大小，分别计算各子人群中保持高危的比例和转移到其他风险等级（中危、低危和无风险）的比例，分别统计干预指标调整后的各子人群中，保持高危状态或转移到较低风险状态（中危、低危或无风险）的人数和比例，对调整干预指标后的各个子人群进行分析。

② 干预效果预测：2 型糖尿病一旦发病难以治愈，在发病前对高危人群进行干预，能够有效降低发病率，提高生活质量。但在通常情况下，相关研究大多是采用跟踪随访的方式，需要等到干预周期结束后才能知晓干预效果如何，而且干预周期一般为半年或一年，甚至更长时间，如果干预结束后发现干预效果不理想，可能会延误病情。因此，在干预初期预判出干预后的效果，不但能够节省时间，而且能够提高干预效率。

干预效果预测就是对 2 型糖尿病高危人群干预效果进行模拟预测分析，结合高危人群的身体状况，使得在干预初期能够预知整个干预周期结束后的效果，有利于有效使用资源，提高干预效率,预测通过定量计算和统计分析相结合的方法分别训练高危人群的模拟预测模型。在模型构建过程中,采用机器学习和数学统计方法,利用 C4.5 算法构建计算状态转移概率的模型,分别计算调整敏感度位于前两位的指标和增加调整干预指标对风险降低的影响,然后基于 BP 神经网络算法预测血糖值,最后再计算状态转移概率,给出干预预测结果。高危人群干预效果模拟预测方法原理如图 6.17 所示。

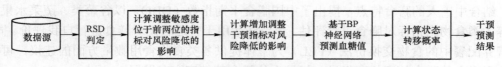

图 6.17　高危人群干预效果模拟预测方法原理

风险等级判定与干预效果预测分析方法可为糖尿病高危人群干预实施提供从整体上了解人群风险程度与干预效果的技术支持,便于有效利用资源,提高干预效率。

③ 干预指导方案构建:2 型糖尿病高危人群干预分析主要包括三部分:干预指导、干预效果评估和制定干预指导方案,其原理如图 6.18 所示。

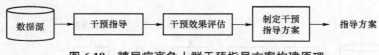

图 6.18　糖尿病高危人群干预指导方案构建原理

首先采集体检数据,接着对采集来的数据进行干预指导,这部分主要包括:RSD 判定、高危人群的亚类归属、确定干预指标及计算干预指标的干预程度,然后进行干预效果评估,最后制定两种干预指导方案,一种面向干预指导者,另一种面向干预对象。

输入体检数据,同时把已输入的数据存储到数据库中,然后通过 RSD 系统进行高危筛查,如果是高危个体,则该个体需要干预,如果是非高危个体,则不需要干预。对于高危个体,先进行高危亚类归属,确定其所属的子人群,选取干预指标,并计算干预指标的干预程度,然后计算高危风险下降的转移概率,最后给出干预指导建议;对于非高危个体,直接给出无须进行干预的指导建议。

在高危人群干预指标和干预效果研究的基础上,结合实际应用需求,进行 2 型糖尿病高危人群干预指导方案构建。可以对体检数据进行高危筛查、亚类归属、确定干预指标、计算干预程度和风险降低的转移概率,并结合个人运动和膳食习惯,制定干预指导方案,有助于实现有效干预。

(3) 干预方案实施。

在对 2 型糖尿病发病高危风险个体进行干预时,可构建膳食评估系统,为其提供膳食结构、能量调控及个性化膳食指导。

① 膳食结构合理性的衡量。国内外的许多研究者在营养研究方面做了许多卓有成效的调查研究工作,总结出许多膳食评估和指导方法,诸如 HEI、DQI 等。但是,由于我国居民膳食结构较为复杂,不同于欧美国家,因此,许多国外膳食评估和指导方法并不适用于我国国情。我国在膳食营养方面的研究工作大多是针对人群开展的,未能结合个体实际情况提供个性化的指导。此外,调查发现我国只有少数提供个体膳食评估和指导的系统工具,而且大部分系统工具仍采用对个体膳食中单一营养素进行评估这种不易在实际膳食中操作的方法给

予评估指导。采用单一营养素或食物组指标只能反映膳食某一方面的状况和问题，不足以说明各营养素之间复杂的交互作用。伴随着人们对营养问题的关注逐步从营养不良转向营养失衡而引起的相关慢性疾病以及总体膳食的质量，研究不应只考虑单因素分析，而应更多地关注多因素交互及危险因素的分析。

基于上述现状，何宇纳等人[103]以中国居民膳食指南及平衡膳食宝塔中各类食物推荐量为依据，结合中国人的膳食特点，提出了中国膳食平衡指数（DBI），以谷薯类、蔬菜水果、禽畜肉等各类食物为指标对膳食进行评估。该方法适用于普通居民对膳食进行自我评价。同时，结合营养配餐中的食物交换份法（FEL）为个体提供各类食物食用数量方面的建议，可以很好地实现对个体膳食的评估和指导，指导个体膳食朝健康方向发展。

针对不同的能量水平，采用与之相匹配的评估规则计算膳食质量距离（DQD），从而得到相应的个体 DBI 得分。DBI 表示膳食平衡指数，其得分越高，膳食结构合理程度越高。DBI 评估的原理如图 6.19 所示。由于 DBI 各指标是针对生食的数量进行评估，因此需要先将采集到的食物中的熟食换算成生食数量，才能在下一步根据 DBI 指标体系对膳食进行分类统计。

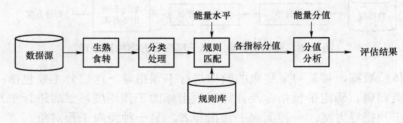

图 6.19　DBI 评估原理

② 结合个体 BMI 的膳食能量评估。在膳食评估方面，结合个体 BMI 的膳食能量评估方法，针对不同个体对能量所需摄入量的不同提出相应的膳食能量评估标准，利用能量营养曲线对能量评估结果进行评分和量化，解决了膳食能量评估标准较单一化的问题。应用于实际人群中进行测试，其平均误差为 1.69%，能够为个体膳食能量摄入进行准确评估并进而为膳食干预提供一定的指导。个体膳食能量评估方法原理如图 6.20 所示。

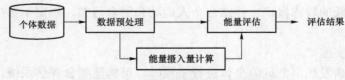

图 6.20　个体膳食能量评估方法原理

将个体膳食能量评估方法应用于个体膳食能量评估方面具有更加准确、个体化的评估效果。在评估个体膳食能量合理性方面不仅考虑到个体能量消耗量与摄入量的平衡，还考虑到不同个体 BMI 的差异导致的能量适宜摄入量的不同，从而能够实现以膳食能量评估结果来指导个体体型朝更加健康的方向发展的目标。

个体膳食总体的合理性是建立在能量的基础上，个体膳食能量评估方法能够有效地对个体膳食能量进行评估，进而对个体膳食能量的摄入起到重要的指导作用。

③ 基于 FEL 理想食谱的个性化膳食指导。在营养学中，营养配餐是常用的膳食指导方法之一。所谓营养配餐是指结合人体需求和食物中各种营养物质的含量，设计一天、一周或一个月的食谱，使人体摄入的蛋白质、脂肪、碳水化合物、维生素和矿物质等几大营养素比例合理，达到平衡膳食。营养配餐的目的和意义在于将各类人群的膳食营养素参考摄入量具体落实到用膳者的每日膳食中，使他们能按需要摄入足够的能量和各种营养素，同时又防止营养素或能量的过高摄入。可根据群体对各种营养素的需要，结合当地食物的品种、生产季节、经济条件和厨房烹调水平，合理选择各类食物，达到平衡膳食。

针对食物交换份法的优缺点，通过一种结合 DBI 指标体系的改进的食物交换份法，可以生成相应的 FEL 模板，再将之前得到的个体膳食评估各项结果通过构建的决策树选择相应指导模式，结合 FEL 各类食物交换表生成最终的膳食指导方案。

基于 FEL 的膳食指导算法原理如图 6.21 所示，主要包括能量需求量计算、改进的食物交换份法、指导结果生成这三部分。

图 6.21　基于 FEL 的膳食指导算法原理

在营养配餐中进行基于改进 FEL 的膳食指导，将 DBI 指标体系应用到 FEL 模板生成过程中；通过个体能量需要量便可在模板中搜索到各类食物所需的份数，再结合先前个体膳食评估各项结果构建的决策树选择相应的指导模式，生成最终的膳食指导结果。这对合理膳食、促进饮食健康具有重要意义。

6.5.3　老年健康综合评估系统

（一）系统简介

老年健康综合评估是指从多维度评估老年人整体健康水平的评价方法。老年健康综合评估起源于 20 世纪 70 年代英国一家大型慢性病医院，当时是指一个由多学科团队共同诊断的过程，可以对老年人的医疗、心理、功能等多方面进行评估，并提出一个综合协调的治疗和长期随访计划。这种评估方式很快在医院得到推广普及，并且逐步拓展应用到社区、养老院、护理之家中，成为老年医疗和老年保健管理领域的重要手段。区别于传统医疗评估，老年健康综合评估具有"两多"的特点：一是"多维度"评估，尤其是身体机能、心理状态评估，有助于实现全面评估；二是"多学科"，传统医学与信息学团队共同协作，提高评估和实施效果。

（二）总体架构

一般来说，老年健康综合评估主要包含四个维度的内容，分别是身体机能、患病状态、心理状态、生活环境，如图 6.22 所示。

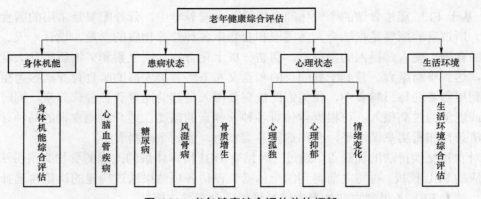

图 6.22　老年健康综合评估总体框架

（三）功能特点

（1）身体机能评估。

老年人随着年龄的增长，身体机能的状况会出现下降的趋势，每个人大体能够了解自己的身体状态，但是无法量化地评估身体机能。而老年人身体机能主要反映在躯体功能上，它包括步速、认知、睡眠、二便、慢性病、听力和视力 7 维属性。这 7 维属性从四肢、五官、思维和身体精神状态等方面构成一个近似完整的整体，因此通过 7 维属性评估老年人身体机能，能真正体现一个老年人的身体状态。

本部分主要介绍一种基于 PageRank 算法的老年人身体机能评估方法。其算法框架如图 6.23 所示。

图 6.23　老年人身体机能评估模型算法框架

评估属性体系由步速、认知、睡眠、二便、慢性病、听力和视力 7 维属性构成。每维属性具体情况和取值结果如下：二便（排尿和排便困难取值为 0，只有其中一种取值为 1，两者都没有取值为 2）、步速（0～0.65 取值为 0，0.66～1 取值为 1，1.01～＋∞ 取值为 2）、认知功能（MMSE 量表得分 0～9 取值为 0，10～20 取值为 1，21～26 取值为 2，27～30 取值为 3）、睡眠质量（"不好"取值为 0，"一般"取值为 1，"好"取值为 2）、慢性病（"有"取值为 0，"无"取值为 1）、视力障碍（"有"取值为 0，"无"取值为 1）、听力障碍（"有"取值为 0，"无"取值为 1）。

PageRank 本质上来说输出的是网页的概率分布，用来表示随机点击一个网页跳到其他网页的概率。如果在整个网络中只有四个网页 A、B、C、D，每个网页的初始概率值都是 0.25。网页 B、C、D 能链接到网页 A，如图 6.24 所示。

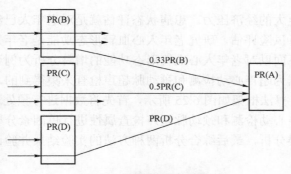

图 6.24　网页链接示意图

从图 6.24 中可以得到网页 A 的 PageRank（PR）得分值：

$$\text{PR(A)} = \frac{\text{PR(B)}}{3} + \frac{\text{PR(C)}}{2} + \frac{\text{PR(D)}}{1} \qquad (27)$$

而真实的网络中网页数量很大，带来的首要问题就是——矩阵稀疏性问题。通过每次迭代计算，所有网页中，部分网页的 PageRank 值越来越大，而大部分网页的 PageRank 值会逐渐趋向于 0。为了解决上述问题，采取平滑处理的方法，引入参数 β 来调整网页的 PageRank 分数值。公式调整为：

$$\text{PR(A)} = \frac{\beta}{4} + (1-\beta)\left(\frac{\text{PR(B)}}{3} + \frac{\text{PR(C)}}{2} + \frac{\text{PR(D)}}{1}\right) \qquad (28)$$

如果将所有网页的 PageRank 值放到一起，则组成了一维向量，用字母 $\boldsymbol{A}$ 表示，矩阵 $\boldsymbol{B}$ 表示网页与网页之间的链接关系，矩阵 $\boldsymbol{B}$ 中的元素 b_{ij} 表示网页 i 到网页 j 的链接数。上述单一网页的结果可以推广到所有的网页中。PageRank 的计算公式可以表示为：

$$A_i = \left[\frac{\beta}{N} \cdot I + (1-\beta)\boldsymbol{B}\right] \cdot A_{i-1} \qquad (29)$$

i 代表迭代的次数，如果 A_i 和 A_{i-1} 差异比较小，即两次迭代的差异接近于 0，整个算法的迭代过程终止。借用 PageRank 算法的思想，利用协方差矩阵表示属性之间的相关性，作为算法的输入，列向量表示的物理意义即为属性重要性的权值。如果属性与其他属性相关性较强，则属性被赋予较高的权值；如果属性与其他属性相关性较低，则属性被赋予较低的权值，因此属性权值的高低会对个人身体机能得分的大小造成影响。协方差矩阵经过转置后作为整体算法的输入，用 $\boldsymbol{B}$ 表示。

身体机能综合得分计算：

$$\text{score} = \sum_{i=1}^{n} \frac{x_i}{\max(x_i)} \times W_{x_i} \qquad (30)$$

式中：n 代表属性的个数，x_i 代表每维属性得分值，$\max(x_i)$ 代表每维属性的最大值，W_{x_i} 代表每维属性的权重。

（2）患病状态评估。

随着社会老龄化的加剧，老年人健康问题受到越来越多的关注，而心脑血管疾病是威胁老年人健康的首要疾病。我国的心脑血管疾病患者数量高居世界第一，由心脑血管疾病引起的死亡已经占到总死亡人数的 1/4，其高发病率、高死亡率、高致残率、高复发率给家庭、社会乃至国家带来了巨大的经济压力。患病状态评估就是对老年人已经患有的疾病以及可能在近期患上的疾病进行风险评估，研究老年人心血管形态功能是老年人患病状态评估中极具代表性的重要内容。下面以对老年人心血管形态功能的增龄分析为例进行简单介绍。

本例中使用的数据为超声心动检测和颈动脉超声检查采集得到的，利用这些数据进行深层次的增龄特点分析。算法框架如图 6.25 所示，首先将数据进行预处理，再以划分后的年龄段为自变量分别对超声心动检测和颈动脉超声检查属性进行单因素分析，并利用 K-means 聚类方法对数据进行聚类分析，最后综合分析两种方法的实验结果并验证各心血管功能形态属性的增龄特点。

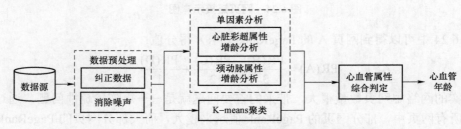

图 6.25　老年人心血管形态功能的增龄分析算法框架

单因素分析中分别对心血管形态功能属性中的连续数据和离散数据进行均值、标准差或者百分比的增龄变化描述，得出年龄与各属性的变化趋势。使用单因素方差检验显著性。

使用 K-means 聚类方法，对数据空缺值填充及归一化后分析，得到了各属性随增龄的变化程度排序。相较于单因素的年龄段硬性划分，聚类过程中没有对年龄加硬性条件。同时，各心血管属性的增龄变化程度排序是通过对比归一化后的各属性的均值差的绝对值得出，消除了量纲对计算结果的影响。尤其需要强调的是，聚类方法的使用是为了增龄分析，所以与其他 K-means 算法有两点不同：初始值选择根据年龄设定，初始类心的值由年龄选择的样本值决定；K-means 归一化属性中不包括年龄，人为地增大年龄在聚类过程中的重要性，避免聚类后各类的年龄差异较小，不能用于增龄分析。

（3）心理状态评估。

老年健康不只是老年人的身体健康，老年人的心理健康也具有同等重要的地位。老年抑郁症是老年人常见的心理疾病，具有高发病率、高致残率等特点，严重影响了老年人生活质量。下面以老年人抑郁症风险评估为例对老年人心理状态评估进行简单介绍。

老年人抑郁症患病风险评估的算法框架如图 6.26 所示，其中包括训练模块和测试模块，

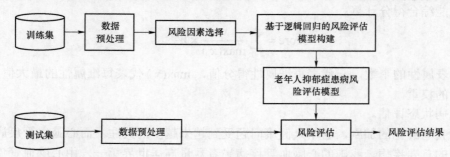

图 6.26　老年人抑郁症患病风险评估的算法框架

训练模型需要首先对数据进行预处理，然后采用逻辑回归方法构建老年人抑郁症患病风险评估模型；在测试集下进行测试，对模型进行验证及对比分析。

在所选择的训练数据上构建逻辑回归模型并训练，得到老年人抑郁症患病风险评估模型。风险评估值的计算方式为各个属性的值乘以风险评估模型对应的系数，并选择 ROC 曲线下面积 AUC 最大时的评估值为切点。

（4）生活环境评估。

生活环境是人类赖以生存的重要因素，其对老年人健康的重要程度不言而喻。WHO 提出，老年人健康评价的主要指标不只是死亡和患病，研究表明，生活环境与老年人身心健康和生活质量密切相关，老年人生活环境评估对老年人健康综合评估起到重要的作用。

针对老年人生活环境评估介绍一种基于线性加权的评估方法，评估模型构建如图 6.27 所示。首先，基于老年人健康管理数据库，结合专家意见构建评估指标体系；其次，利用熵权法对评估属性进行赋权；最后，运用线性加权法构建生活环境评估模型。

图 6.27　老年人生活环境评估模型

6.5.4　远程医疗

（一）系统简介

远程医疗融合了现代医学、计算机技术、通信技术等，是一种全新形式的医疗方式，主要目的是提升诊断与医疗水平，降低医疗开支，以更好地满足人们在保健方面的需要。远程医疗技术结合各基层医院不同需求，构建地区卫生信息系统平台，促进三级和二级医院及一级社区医疗服务机构的业务、信息、数据通道的畅通，使电子病历和检查信息实现共享，同时在基层医院的医师有需要时，与上级医院专家进行连接，一同对病患病情进行探讨，由此共同制定出最适合和高效的诊疗方案，突破地域局限性；还可利用远程手术，让权威专家无须走进手术室便可对患者实施手术指导，随时处理手术中所遇到的各类难题。除此之外，可以实施远程医学教学，对医护人员实施优质高效的培训学习，由此提高基层医护工作者服务水平和专业能力。

远程医疗重点是由业务监管、远程医疗服务及运维服务这三大体系所构成，利用公网收集会诊工作站、专家会诊网和专家会诊工作站中的各类图像及文本信息等相关医学内容，通过移动医疗云、远程医疗数据中心、交换系统/视频会议管理系统，把所在地区内的所有家庭和社区、基层医院和各个综合医院组合成一组数据平台，由此形成资源的整合，让全省，甚至是全国都能得到最佳的医疗服务。

远程医疗以计算机技术、遥感、遥测、遥控技术为依托，充分发挥大医院或专科医疗中心的医疗技术和医疗设备优势，对医疗条件较差的边远地区、海岛或舰船上的伤病员进行远距离诊断、治疗和咨询，旨在提高诊断与医疗水平、降低医疗开支、满足广大人民群众保健需求。按应用范围不同，远程医疗可分为全球、国际区域、国内、地区、医院、社区以及家庭远程医疗。

远程医疗技术已经从最初的电视监护、电话远程诊断发展到利用高速网络进行数字、图像、语音的综合传输，并且实现了实时的语音和高清晰图像的交流，为现代医学的应用提供了更广阔的发展空间。

（二）总体架构

基于大数据的远程医疗总体架构如图 6.28 所示。

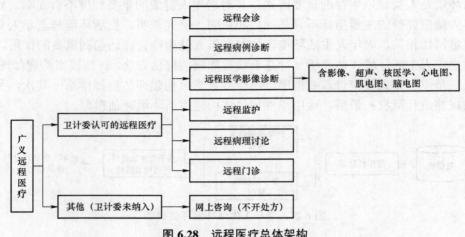

图 6.28　远程医疗总体架构

（三）功能特点

（1）基本功能规范。

随着远程医疗服务的广泛应用，国家层面对远程医疗的管理规范、实施程序、责任认定、监督管理等做出明确规定。依托信息化技术开展远程医疗服务，是提高基层医疗服务水平、解决基层和边远地区人民群众看病就医问题的有效途径之一。中共中央、国务院《关于深化医药卫生体制改革的意见》《卫生事业发展"十二五"规划》和《国务院关于促进信息消费扩大内需的若干意见》等文件都对此提出了明确要求。

《远程医疗信息系统基本功能规范》规定了远程医疗信息系统的功能构成、功能要求以及系统总体要求。

远程医疗信息系统功能包括基本业务功能、扩展业务功能和系统管理功能。

远程医疗信息系统基本业务功能包括远程会诊、远程预约、远程双向转诊、远程影像诊断、远程心电诊断、远程医学教育六类，所有远程医疗信息系统必须具备以上这些功能，缺一不可。

远程医疗信息系统扩展业务功能包括远程重症监护、远程手术示教、远程病理诊断三类，有条件的医院可选择其中的部分或全部功能实施。

系统管理功能包括对基础数据和业务数据的管理，是对各级医疗机构、医务人员以及患者信息资源进行统一管理，并与其他各个功能子系统对接，实现基础数据和业务数据的存储、交换、更新、共享以及备份。系统管理功能包括权限管理、医疗卫生机构数据管理、科室数据管理、专家数据管理、病历数据采集与存储、随访管理、财务管理、统计分析、功能协作与数据交互九类。

（2）远程医疗体系的特点。

远程医疗是世界上发展十分迅速的高新技术应用领域之一，已在全球卫生行业得到了广泛的重视和应用，并逐渐成为一种为政府、医院管理者、医学专家和患者及其家属普遍接受的新型医疗服务模式。远程医疗不仅能提高医院知名度，取得良好社会效益，还能给医院带来很大的经济效益，有人称其为 21 世纪七大最有前景的产业之一。

远程医疗服务的实施和现代通信技术的发展有着密切的联系，该技术出现于 20 世纪 50 年代末的美国，从 60 年代初期一直到 80 年代中期该技术被视为第一代远程医疗，但是在该阶段远程医疗技术的发展较为缓慢。随着现代通信技术水平的不断提高，从 80 年代末期开始进入了第二代的远程医疗。美国是开展远程医疗研究较早的国家，最早研制的远程医疗系统用于对宇航员进行无创伤性监测和战场伤病员急救。此后，医疗机构开始应用远程医疗，并逐步开展了远程会诊、远程咨询、医学图像的远距离传输、远程控制手术等项目。西欧、日本和澳大利亚等对远程医疗的发展也高度重视，纷纷投入巨额资金进行远程医疗信息技术的研究开发。国外远程医疗主要应用于开展远程会诊和治疗，利用各种通信线路（如 ATM、ISDN、PSTN 等）借助电视会议或其他通信系统进行医学服务；进行医学资料计算机管理和网络化，共享医学数据；一些西欧国家已研制并试用包含基本医疗信息 IC 卡，使任何一家联网医院都可以得到有关患者的最新治疗信息。我国从 20 世纪 80 年代开始远程医疗的探索，已经有多个远程医疗网络和机构在应用。

随着医学技术和计算机网络通信技术的发展，医疗信息化不仅仅局限于提供远程医疗，而且扩大到了远程卫生和数字化卫生的范畴。相比而言，远程医疗主要指从生理方面对患者实施诊疗；远程卫生不仅指治疗患者的生理疾患，而且包括维护患者心理的健康，范围更加广泛。新近又提出了数字化卫生概念，主要指将医疗服务全面电子化和信息化。数字化卫生不仅面向患者，利用最先进的信息和通信技术向广大患者提供最方便、最快捷的医疗服务，而且面向公众，旨在向所有人提供方便、廉价的医疗信息服务。

随着医院信息系统的建设初具规模，信息化服务从医院内部信息管理网络向外部远程网络发展，日益完善的 Internet 的内部局域网能够接入可以随时随地互联的 Internet 广域网络。同时，随着网络技术的不断普及与完善，建立 VSAT、DDN、FR、ISDN、PSTN、LAN、ATM 和 Internet 网及可视电话全方位立体化远程医疗健康服务体系成为可能，完全可以让远程医疗架起空中之桥，超越时空为人类服务。在全方位立体化远程医疗体系中，无论是城市还是偏远地区的人们使用远程医疗都变得极为方便——患者通过网络向医生倾吐病情，医生通过网络提供诊疗方案，整个过程不需要与患者见面。

除建设全方位立体化远程医疗体系解决边远地区人群就医问题外，开展城市社区远程医疗服务在提高医师工作效率、扩大专家个人服务覆盖区域的同时，又可以避免投资场地、投入设备等费用的扩大和增长。

6.6　小　　结

医学信息处理是大数据时代信息处理的重要研究方向，对于探索疾病危险因素、寻找治疗方案等具有重要的研究价值。医学信息具有知识性、多样性、实践性、时效性和公共性，这些特点决定了医学信息处理和其他数据处理之间的差异和特殊性。随着医学信息处理技术的日趋成熟，以及其在医疗领域应用范围的不断扩大，医学信息处理也面临着新的挑战。

从基础资源来看，医学信息处理在大数据时代各类资源丰富，如以 PDB、SGD、国际千人基因组计划为代表的基因数据资源，以 MedPix、ABIDE、Cancer Imaging Archive 为代表的医学图像资源，以 MIMIC、STRIDE、CDC 为代表的电子健康记录和以 TORGO、NKI-CCRT、EMOTASS 为代表的医学语音记录。

主流的医学信息处理技术大多引入机器学习和深度学习方法，并结合专家的推理过程和知识共同构建医学信息处理模型。如在基因序列分析任务中，构建 AdaBoost 算法与 SVM 相结合的基因预测模型；在医学图像处理任务中，采用卷积神经网络 U-Net 来进行生物医学图像分割。适应大数据应用场景的医学信息处理案例十分丰富，例如包含患病风险评估、指导方案建立、干预评估与指导的糖尿病健康促进系统，不仅可以对患病风险进行筛查、预测，还可以分别针对膳食、运动、用药进行评估和指导，展现大数据处理在医学信息学领域的价值与潜力。医学信息领域的大数据分析技术和应用正处于快速发展阶段，能够有效促进医疗决策的科学化，从而提高医疗质量。

6.7 习　题

（1）请列举出医学信息处理的具体应用场景。

（2）如何针对特定生物医学信号选择合适的采样率？

（3）请列举并说明医学图像种类及其成像原理及区别。

（4）请简述电子病历与纸质病历的区别，以及电子病历的优势。

（5）请尝试归纳数字化医院与大数据分析之间的关系，简要叙述即可。

（6）请在系统层面尝试设计数字化医院并说明其模块间关系。

（7）医学信息大数据具备哪些特征？与其他类型大数据的明显差别在哪些方面？

（8）基因序列的分析目的、工具和方法分别有哪些？

（9）医学图像数据挖掘的关键技术有哪些？

（10）请详细阐述大数据分析在精准医疗中的应用流程。

（11）糖尿病风险评估系统应包含的具体功能有哪些？

（12）老年健康综合评估具体包含哪些维度？

参 考 文 献

[1] 百度百科. 大数据词条 [EB/OL]. [2019−06−06]. https://baike.baidu.com/ item/%E5%A4 %A7%E6%95%B0%E6%8D%AE/1356941？fr=aladdin.

[2] 维基百科. 大数据词条 [EB/OL]. [2019−06−06]. https://zh.wikipedia.org/ wiki/%E5%A4 %A7%E6%95%B8%E6%93%9A.

[3] 简书. 云计算、大数据和人工智能 [EB/OL]. [2019−06−06]. https://www.jianshu.com/ p/474684357f74.

[4] EDUCBA.Computer Science vs Data Science [EB/OL]. [2019−06−06]. https://www. educba.com/computer-science-vs-data-science/.

[5] OnLine Engineering.CS vs DS [EB/OL]. [2019−06−06]. https://www.onlineengineering programs.com/faq/computer-vs-data-science.

[6] David Robinson. 数据科学、机器学习和人工智能的区别 [EB/OL]. [2019−06−06]. https:// zhuanlan.zhihu.com/p/33036628.

[7] 郑润琪. 浅谈互联网大数据应用 [J]. 电脑迷，2019（1）：63.

[8] 孙雪松，王晓丽. 数据挖掘常用算法及其在医学大数据研究中的应用 [J]. 中国数字医 学，2018.

[9] souhu.大数据的发展历程[EB/OL].[2019−06−06]. https://www.sohu.com/a/ 232859882_ 228433.

[10] 左晓辉.大数据系统发展的技术路线[EB/OL].[2019−06−06]. http://www.360doc.com/ content/17/1101/20/48786200_700107893.shtml.

[11] 加米谷大数据. 大数据分析的现状及存在的问题 [EB/OL]. [2019−06−06]. https:// www.jianshu.com/p/7983ab8fbc87.

[12] 数邦客. 未来三年大数据行业展望分析 [EB/OL]. [2019−06−06]. http://www. databanker.cn/point/248688.html.

[13] 云栖社区. BigData：值得了解的十大数据发展趋势 [EB/OL]. [2019−06−06]. https:// yq.aliyun.com/articles/641749.

[14] 程学旗，靳小龙，杨婧，等. 大数据技术进展与发展趋势 [J]. 科技导报，2016（34）： 49−59.

[15] Redman，Thomas C. The Impact of Poor Data Quality on The Typical Enterprise [J]. Communications of the ACM，1998（41）：79−82.

[16] 边缘计算产业联盟正式成立 [EB/OL]. [2019−06−06]. https://www.huawei.com/cn/ press-events/news/2016/11/Edge-Computing-Consortium-Established.

[17] Schultz M G，Eskin E，Zadok F，et al. Data Mining Methods for Detection of New Malicious Executables [C] //Proceedings 2001 IEEE Symposium on Security and Privacy. S&P 2001.

Piscataway：IEEE，2000：38－49.

[18] 阮一峰. 软件架构入门 [EB/OL]. [2019－04－12]. http://www.ruanyifeng.com/blog/2016/09/software-architecture.html.

[19] NIST.NIST Special Publication 500－299 NIST Cloud Computing Security Reference Architecture[EB/OL]. [2019－04－12]. http://collaborate.nist.gov/twiki-cloud-computing/pub/CloudComputing/CloudSecurity/NIST_Security_Reference_Architecture_2013.05.15_v1.0.pdf.

[20] 视界云. 2019 年云计算十大趋势预测 [EB/OL]. [2019－04－12]. https://xueqiu.com/9632927105/122952189.

[21] Microsoft Azure. What Are Private Public Hybrid Clouds [EB/OL]. [2019－04－20]. https://azure.microsoft.com/zh-cn/overview/what-are-private-public-hybrid-clouds/.

[22] 大数据. 五种大数据处理架构[EB/OL]. [2019－06－01]. http://blog.sina.com.cn/s/blog_13eacd4e80102xx6a.html，2019－06－01.

[23] Apache Hadoop.Apache Hadoop Documentation[EB/OL].[2019－04－20]. https://hadoop.apache.org/.

[24] 董西成. Hadoop 3.0 新特性 [EB/OL]. [2019－04－20]. https://toutiao.io/posts/0ri8f2/preview.

[25] Vavilapalli V K，Murthy A C，Douglas C，et al. Apache Hadoop Yarn：Yet Another Resource Negotiator[C]//Proceedings of the 4th annual Symposium on Cloud Computing. New York：ACM，2013：1－16.

[26] 简书. Hadoop 应用现状 [EB/OL]. [2019－04－20]. https://www.jianshu.com/p/97b4373b506a.

[27] Shvachko K，Kuang H，Radia S，et al. The Hadoop Distributed File System[C]//2010 IEEE 26th symposium on mass storage systems and technologies（MSST）. Piscataway：IEEE，2010：1－10.

[28] Zephoria. The Top 20 Valuable Facebook Statistics [EB/OL]. [2020－02－20]. https://zephoria.com/top-15-valuable-facebook-statistics/.

[29] Zaharia M，Xin R S，Wendell P，et al.Apache spark：A unified engine for big data processing [J]. Communications of the ACM，2016（59）：56－65.

[30] Apache Hbase.Apache HBase Documentation [EB/OL]. [2019－04－20]. http://hbase.apache.org/.

[30] Apache Hbase. Apache Hbase Documentation [EB/OL]. [2019－04－20]. http://hbase.apache.org/.

[32] CSDN.MapReduce 实现 SQL 操作的原理 [EB/OL]. [2019－04－20]. https://blog.csdn.net/sn_zzy/article/details/43446027.

[33] 杨巨龙. 大数据技术全解：基础、设计、开发与实践 [J]. 中国信息化，2014（6）：75－75.

[34] Patrick B，Chernozhukov V，Horta C，et al. The Impact of Big Dataon Firm Performance：An Empirical Investigation [J]. AEA Papers and Proceedings，2019（109）：33－37.

［35］Revathy P.HadoopSec：Sensitivity-aware Secure Data Placement Strategy for Big Data/Hadoop Platform using Prescriptive Analytics［J］. GSTF Journal on Computing（JoC），2020（6）.

［36］Dharminder Y，Maheshwari Dr，Chandra Dr，et al.Big Data Hadoop：Security and Privacy［C］// 2nd International Conference on Advanced Computing and Software Engineering. Berlin: Springer, 2019.

［37］N Deshai, Sekhar B，Venkataramana S，et al. Big Data Hadoop MapReduce Job Scheduling：A Short Survey［J］. Information Systems Design and Intelligent Applications，2019：349－365.

［38］Dalton Lunga，Gerrand Jonathan，Yang Lexie，et al.Apache Spark Accelerated Deep Learning Inference for Large Scale Satellite Image Analytics［J］. IEEE Journal of Selected Topics in Applied Earth Observations and Remote Sensing，2020.

［39］Shaikh M B，Basha S，Vincent D，et al. Challenges in Storing and Processing Big Data Using Hadoop and Spark［J］. Deep Learning and Parallel Computing Environment for Bioengineering Systems，2019：179－187.

［40］Bishop C M. Pattern Recognition and Machine Learning［M］. Berlin：Springer，2006.

［41］蔡宣平. 模式识别［EB/OL］.［2019－06－04］. https://wenku.baidu.com/view/3574db5d4028915f804dc2eb.html.

［42］熊超. 模式识别理论及其应用综述［J］. 中国科技信息，2006（6）：171－172.

［43］韩家炜，坎伯. 数据挖掘：概念与技术［M］. 北京：机械工业出版社，2012.

［44］MBA 智库百科. 数据挖掘［EB/OL］.［2019－06－04］. https://wiki.mbalib.com/wiki/数据挖掘.

［45］王光宏，蒋平. 数据挖掘综述［J］. 同济大学学报（自然科学版），2004（32）：246－252.

［46］大数据应用. 什么是大数据分析［EB/OL］.［2019－06－04］. https://zhuanlan.zhihu.com/p/39833121.

［47］李建江，崔健，王聪，等. MapReduce 并行编程模型研究综述［J］. 电子学报，2011（39）：2635－2642.

［48］Dean J，Ghemawat S. MapReduce：Simplified Data Processing on Large Clusters［J］. Communications of the ACM，2008（51）：107－113.

［49］杨巨龙. 大数据技术全解：基础，设计，开发与实践［J］. 中国信息化，2014（6）：40.

［50］曹世宏. MapReduce 技术原理［EB/OL］.［2019－06－04］. https://cshihong.github.io/2018/05/11/MapReduce 技术原理.

［51］孙广中，肖锋，熊曦. MapReduce 模型的调度及容错机制研究［J］. 微电子学与计算机，2007（24）：178－180.

［52］Xie J，Yin S，Ruan X，et al. Improving Mapreduce Performance Through Data Placement in Heterogeneous Hadoop Clusters［C］//2010 IEEE international symposium on parallel & distributed processing，workshops and Phd forum（IPDPSW）.Piscataway：IEEE，2010：1－9.

［53］ 余飞．电信运营商大数据应用典型案例分析［J］．信息通信技术，2014（6）：63－69．

［54］ 孙大为，张广艳，郑纬民．大数据流式计算：关键技术及系统实例［J］．软件学报，2014（4）．

［55］ 陈全，邓倩妮．云计算及其关键技术［J］．计算机应用，2009（29）：2562－2567．

［56］ 段泽源．大数据流式处理系统负载均衡与容错机制的研究［D］．北京：华北电力大学，2017．

［57］ 美团技术团队．美团点评基于 Storm 的实时数据处理实践［EB/OL］．［2019－06－04］．https://tech.meituan.com/2018/01/26/realtime-data-measure.html.

［58］ 于戈，谷峪，鲍玉斌，等．云计算环境下的大规模图数据处理技术［J］．计算机学报，2011（34）：1753－1767．

［59］ 张俊林．大数据日知录：架构与算法［M］．北京：电子工业出版社，2014．

［60］ Malewicz G，Austern M H，Bik A J，et al. Pregel：A System for Large-Scale Graph Processing［C］//Proceedings of the 2010 ACM SIGMOD International Conference on Management of data. New York：ACM，2010：135－146.

［61］ 刘凯悦．大数据综述［J］．Computer Science and Application，2018（8）：1503．

［62］ 深度学习与数据挖掘实战．大规模图搜索和实时计算在阿里反作弊系统中的应用［EB/OL］．［2019－06－04］．https://cloud.tencent.com/developer/article/1365696.

［63］ 任磊，杜一，马帅，等．大数据可视分析综述［J］．软件学报，2014（9）：1909－1936．

［64］ 林子雨．大数据技术原理与应用［M］．北京：人民邮电出版社，2015．

［65］ 刘勘，周晓峥，周洞汝．数据可视化的研究与发展［D］．武汉：武汉大学，2002．

［66］ Usama F，Georges G G，Andreas W. Information Visualization in Data Mining and Knowledge Discovery［M］. San Francisco：Morgan Kaufmann，2002.

［67］ Cardno A J，Ingham P S，Lewin B A，et al. Methods，Apparatus and Systems for Data Visualization and Related Applications：U.S. Patent 9，870，629［P］．2018－01－16.

［68］ 中国信通院（CAICT）．大数据白皮书［EB/OL］．［2019－06－04］．http://www.cac.gov.cn/files/pdf/baipishu/dashuju2016. pdf.

［69］ 大风号．以色列：把大数据变成反恐利器［EB/OL］．［2019－06－04］．http://wemedia.ifeng.com/12643194/wemedia.shtml.

［70］ 全国信息安全标准化技术委员会大数据安全标准特别工作组．大数据安全标准化白皮书［EB/OL］．［2019－06－04］．https://www.tc260.org.cn/upload/2018－04－16/1523808293220001658.pdf.

［71］ 马琳．基于大数据的 APT 攻击方法和检测方法［J］．计算机光盘软件与应用，2014（10）：91－91．

［72］ 冯登国，张敏，李昊．大数据安全与隐私保护［J］．计算机学报，2014（37）：246－258．

［73］ InfoQ.安全领域中的大数据分析［EB/OL］．［2019－06－04］．http://www.infoq.com/cn/articles/bigdata-analytics-for-security.

［74］ The Open Web Application Security Project.基于大数据的 WEB 攻击溯源［EB/OL］．［2019－06－04］．http://www.owasp.org.cn/OWASP_Conference/owasp-2015fh/files/06WEBV2.pdf.

［75］陈左宁，王广益，胡苏太，等．大数据安全与自主可控［J］．科学通报，2015（5）：427－432．

［76］王平水，王建东．匿名化隐私保护技术研究进展［J］．计算机应用研究，2010（27）：2016－2019．

［77］吕欣，韩晓露．健全大数据安全保障体系研究［J］．信息安全研究，2015（1）：211－216．

［78］王洋，顾佩月．移动通信大数据资源价值化运营研究［J］．武汉理工大学学报（信息与管理工程版），2016（38）：347－350．

［79］Devlin J, Chang M W, Lee K, et al. Bert: Pre-training of deep bidirectional transformers for language understanding［J］. arXiv preprint arXiv:1810.04805, 2018.

［80］宗成庆．统计自然语言处理［M］．北京：清华大学出版社，2008．

［81］王睿怡，罗森林，吴舟婷，等．深度学习在汉语语义分析的应用与发展趋势［J］．计算机技术与发展，2019，29（9）：110－116．

［82］李茜．框架网（FrameNet）——一项基于框架语义学的词库工程［J］．中国科技信息，2005（16）：39－38．

［83］龙波，郭文．基于 FrameNet 的汉语语义框架网络自动构造［J］．现代计算机（专业版），2010（2）：4－7．

［84］A Fujii.Corpus2Based Word Sense Disambiguation［D］. Tokyo：Tokyo Institute of Technology，1998.

［85］董振东，董强．知网和汉语研究［J］．当代语言学，2001，3（01）:12．

［86］刘峤，李杨，段宏，等．知识图谱构建技术综述［J］．计算机研究与发展，2016（53）：582－600．

［87］徐增林，盛泳潘，贺丽荣，等．知识图谱技术综述［J］．电子科技大学学报，2016（45）：589－606．

［88］Dong X，Gabrilovich E，Heitz G，et al. Knowledge Vault：A Web-Scale Approach to Probabilistic Knowledge Fusion［C］//Proceedings of the 20th ACM SIGKDD international conference on knowledge discovery and data mining. New York：ACM，2014：601－610.

［89］周志华．机器学习［M］．北京：清华大学出版社，2016．

［90］Otoom A F，Abdallah E E，Kilani Y，et al. Effective Diagnosis and Monitoring of Heart Disease［J］. International Journal of Software Engineering & Its Applications，2015（9）：143－156.

［91］Kunwar V，Chandel K，Sabitha A S，et al. Chronic Kidney Disease Analysis Using Data Mining Classification Techniques［C］//2016 6th International Conference-Cloud System and Big Data Engineering（Confluence）. Piscataway：IEEE，2016：300－305.

［92］Bejnordi B E，Veta M，Van Diest P J，et al. Diagnostic Assessment of Deep Learning Algorithms for Detection of Lymph Node Metastases in Women With Breast Cancer［J］. the Journal of the American Medical Association，2017（318）：2199－2210.

［93］Ogden P J，Kelsic E D，Sinai S，et al. Comprehensive AAV Capsid Fitness Landscape Reveals A Viral Gene and Enables Machine-Guided Design［J］. Science，2019（366）：1139－1143.

［94］ 于彬，李珊，陈成，等. 基于集成学习的人类 LncRNA 大数据基因预测［J］. 青岛科技大学学报（自然科学版），2018（39）：106－113.

［95］ Sahiner B，Chan H P，Wei D，et al. Image Feature Selection by A Genetic Algorithm：Application to Classification of Mass and Normal Breast Tissue［J］. Medical Physics，1996（23）：1671－1684.

［96］ Van Ginneken B，Setio A，Jacobs C，et al. Off-The-Shelf Convolutional Neural Network Features for Pulmonary Nodule Detection in Computed Tomography Scans［C］//2015 IEEE 12th International symposium on biomedical imaging（ISBI）. Piscataway：IEEE，2015：286－289.

［97］ Yoo Y，Tang L Y W，Brosch T，et al.Deep Learning of Joint Myelin and T1w MRI Features in Normal-Appearing Brain Tissue to Distinguish Between Multiple Sclerosis Patients and Healthy Controls［J］. Neuroimage Clinical，2017（17）：169－178.

［98］ Pereira S，Pinto A，Alves V，et al.Brain Tumor Segmentation Using Convolutional Neural Networks in MRI Images［J］. IEEE Transactions on Medical Imaging，2016（35）：1240－1251.

［99］ Ronneberger O，Fischer P，Brox T. U-Net：Convolutional Networks for Biomedical Image Segmentation［C］//International Conference on Medical image computing and computer-assisted intervention. Berlin：Springer，2015：234－241.

［100］ Hripcsak G，Albers D J. Next-Generation Phenotyping of Electronic Health Records［J］. Journal of the American Medical Informatics Association Jamia，2013，20（1）：117－121.

［101］ Ho J C，Ghosh J，Sun J. Marble：High-Throughput Phenotyping from Electronic Health Records Via Sparse Nonnegative Tensor Factorization［C］//Proceedings of the 20th ACM SIGKDD international conference on Knowledge discovery and data mining. New York：ACM，2014：115－124.

［102］ Rosdi F，Salim S S，Mustafa M B. An FPN-Based Classification Method for Speech Intelligibility Detection of Children with Speech Impairments［J］. Soft Computing，2019（23）：2391－2408.

［103］ 何宇纳，翟凤英，葛可佑. 建立中国膳食平衡指数［J］. 卫生研究，2005（34）：208－211.